U0231360

“十三五”国家重点出版物
出版规划项目

现代生物质能高效利用技术丛书

广州市科学技术协会
广州市南山自然科学学术交流基金会　资助出版
广州市合力科普基金会

能源微藻利用技术

王忠铭　朱顺妮　等编著

UTILIZATION
TECHNOLOGY
OF
ENERGY
MICROALGAE

Efficient Utilization Technology of Modern Biomass Energy

化学工业出版社
·北京·

本书为"现代生物质能高效利用技术丛书"中的一个分册,在简要介绍了能源微藻的基础上,分析了微藻生物能源的机遇与挑战,并重点介绍了能源微藻的选育、培养、采收,以及微藻生物能源的炼制、能源微藻的综合利用,最后总结了能源微藻的发展现状并展望了未来的发展趋势。

　　本书具有较强的技术应用性和针对性,可供藻类生物质能源领域的科研人员、工程技术人员参考,也可供高等学校可再生能源科学与工程、生物工程、环境科学与工程及相关专业师生参阅。

图书在版编目（CIP）数据

能源微藻利用技术/王忠铭等编著. —北京：化学工业出版社，2020. 6
（现代生物质能高效利用技术丛书）
ISBN 978-7-122-36374-9

Ⅰ. ①能… Ⅱ. ①王… Ⅲ. ①微藻-生物能源-能源利用
Ⅳ. ①TK6

中国版本图书馆 CIP 数据核字（2020）第 040699 号

责任编辑：刘兴春　刘　婧　　　文字编辑：汲永臻
责任校对：边　涛　　　　　　　　装帧设计：尹琳琳

出版发行：化学工业出版社
　　　　　（北京市东城区青年湖南街 13 号　邮政编码 100011）
印　　装：北京新华印刷有限公司
787mm×1092mm　1/16　印张 15　字数 287 千字
2020 年 6 月北京第 1 版第 1 次印刷

购书咨询：010-64518888
售后服务：010-64518899
网　　址：http: //www. cip. com. cn
凡购买本书，如有缺损质量问题，本社销售中心负责调换。

定　　价：　80. 00 元

随着人类文明进入了新的世纪，环境问题和能源危机日趋突出。与此同时，生物能源以其可降解性、可持续性和对环境的无公害性等优势开始崭露头角，对其开发也越来越受到重视。微藻能源作为生物能源的重要分支，是基于形态微小的藻类形成的生物质生产的生物柴油、燃料乙醇、氢、甲烷、生物油等可再生生物燃料。目前，微藻能源面临的主要问题是成本过高，研究者基于微藻能源技术领域和碳减排、污水处理、食品保健等产业的密切关联性，针对微藻能源技术的关键环节开展了广泛的研究，以期使微藻能源具备市场竞争优势。

本书首先对能源微藻的种类、能源微藻的开发潜力以及能源微藻的主要利用形式进行了简介，分析了微藻生物能源在能源结构、碳减排、废水处理等方面面临的机遇与挑战，对微藻生物能源产业国内外现状及产业化过程的关键问题进行了阐述；然后依据能源微藻利用技术工艺链的先后，分章节详细介绍了能源微藻的选育、能源微藻的培养、能源微藻的采收、微藻生物能源的炼制及能源微藻的综合利用；最后本书结合微藻生物能源的成本核算以及国内能源微藻企业发展现状对微藻生物能源的前景进行了展望。本书以国内外能源微藻研究的重要成果和最新进展贯穿始终，旨在介绍能源微藻利用技术所涉及的关键核心问题的同时，系统阐述能源微藻面临的机遇和挑战，并结合国内外能源微藻企业的发展现状，对能源微藻技术未来的发展进行了展望，具有较强的技术应用性和针对性，旨在为该领域的科研人员和工程技术人员提供研究思路，有利于推动微藻能源行业的发展；同时也可作为高等学校可再生能源科学与工程、生物工程及相关专业师生的参考书。

　　本书共 7 章，由中国科学院广州能源研究所生物质生化转化团队的多位研究人员共同撰写，具体编著分工如下：第 1 章由王忠铭、朱顺妮编著；第 2 章由尚常花编著；第 3 章由丰平仲编著；第 4 章由黄大隆编著；第 5 章由秦磊编著；第 6 章由许瑾编著；第 7 章由周卫征编著。全书最后由王忠铭统稿、定稿。另外，本书的出版得到广州市学术著作出版基金的资助，在此一并表示感谢。

　　限于编著者水平和编著时间，书中存在不足和疏漏之处在所难免，敬请读者提出修改建议等。

编著者

2019 年 10 月

第 4 章

能源微藻的采收

第 5 章

微藻生物能源的炼制

第 6 章
能源微藻的综合利用

第 7 章
微藻生物能源发展现状与趋势

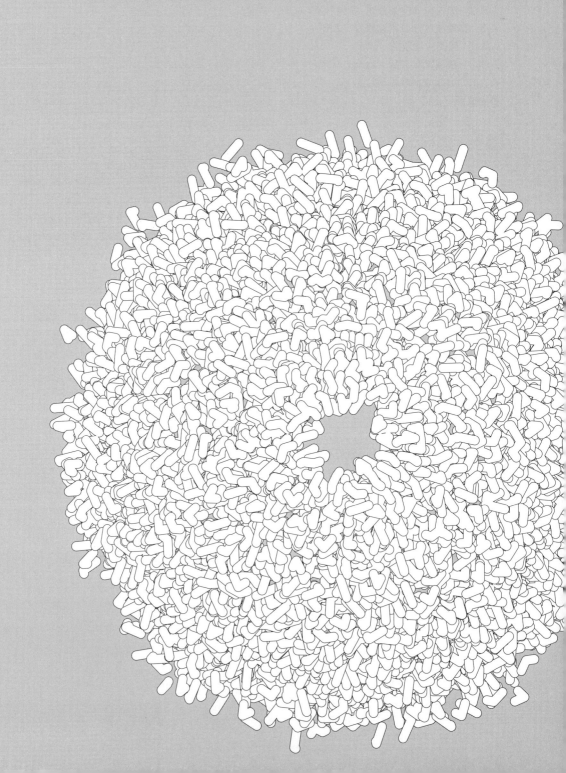

第 1 章

概述

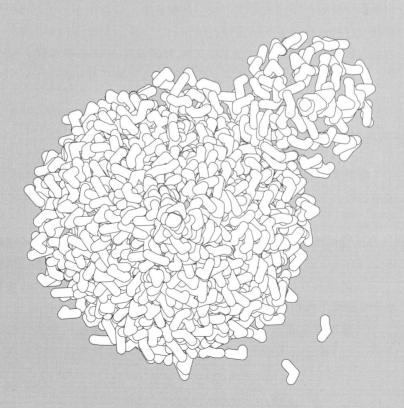

1.1 能源微藻简介

1.1.1 微藻概述

微藻（microalgae）是原核的或者真核的光合微生物，具有单细胞或者简单的多细胞结构，分布于淡水或者咸水中，通过吸收水环境传递的光能、水和二氧化碳积累生物量。微藻是生长速度最快的光合作用生物。微藻细胞平均大约只有 $5\mu m$，一般需借助显微镜等专门工具才能辨别其形态。由于具有单细胞或简单的多细胞结构，微藻生长迅速，适应性强，几乎存在于所有的地球生态系统，如淡水、咸水、海水以及陆地。根据构造形态、色素种类、储存物质等可以将藻类分为蓝藻门（Cyanophyta）、原绿藻门（Prochlorophyta）、绿藻门（Chlorophyta）、轮藻门（Charophyta）、裸藻门（Euglenophyta）、褐藻门（Phaeophyta）、金藻门（Chrysophyta）、甲藻门（Pyrrhophyta）、隐藻门（Cryptophyta）和红藻门（Rhoophyta）十大门类。地球上微藻种类繁多，但目前被人类发现并利用的种类还不多。迄今为止，已发现的微藻种类有 2 万余种。但是限于不同藻类对生产环境的需求，并不是所有微藻都能用于人工培养。目前有大量培养或生产的微藻分属于蓝藻门、绿藻门、金藻门和红藻门 4 个藻门。微藻富含蛋白质、脂类、多糖、天然色素、矿物元素及维生素等多种营养成分，因此在医药、食品、饲料、水产、能源、环保等方面具有广泛用途。

1.1.2 能源微藻的开发潜力

所谓能源微藻，是指那些可用于能源化利用或可促进能源转化过程，生产出清洁的可再生能源产品的微藻种类。微藻作为可再生能源的生产原料具有以下优势。

① 微藻种类繁多，生存环境各异，代谢产物多样，可以生产多种能源物质，由于没有叶、茎、根的分化，藻类所有的生物量都可用于能源物质生产。

② 微藻具有较高的光能利用率，生长周期短，可获得大量生物量，单位面积产量是高等植物的数倍。

③ 藻类适应能力强，可利用荒地进行生产，不占用耕地。以种植玉米产油为例，生产等量交通用油所需要的耕地面积是微藻所需要面积的 320 多倍。此

外，微藻培养集中，所以总需水量实际要比陆生作物少很多[1]。

④ 微藻能吸收并利用工农业生产中排放出的大量二氧化碳和氮、磷。有数据显示，在全球净光合产量中，微藻固定二氧化碳就贡献了 40%[2]。另外一些微藻种类对重金属离子有较好的吸附作用，可以实现燃料生产与环境治理相结合。

⑤ 微藻含有丰富的生物活性物质，在制备生物燃料的同时可进行高值化综合利用，相对降低微藻生物燃料的成本。可开发的高值产品包括虾青素、活性蛋白、活性多糖、不饱和脂肪酸、天然色素、生物肥料和饵料等。

利用现有土地种植能源作物生产生物燃料可能对粮食生产用地造成冲击，增加粮食危机的风险，并且肥料、农药等的使用会造成环境污染和土壤退化，并对生物的多样性具有潜在的威胁。作为水生生物，微藻生产过程不需占用耕地，不会对陆地的生物多样性和生态系统造成不利影响。由于微藻的代谢产物多种多样，其生产的可再生能源形式也呈现出多样化，主要包括利用微藻制备生物柴油、微藻水解发酵制备生物乙醇、微藻产烃、微藻光水解制氢、热化学法制备微藻燃油和厌氧发酵微藻制取甲烷等。发展能源微藻是解决能源短缺和环境保护问题，实现人类可持续发展的战略需求。

目前能源微藻产业规模还较小，但是未来微藻生物能源产业将迎来发展良机。以微藻生物柴油产业为例，如果用传统油料作物如大豆、棕榈来生产生物柴油，将会占用大量耕地（表 1-1）。以最高产的油料作物棕榈为例，需要占用美国现有耕地的 24% 和中国现有耕地的 12% 才能满足这两个国家仅仅 50% 的燃油需求。而如果采用含油量 30%（干重）的微藻，仅分别占用美国 2.5% 和中国 1.3% 的耕地面积。另外，微藻能耐受极端环境，甚至不需要占用耕地，可在滩涂、盐碱地、荒漠等不适合进行耕种的地区培养。中国盐碱地面积达 1.5 亿亩（即 10^7 hm^2），因此从理论上来说，仅需用 14% 的盐碱地培养微藻生产出的柴油量就可满足我国 50% 的燃油需求。可见微藻作为生物燃料的生产原料具有巨大的发展潜力。

表 1-1 不同生物柴油生产原料的耕地占有率[3]

原料	产油量 /(L/hm²)	在美国所需土地面积①/10⁶hm²	占美国耕地面积百分比②/%	在中国所需土地面积③/10⁶hm²	占中国耕地面积百分数②/%
玉米	172	1540	846	490	432
大豆	446	594	326	189	166
棕榈	5950	45	24	14	12
微藻④	58700	4.5	2.5	1.4	1.3

① 满足美国燃油 50% 的需求量。

② 耕地面积：美国 173×10^6 hm^2（26 亿亩），中国 113×10^6 hm^2（17 亿亩）。

③ 满足中国燃油 50% 的需求量。

④ 以含油量为生物质干重的 30% 计算。

1.1.3　能源微藻的主要利用形式

将能源微藻生物量转化为生物质能的方法有很多种，主要根据生物量的来源及其特点、最终转化形式、环境保护需求、经济效益等来决定转化方法的种类。能源微藻可以通过生化转化和热化学转化制备生物燃料，如生物油、乙醇、沼气和合成气。另外，微藻可以通过光合作用水解制氢，提供清洁能源。

虽然微藻的能源化利用形式与陆生植物有相似之处，但由于藻类生物质的特殊性，如细胞体积小、含水量高、生化组分易受环境条件影响等特点，决定了微藻在进行能源化利用过程中所采用的手段和技术应与传统陆生生物质有所区别。以生产生物柴油为例，微藻细胞内富含油脂，部分微藻如角毛藻、原始小球藻、舟形藻等细胞内油脂含量高达细胞干重的40％，其主要成分为甘油三酯，与植物油脂的成分极其相似，可作为生物柴油的良好原料。然而由于微藻在水中生长（含水量大于99％），且体积微小（微米级），植物油的提取方法（压榨法或浸出法）显然不再适用于微藻油脂的提取。一般来说，微藻在油脂提取之前需要经过浓缩、脱水、干燥、破壁等一系列过程，在后面的章节里会详细介绍。

从微藻细胞到生物燃料存在多种可能的转化途径，大致可分为以下3类[4]：

① 利用微藻油脂制备生物燃料；

② 利用微藻全细胞和脱脂藻渣炼制生物燃料；

③ 利用藻细胞直接合成生物燃料。

能源微藻的主要利用形式如图1-1所示，不同途径分别利用藻细胞的胞内储藏物和胞外分泌物间接或直接地生产多种生物燃料，如生物柴油、醇类、液烃燃料等液态燃料，氢气、沼气、合成气等气态燃料，以及焦炭等固体燃料。其中微藻液体燃料是最受人们关注的一类产品形式，因为其可以向汽油、柴油和航空燃油等传统液态燃料转化，也可与传统液态燃料混合使用，与当前的燃油输配系统更加兼容。

下面逐一介绍这几类转化途径[4]。

1.1.3.1　利用微藻油脂制备生物燃料

微藻油脂主要是脂肪酸甘油酯（如甘油三酯、磷脂、糖脂等），经过化学或酶催化反应将分子中的脂肪酸转化得到脂肪酸甲（乙）酯，或者通过催化裂解或加氢还原等反应转化得到液烃燃料。微藻油脂中的脂肪酸非常适合制备柴油和航空燃料，且所需的工艺步骤较少。2009年，美国大陆航空公司、欧洲民航飞机制造公司和日本航空分别完成了使用可持续生物燃料作为动力源的飞机试飞试

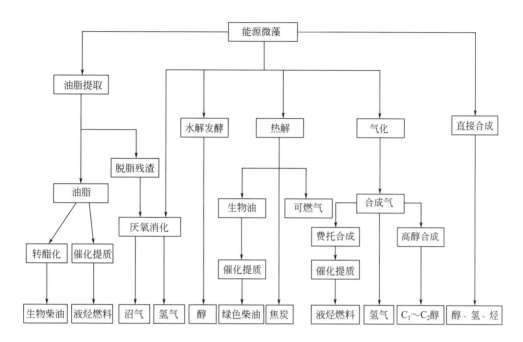

图 1-1　能源微藻的主要利用形式 [4]

验,试飞采用包含藻类与麻疯树提取物的混合生物燃料。

　　由于微藻油脂的组成受到生物质生化组分和提取方式的直接影响,进而影响转化方式的选择和产品产率,因此利用微藻油脂制备生物燃料这一途径通常适用于油脂含量较高的藻类,并需要在环境胁迫下培养以诱导藻细胞积累更多的甘油三酯。利用微藻油脂制备生物燃料途径面临的另一项挑战是如何避免高能耗的生物质干燥过程,直接从含水量较高的生物质中提取微藻油脂。近几年,发展了一些新的技术,如湿藻泥的亚临界低级醇提取法、湿藻的离子液体提油技术、水法提油技术和水热提油技术等。

1.1.3.2　利用微藻全细胞和脱脂藻渣炼制生物燃料

　　利用微藻全细胞或脱脂藻渣加工炼制生物燃料,一般通过水解发酵、厌氧消化、热解和气化等途径。这些途径需要一定程度的脱水处理,但是不需要油脂提取,可以减少提取工艺的成本。

　　(1) 水解发酵与厌氧消化

　　水解发酵和厌氧消化属于生物转化方式,可以省略生物质干燥、油脂提取和燃料转化等环节,有效降低处理工艺的经济成本。由于微藻细胞壁的主要成分为纤维素和果胶质,部分微藻细胞内含有淀粉、糖原等内含物。如小球藻、栅藻、盐藻、衣藻、螺旋藻等微藻细胞内淀粉和糖原含量占细胞干重的 50%。纤维素、淀粉等多糖物质可通过水解发酵工艺生产生物燃料乙醇、丁醇等。微藻通过厌氧消化工艺可以生产氢气和甲烷，通过对藻渣热碱预处理，可以显著提高脱脂藻渣的产氢和产甲烷能力，氢气和甲烷的产率分别达到 45.5mL/g 和 393mL/g[5]。

（2）热解技术

热解是利用高热状态下，藻细胞中有机物分子发生断裂、重整，生成生物油（bio-oil）、生物焦炭及生物可燃气等燃料的热化学转化过程。热解转化可实现微藻细胞中油脂、蛋白质、碳水化合物等几乎全部组分的能源化。根据反应条件及主要产物的区别，热解转化主要有热解液化和水热液化。

1）热解液化技术

热解液化技术通常在常压下将生物质加热到 300℃ 左右的高温，热解液化产物以热解生物油为主。1988 年我国就开展了蓝藻的热解产气研究[4]。近年来，热解液化用于微藻的研究倾向于以制备液体生物油为目的，集中在如何提高生物油产率及提高生物油品质方面。温度、升温速率和微藻生物质的生化组成对热解效果和产物组成有显著影响。该炼制技术的工艺和设备要求相对简单，易于大型化，但是要求对原料进行干燥、粉碎等预处理，而微藻的含水率极高，干燥预处理消耗大量能量，增大了生产成本，使得热解液化的应用受到限制。微藻热解油成分复杂，含烃、酸、醛、酚、酮及含氮杂环类物质，由于其酸度高、氮氧含量高，决定其具有稳定性差、腐蚀性强等缺点，因此需要进一步的精炼处理。

2）水热液化技术

水热液化技术是近年来发展起来的炼制技术。通常在高压（5～25MPa）、高温（250～550℃）条件下炼制藻类生物质。在炼制过程中通常需要合适的催化剂、介质，炼制产物以液体生物油为主；在氢供体及适当的催化剂进一步作用下，可以提高生物油的碳、氢含量而提升产品质量。该炼制技术最显著的优点是可以直接利用含水率为 78%～95% 的生物质，藻细胞经过收获后可直接进入炼制过程，而无需干燥。该炼制技术的另一个优点是产物生物油的烃含量高，可媲美石油。

（3）气化炼制技术

气化炼制技术是将藻类生物质气化后，通过进一步费托合成（Fischer-Tropsch synthesis）或高醇合成反应，生产液烃燃料或低级醇。该途径可以借用相对成熟的费托合成工艺，但是在导入合成反应前，需要对合成气的组分（一氧化碳、二氧化碳、氢气、水和杂质等）进行净化和浓缩。该途径的主要挑战在于藻类生物质的气化工艺条件，由于藻类培养物含水率高，在导入气化工艺前可能需要较高程度的脱水和干燥过程，这一过程能耗高。

1.1.3.3 利用藻细胞直接合成生物燃料

某些藻类可以在单一细胞内完成利用光能固定二氧化碳合成生物燃料，不需要经过纤维素生物质的糖化步骤。在培养过程中，藻细胞将生产的燃料分子分泌到培养液中，理论上这些燃料分子可以经回收加工成各种燃料，而无需经过对生物质的处理。如微藻可以通过光合作用水解制氢，目前主要集中在莱茵衣藻（*Chlamydomonas reinhardtii*）上。对同一种微藻而言，不同的环境所产生氢气的量差别较大。光合制氢规模应用的一个主要障碍在于缺少高效的产氢藻种和可逆产氢酶，需要筛选高效利用光能制氢的微藻藻种，探索适宜微藻产氢的条件。此外，研究者们还通过构建基因工程蓝藻产出不同的燃料分子，如乙醇、脂肪酸、脂肪醇、烷烃等。

1.2　微藻生物能源的机遇与挑战

随着人类文明进入了新的世纪，环境问题和能源危机日趋突出。与此同时，生物能源以其可降解性、可持续再生性和对环境的无公害性等优势开始崭露头角，并有望在未来全球能源结构中扮演重要角色。

从材料来源上划分，生物能源经历了三个发展阶段，即通常所说的第一代、第二代和第三代生物燃料。

第一代生物燃料由有机质产生，主要包括淀粉、糖类、动物油脂和植物油，来源于马铃薯、谷物、油菜籽、大豆、玉米和甘蔗等农作物及动物。

由纤维产物如木材、稻草、多年生牧草或者木材加工废料生产的燃料称为第二代生物燃料。第二代生物燃料不仅可以以农林废弃物等为原料生产，还可以利用非粮的植物如麻疯树进行生产，这类植物具有明显的优势，即既可以在边缘地区生长，也可以利用咸水生长。

第三代生物燃料即微藻生物燃料，通过微藻细胞工厂高效率、低投入生产优质生物燃料。

1.2.1 开发微藻生物能源的意义

由于微藻相对于其他生物燃料生产原料具有不可比拟的优势，近年来微藻生物能源技术得到了大力的发展。微藻生物能源的技术及产业化发展具有多重意义，主要涉及能源储备、碳减排、污水处理、食品保健产业等多个方面。

（1）微藻生物能源在能源储备方面的意义

目前，全球消耗的能源约 80% 来自化石燃料。而石油的使用量又超过煤炭、天然气，是全球消耗量最大的资源。化石燃料的广泛使用已经导致了全球性气候变化、环境污染和健康问题。随着传统化石燃料的不可逆消耗，近几十年来全球一直面临着能源危机。然而，由于能源消费能力与生活质量和世界人口增长息息相关，未来人们对于原油和石油相关产品的需求量将会更大。我国目前是世界第一大石油进口国，石油对外依存度极高。2015 年我国石油进口规模接近 3.4 亿吨，较 10 年前增长近 1.5 倍，对外依存度已超过了 60%，且油气进口来源相对集中，进口通道受到限制，远洋自主运输能力不足，金融支撑体系亟待加强，能源储备应急体系不健全，应对国际市场波动和突发性事件能力不足，能源安全保障压力巨大。

与石化资源相比，微藻生物质的积累所耗时间要短得多。植物凭借光合作用将 CO_2 固定，经过亿万年的积累形成石化资源。油料作物的生长一般需要数月；而微藻从藻种培养到油脂的制备只需要 1～2 周。另外，相对于第一代和第二代生物燃料，微藻生物能源具有很大优势。微藻的生长周期短、生长速度快、生物质产率高。以植物或者动物油脂为原料来进行生物柴油生产，其产量只能满足目前全球燃料需求量的一小部分，这是因为动物油脂来源少，而植物原料的生产受制于气候和土地资源等条件，特别是我国人多地少的情况下，更不适宜大量种植油料作物，而微藻可以利用少量的土地，甚至不需要占用耕地，就有能力满足现有燃料需求，是非常有潜力的石油替代物。因此发展微藻生物能源对于石油资源和土地资源都十分紧缺的我国来说具有非常重要的意义。

（2）微藻生物能源在碳减排方面的意义

过去的 200 年间，由于化石燃料的大量使用，导致大气中的 CO_2 浓度上升了 40%，从工业化革命之前的 280mg/kg 升至现在的 388mg/kg。目前，每年全球因人类活动而产生的 CO_2 排放量已达到 330 亿吨，据保守估计，到 2100 年，全球平均气温将上升 2.6℃，同时由于温室气体增加而导致的气候变暖、冰川融化、海平面上升等环境问题也日益明显[6]。我国是全球二氧化碳排放第一大国，在 2009 年的哥本哈根会议上，我国承诺到 2020 年单位 GDP 的 CO_2 排放量比

2005 年下降 40%~45%。2015 年，第二十一届联合国气候变化大会上，中国在"国家自主贡献"中提出将于 2030 年左右使 CO_2 排放达到峰值并争取尽早实现，2030 年单位 GDP 的 CO_2 排放量比 2005 年下降 60%~65%。可见，我国的二氧化碳减排压力非常大，开展碳减排工作迫在眉睫。

微藻在消耗 CO_2 方面发挥着重大作用，微藻生物量中碳元素约占干重的 50%，其细胞中所有的碳通常来自 CO_2，每形成 100t 微藻生物量有约 180t 的 CO_2 被微藻通过光合作用固定[7]，因此可以吸收大气中越来越多的 CO_2 进行生物减排，缓解全球气候变暖问题。利用微藻来净化烟道气，减少温室气体排放，降低环境污染，同时解决微藻培养所需的碳源供应问题，使微藻可以迅速利用烟道气生长获得很高的生物量，并迅速转化成气体或液体能源。相比植物生长仅能吸收空气中的 CO_2，能源微藻的规模化培养可解决 CO_2 的点源排放问题，这对于解决我国热电厂、钢铁厂、化工厂等 CO_2 排放大户的减排问题，具有重要的潜在应用价值。

微藻在减排 CO_2 方面具有以下优势：

① 微藻可以直接利用太阳能进行生长，节省了大量的能源，还能从中获得能源；

② 微藻通过吸收 CO_2 并转化成蛋白质、淀粉、维生素及脂质等生物物质实现 CO_2 减排，是一种非常安全、有效且经济的方法；

③ 微藻固碳效率高，占地面积小，能够在海水等多种环境中生长；

④ 无需分离、捕集、提纯 CO_2，能够降低封存的成本。

（3）微藻生物能源在污水处理方面的意义

污水可以看作是能源与资源的载体，其中的碳、氮、磷等营养元素如能用于培养有价值的生物或转化为可直接利用的生物质，则可实现污水处理过程中营养元素的"资源化"和"减排"。藻类培养与污水处理相结合可同时实现污水净化、营养元素回收及产出具有高利用价值的生物质。市政污水、工业废水、农业及畜牧业废水等富含营养物质的污水可用于藻类培养，藻细胞生长的同时可以去除污水中的污染物质并获得具有价值的微藻生物质；部分藻类具有较强的化能异养和混合营养的营养能力，能直接利用废水中的某些有机物转化为自身细胞物质，包括糖类、有机酸、氨基酸和某些醇类等有机物；将微藻与细菌相结合处理污水还能减少传统生物法处理污水产生的大量 CO_2；微藻大规模培养面临营养元素和水资源需求消耗大的问题，而污水稳定的水资源和丰富的营养元素可降低大规模微藻培养的成本。因此，如能将微藻培养与污水处理耦合，不但可以获得生物能源和有价值的藻类生物质，还可以固定和净化污水中的有机碳等污染物质，缓解水体的富营养化，吸附水体中的重金属，具有很好的发展前景和工业化应用潜力[8]。

（4）微藻生物能源在食品保健方面的意义

微藻种类繁多，其代谢产物有蛋白质、色素、抗生素、多糖、脂肪酸等一系列物质。微藻的蛋白质含量很高，螺旋藻和小球藻作为饲料添加剂和健康食品的商业化开发已有几十年的历史。研究发现很多微藻代谢产物具有杀菌、溶血、预防和治疗心脑血管疾病、抗肿瘤、抗辐射、抗突变、增强免疫力与抗艾滋病的作用。如杜氏藻中的 α-胡萝卜素可促进吞噬细胞和淋巴细胞的功能，并促进细胞释放一些抗肿瘤因子。从螺旋藻中提取的藻蓝蛋白对癌症激光疗法具有增敏作用[9]。由于微藻含有独特的药理活性物质，使其在新药、保健及功能食品的研制和开发中具有很大潜力。因此将微藻进行综合加工利用已经成为国际上备受关注的课题。例如利用雨生红球藻联产生物燃料和虾青素，利用真眼点藻联产生物燃料和 EPA 等。将微藻生物燃料与活性物质的生产工艺相结合，可提高附加利用率和经济效益。

目前，微藻能源作为生物能源领域的战略储备，世界各国都在抢占技术制高点，我国发展微藻能源的必要性主要表现在以下两方面：

① 微藻能源关系国家能源重大战略储备，国外一旦产业化技术成熟，其核心技术不可能转让给我国；

② 能源微藻的藻种和培养技术等具有很强的地域及气候差异性，不能从国外照搬，必须针对我国国情，走自主研发之路。

1.2.2　国内外微藻生物能源发展现状

20 世纪 90 年代以来，随着世界经济的快速发展，对石油需求增加，不仅导致价格上涨，而且石油基能源产品的大量消费使温室气体排放增加，生态环境恶化，世界各国开始大力发展环境友好的微藻生物柴油。2006～2008 年，石油价格的大幅上扬，进一步推进了微藻能源产业化技术的发展。目前全球关于微藻能源及生物炼制的研究涉及 70 多个国家和地区，美国在这方面开展的研究工作最多。中国、以色列、德国、西班牙、英国、澳大利亚、法国、日本等国家也陆续加入。

（1）美国微藻生物能源发展现状

1950 年美国麻省理工学院在校园内建筑物的屋顶开始进行养殖藻类生产生物燃料的试验，并在研究中第一次提到了微藻生物能源。1978 年，受第一次石油危机的影响，美国能源部通过可再生能源国家实验室启动了一项利用微藻生产生物柴油的"水生物种计划"（Aquatic Species Program，ASP），该计划完成了大量的基础工作，包括各种微藻的分离和保藏、产油品种的筛选、对有产油潜力的藻类进行代谢及培养条件的研究等。该项目历时 19 年，但最终由于当时油价太低，微藻制油无竞争力，研究工作于 1996 年中止。美国可再生能源国家实验室于 1998 年向 DOE 提交了一份长达 328 页的工作总结报告"A Look Back at the U. S. Department of Energy's Aquatic Species Program—Biodiesel from Algae"，被后人誉为"藻类圣经"。

21 世纪初始，石油价格一度大幅上涨，新的能源、环保形势重新刺激了微藻生物燃料的研究。2007 年，美国推出"微型曼哈顿计划"，其宗旨是向海洋藻类要能源，以帮助美国摆脱严重依赖进口石油的窘境。"微型曼哈顿计划"由美国"点燃燃料"公司倡导发起，以美国国家实验室和科学家的联盟为主，到 2010 年实现藻类产油的工业化，达到每天生产百万桶生物原油的目标。为此，美国能源部由圣地亚哥国家实验室牵头，组织十几家实验室以及上百位专家参与了这一宏伟工程。

2006 年 11 月，美国绿色能源科技公司和亚利桑那公众服务公司在亚利桑那州建立了可与 2040MW 电厂烟道气相连接的商业化系统，成功地利用烟道气的二氧化碳大规模光合培养微藻，并将微藻转化为生物"原油"，每年每英亩可提供 5000～10000gal（1gal＝3.785L）生物柴油。

2008 年 12 月，美国能源部能效与可再生能源办公室的生物质项目组在马里兰大学召开了"藻类生物燃料技术路线图"研讨会，收集关于建立以藻类为基础的大规模生物燃料产业所存在的潜在障碍以及实现这一目标的战略。2010 年 6 月 28 日，美国藻类生物燃料技术路线图（National Algal Biofuels Technology Roadmap）正式发布，对目前以藻类为原料进行液态运输燃料生产的研发现状、面临的挑战及解决途径进行了描述，从科学、经济、政策前景等方面对藻类生物燃料的研发投资进行支持与指导。

2010 年 6 月 28 日美国能源部宣布，对三个解决藻类生物燃料商业化进程中主要障碍的研究团队提供 2400 万美元的资助，计划持续 3 年（表 1-2）。

表 1-2　美国能源部资助的藻类研究团队

团队	组成	资助金额/万美元	内容	任务
可持续藻类生物燃料联盟	亚利桑那州立大学带领	600	测试藻类生物燃料作为石油燃料替代品的相容性	藻类转化为生物燃料和生物基产品的生化转化方法,分析藻类燃料和燃料中间体的物理化学性质

续表

团队	组成	资助金额/万美元	内容	任务
藻类生物燃料商业化联盟	加利福尼亚大学圣地亚哥分校带领	900	藻类作为生物燃料原料的研究	藻类保护途径、藻类对养分利用和回收、开发基因操作工具
Cellana 公司联盟	Cellana 公司带领	900	海水中培养微藻技术和燃料的大规模生产	整合最新藻类收获技术和中试规模的培养测试设备,将海洋养殖藻类作为水产养殖饲料

2010 年 5 月美国从事微藻制乙醇的 Algenol 生物燃料公司与瓦莱罗 (Valero) 能源公司旗下的瓦莱罗服务公司宣布签署联合开发协议,合作开发微藻制乙醇技术,双方组合 Algenol 公司的直接制乙醇生产技术与瓦莱罗公司在运输燃料、化学品生产与分销方面的技术和生产基础设施经验。直接利用微藻生产燃料乙醇 (Direct to Ethanol™) 技术中,光合作用产生糖的过程以及把糖转化为乙醇的过程都在微藻细胞内部进行,微藻直接将乙醇分泌到培养液中,不经过微藻采收过程直接分离得到目标产物。Algenol 公司宣称其微藻乙醇产量可以达到 6000gal/(英亩·年),是玉米乙醇产量的 15 倍,能量产出/投入比达 5.5:1,利用海水作为培养介质,并能通过该技术实现海水淡化——每生产 1t 乙醇可以得到 1t 淡水。该公司和 DOW 化学公司、NREL、Georgia 工学院、Membrane 技术研究公司 (MTR) 等合作在位于 Freeport 的化学工厂中建设了 24 英亩的微藻能源一体化生物炼制装置,据称每年乙醇产量可达 10 万加仑。

总部位于圣地亚哥的 Sapphire 能源公司,其技术特色是用微藻生产和石油产品一样的燃料,强调其微藻燃料可以用于汽车甚至飞机,是全球研发替代燃料领域的领先制造商。2008 年该公司成功地由藻类生产了符合美国社会检测和材料认证标准的 91# 汽油,2009 年其藻类生物燃料参与了波音 737-800 飞机的试飞,并为世界上第一个由微藻油提炼的烃类化合物燃料应用于汽油动力汽车的跨国展览提供燃料。

近年来,以美国西北太平洋国家实验室等为代表的研究机构纷纷开发水热液化技术将浓缩的藻泥转化成生物原油,再对这些原油进行纯化,制成液态烃,可取代汽油、柴油和喷气燃料等石油制品。该技术对微藻含油量要求不高,且分离过程快速。

(2) 欧盟微藻生物能源发展现状

2010 年 6 月,在德国柏林-勃兰登堡国际航空航天展览会上,空中客车公司主导生产的世界上第一架使用 100% 海藻生物燃料的飞机完成了首次飞行试验，证明海藻生物燃料完全可以满足航空飞行的要求。试飞结果显示，与传统航空煤油相比，海藻生产的生物燃料可以提供更高的能量，由于本身的含氮量和含硫量较低，海藻生物燃料尾气中氮氧化合物排放量减少了 40%，氧化硫仅为原来的 1/60，烃类化合物含量也大大减少。

荷兰 AlgaeLink 公司 2007 年 10 月宣布开发成功新型微藻光生物反应器系统，可以生产微藻干物质 $1\sim1.4kg/(m^3 \cdot d)$，开始向全球销售其反应器，并提供相关技术支持。2008 年 10 月，英国碳基公司（Carbon Trust）投入 2600 万英镑启动了一项藻类生物燃料项目，预计到 2020 年实现商业化。

2011 年 5 月 24 日来自欧盟 7 个国家的 9 家合作伙伴宣布加入一个项目，将验证展示乙醇、生物柴油和生物制品可以大规模利用微藻来生产。该计划来自藻类生物燃料技术（BIOFAT）的 BIOfuel 项目，主要得到欧盟委员会第 7 号框架计划的大力资助，旨在证明从微藻制取的生物燃料可以提供能效、具有经济可行性和环境可持续性。微藻制生物燃料验证项目旨在使乙醇和生物柴油生产的整个价值链实现一体化。该过程从菌种选育开始，到培养基的生物学优化、监测藻类培养、低能耗收获和技术集成。开发团队在以色列、葡萄牙和意大利对现有的原型菌种进行培殖，然后在 $10hm^2$ 的验证设施内使过程放大。该项目持续 4 年，并在 $10hm^2$ 的验证设施内生产约 900t/a 的微藻。

欧盟 2011 年 9 月 6 日宣布了一项合作研究藻类生物能源计划（EnAlgae），汇集了欧洲多家研究机构，开展为期 4 年半的藻类生物能源研究，项目经费达到 1400 万欧元。其目的是解决目前西北欧缺乏巨藻和微藻生产率信息的问题，EnAlgae 项目计划建设多个中试规模的海藻种植场、微藻养殖设备，以提供评估藻类生物能源生产率所需的信息。这些信息有助于更好地评估在欧洲西北部发展藻类能源产生的经济效益和温室气体排放，通过计算机模拟为决策制定者和藻类种植者提供参考。

2011 年 5 月由全球第三大水处理公司 Aqualia 联合欧洲其他 5 家公司在西班牙推出了全球首个大规模利用废水培育微藻并进行生物能源生产的项目，这个名叫"All-gas"的项目得到了欧盟创新和研发基金的大力资助，该项目为期 5 年，目前已从实验室阶段进入工业示范阶段，面积从实验室阶段的 $200m^2$ 增加到了 $1000m^2$，据称该项目到 2015 年年底建成了一个面积相当于 10 个足球场大小的展示厂房，每天的污水处理量达到 $3000m^3$，相当于 3 万人口每天产生的生活污水量。"All-gas"项目流程主要分三个阶段：第一阶段是通过厌氧消化处理技术对污水进行初步处理；第二阶段是让污水通过开放式光生物反应器，通过培育微藻来吸收污水中包含的氮和磷；第三阶段是通过自然沉降来实现微藻的浓缩。经过这三个阶段的处理,生活污水即可直接排放到自然环境中,其水质甚至比传统技术处理的污水还要好。

(3)日本微藻生物能源发展现状

1990~2000年,日本国际贸易和工业部曾资助了一项名为"地球研究更新技术计划"的项目。该项目利用微藻来固定CO_2,并着力开发密闭式光生物反应器,通过微藻吸收火力发电厂烟气中的CO_2来生产生物能源。在此基础上,筑波大学、电力中央研究所、大阪大学等均对微藻柴油进行了大量的研究。

在藻类研究方面业绩显赫的筑波大学正在进行利用藻类破囊壶菌(*Auranti-ochytrium*)在污水处理厂生产燃料的研究。*Aurantiochytrium* 不进行光合作用,而是一边蚕食周围的有机物一边高速繁殖,能够分解污水中的有机物,在体内蓄积油脂,因此可同时实现污水处理和燃料生产。利用 *Aurantiochytrium* 制造的碳化氢——角鲨烯油还能用于化妆品、药品和营养食品等领域。

2015年5月起,日本IHI公司与神户大学、生物风险企业Chitose研究所、日本新能源产业技术综合开发机构(NEDO)合作,在鹿儿岛启动了大规模藻类培养设施。从2012年开始,受NEDO委托,这几家公司负责战略性新一代生物能源利用技术开发业务,2013年IHI NeoGAlgae开发出繁殖能力出色、产油量高的"布朗葡萄藻",并将其命名为"榎本藻"。目前利用该技术生产的榎本藻的干重含油比例为50%,成本降低了50%(达到500日元/L),并将与火力发电厂合建生产工厂,预计到2020年成本可降到100日元/L以下。

(4)国内微藻生物能源发展现状

我国在藻类生物燃料方面的研究从20世纪80年代就已起步,如清华大学藻类能源实验室早在1988年就开始关于藻类生物燃料的研究。我国近年来加大了对微藻生物燃料的研发力度,政府、科研机构和企业对微藻生物柴油的开发予以了高度重视。例如科技部于2009年开始启动微藻能源方面的863重点项目;在"十二五"期间,973计划、863计划、科技支撑计划同时立项,在国内已形成了具有一定规模的多个研发团队。

我国微藻基础研究力量较强,众多高校和科研院所承担了多项国家级及省部级微藻分类、育种和保存技术研究,拥有了一大批淡水和海水微藻种质资源。

在微藻生物燃料产业化方面,我国也已经开始进行中试培养和产业化示范,这标志着我国初步具备了规模制备生物燃料的条件。2008年,致力于新能源开发的民营企业新奥集团在国内率先建成$600m^2$水平管式反应器及油脂提取制备车间。2010年,新奥集团在内蒙古鄂尔多斯达拉特旗启动了微藻固碳生物能源产业化示范,依托当地60万吨煤制甲醇项目,利用煤化工的二氧化碳、含盐浓排水、余热以及周边的沙荒地养殖微藻。经过多年的技术攻关，该产业化示范的主要技术指标达到国际先进水平。2008 年海南绿地微藻生物科技有限公司利用 CO_2 养殖微藻并转换成生物柴油获得成功，在其养殖试验基地收获的干藻粉含油量达到 28%～32%。2008 年兆凯生物工程研发中心（深圳）有限公司在深圳市龙岗区海洋生物产业园，利用气升原理实现藻液循环的开放式反应器培养微藻。华东理工大学和嘉兴泽元生物制品有限责任公司等在国内外独创的"高值产品与碳减排偶联的微藻生物燃料"生产新模式，可大幅降低微藻能源的成本，其中的高附加值产品已完成工业化试验，微藻生物燃料及微藻固碳部分已进入中试阶段。

1.2.3　微藻生物能源产业的关键问题

尽管与其他高等植物相比，作为生物能源原料，微藻具有极为显著的优势，但迄今利用微藻生产生物能源仍处于初级阶段，国内外尚无经济上可行的微藻能源生产系统。短期内，微藻能源在经济性上难以与传统的化石燃料相竞争。例如，要想利用微藻油脂作为石油化工产业的替代烃原料，它的供应价格应粗略与原油价格相关，必须满足[3]：

$$C_{藻油} = 6.9 \times 10^{-3} C_{石油} \tag{1-1}$$

式中　$C_{藻油}$——微藻油 1L 的价格；

$\quad\quad C_{石油}$——每桶原油的价格。

该公式假设微藻油约含原油 80% 的能量。

举例来说，如果石油的现行价格是每桶 60 美元，那么藻油价格就不能超过每升 0.41 美元才具有竞争力，这在当前是难以实现的。

低成本是发展微藻生物能源的最基本要求，缺乏基础研究支撑和技术优化与系统集成，导致微藻生物能源成本高、生产效率低，是制约其产业发展的瓶颈。究其原因，主要是由于微藻生物技术产业规模小，而人们真正认识到微藻生物能源重要性也是近几年的事，过去人们对该领域的研究重视不够，很多关键技术及相关的基础理论方面的研究少有涉足，产业化开发缺乏坚实的理论基础和关键技术支撑。

1.2.3.1　面向能源产品的产业化藻种性能需求

虽然近年来各个研究机构和项目都筛选了大量的能源微藻藻株，但实际情况是前期筛选的能源藻株并未真正应用于规模化的能源微藻培养。微藻能源是否能实现产业化，藻种是关键，目前对产业化能源微藻藻种的性能需求主要以抗敌害生物污染能力、生长速度快、油脂含量高为评价指标。虽然普遍将"抗敌害生物污染能力"放在藻种性能的首位，但是对藻种的评价主要集中在生长速度和油脂含量这两个方面，且几乎全部研究集中在实验室，绝大部分藻株在室外的规模化养殖中难以表现出实验室养殖的高性能。

面向能源产品的微藻性能，必须考虑以下几个方面[10]。

(1) 光能利用效率

目前对能源藻株测评最重要的是在实验室批式养殖条件下，对比测量藻株干重、浓度、日增量。而生产微藻生物能源，微藻在不同光强下，尤其是室外光强下的光能利用效率最为重要，也就是生长的生物质所含的能量与输入的光能的比值。不同藻株、同一藻株不同养殖时期，其生物质热值差异很大（16～44kJ/g），生物质干重的变化难以准确反映能源转化效率。单一光强下的光利用效率，也很难反映藻株在室外养殖变光条件下的光能利用效率。因此需要重点测评藻株在不同光强下对光能的利用效率。

(2) 明暗循环尺度

毫秒级的明暗循环有利于提高微藻的光利用效率。不同藻株的明暗循环尺度为 10～1000ms，差异非常大。明暗循环尺度越大，相对来说耐受强光的能力越强。明暗循环尺度的大小也决定了反应器混合的强度，明暗循环尺度越大对搅拌混合的需求越小，规模化养殖成本越低。

(3) 温度耐受性

藻株适应的温度范围越大，其地域和季节适应性越强，适宜养殖范围潜力越大，这对室外不同季节、不同天气养殖非常有利。

(4) pH 值耐受性

能够耐受极端 pH 值的藻株，是非常有利于产业化应用的。通常螺旋藻的养殖，随着碳酸氢钠中碳源的消耗，pH 值很容易从 7 提升到 10，既有利于养殖操作的简便性，更有利于抑制敌害生物的滋长。因此，藻株能适宜较广泛的 pH 值范围，规模化养殖过程污染治理难度会相对降低。

(5) 敌害生物去除

微藻在培养过程中很容易遭到其他生物（如轮虫等）的污染，因此在培养过程中对敌害生物的防治显得尤为重要。螺旋藻可以利用 pH 值的剧烈变化抑制敌害生物。而一般杀灭原生动物、细菌、真菌的化学试剂，往往对藻的生长也有较强的抑制。因此，藻株对治理敌害生物用的化学、生物试剂的耐受性强弱非常重要，耐受性越强，常规污染治理越容易。同样，物理去除敌害生物的方法也与藻株的生理生化特性息息相关。一般来说，细胞个体越大，原生动物敌害的影响相对会减少。这些对于微藻室外规模化养殖非常重要。

（6）最短倍增时间

最短倍增时间短，并不代表其在规模化养殖中生长速度快，更不代表光利用效率高。但是倍增时间越短的藻株，其养殖扩种速度会越快，有利于生产放大。

（7）剪切力的耐受性

规模化养殖中的接种、采收，均需要用到机械化设备，藻株不能耐受一定机械剪切力，输送设备的选择会受到制约，生产成本增加。

（8）油脂积累时间

很多藻株，在绿色增殖阶段生长迅速，但是后期缺氮积累油脂需要很长时间，这对于微藻生物能源的生产非常不利。能同步积累或短期内快速积累油脂的藻株，有利于降低养殖成本。

可见，产业化藻种的性能需求和评价不是单一因素决定的，一定是根据生产需求综合考量的结果，任何一个因素的短板都可能制约该藻株的产业化养殖。

1.2.3.2 高效低成本的光生物反应器

微藻光自养培养系统（即光生物反应器）有两大类：一类是敞开池；另一类是封闭式光生物反应器。目前微藻大规模光自养培养所用光生物反应器主要为敞开式跑道池与圆池，具有成本低的优点，但其效率也低，自20世纪60年代开发出来后迄今很少有人对其进行系统研究，工程设计、建造和运行缺乏理论和技术指导。

封闭式光生物反应器（管道式、平板式、柱式）虽然具有细胞密度高、生长快等许多优点，由于其制造和运行成本高、放大技术不成熟等，目前尚无法应用于能源微藻的大规模培养。设计光生物反应器除能够有效扩大系统的规模外，还应满足对影响微藻生长多种变量参数的控制要求，如 CO_2 在藻液中的扩散和微藻的吸收、藻液中溶解氧的交换和去除、光能的利用和光抑制的预防、藻液的循环与混合，以及温度、pH值和培养液营养的控制，以确保这些变量都保持在可接受的水平。许多不同类型的反应器系统都能够满足这些基本要求，但这些系统却不能用于大规模的微藻培养。许多实验室规模的反应器很容易得到培养微藻满意的研究结果，但是其中只有少数能够成功扩大到中试。迄今，封闭式光生物反应器的放大在国内外均凭经验或在定性的方法指导下进行，缺乏系统的理论和定量的方法。

设计用于工业化生产的光生物反应器，必须考虑所选用的反应器是否满足在室外条件下的连续生产和便于维护管理等因素，主要包括[11]：

① 能够解决反应器内、外壁的清洁和散热；

② CO_2 利用率高，受溶解氧抑制性小；

③ 反应器光能效率高，反应器单位容积占用土地面积小；

④ 控制和在线检测系统简单，能够避免检测元件受微藻附壁影响；

⑤ 反应器材料具有良好的户外耐久性；

⑥ 便于生产人员对反应器检查和维护管理；

⑦ 小试阶段选用的反应器可以直接用于中试和规模化的工业生产。

1.2.3.3 能源微藻规模化培养工艺

低成本大规模的能源微藻培养是实现微藻能源产业化的关键环节之一。能源微藻培养是一个动态过程，面临着多变的外部环境条件、污染生物的竞争以及细胞之间的相互作用，因此能源微藻规模化培养工艺的优化必须综合考虑各个因素，使能源微藻的潜能得到最大限度的发挥。能源微藻规模化培养工艺优化应重点考虑以下内容[10-12]。

（1）碳源

可用于微藻培养的碳源主要分有机碳源和无机碳源两类。

有机碳源以糖类、油脂、有机酸为主要来源，如利用葡萄糖进行小球藻的异养培养，但是利用有机碳源生产能源产品从经济和能耗上并不合适，因此在能源微藻培养过程中利用有机碳源的可能性较小，有机碳源可作为微藻生产高附加值产品的碳源使用。

无机碳源以碳酸盐和 CO_2 为主要来源。碳酸盐广泛用于螺旋藻培养，但是容易出现 pH 值高，导致生长缓慢或产品灰分高等问题，且成本较高。通入 CO_2 有两方面作用：一是为微藻生长提供所需的碳源；二是调节培养液的 pH 值。微藻培养过程中，培养液的 pH 值呈上升趋势，过高的 pH 值不利于微藻的生长，通入 CO_2 可将 pH 值控制在其最适范围内。

目前可供微藻使用的 CO_2 气源主要有以下 3 种：

① 以电厂废气为代表的低 CO_2 含量气体，该类气体一般可直接通入培养体系，在提供碳源的同时可提供部分混合动力，对这类气体的利用必须要求附近有较大面积的土地可供微藻培养；

② 以煤化工为代表的高纯 CO_2 气源，该类气体需以一定流量、一定比例或间歇通气的形式通入养殖系统，受地域的影响相对较小，必要情况下可压缩进行短距离运输或管道输送；

③ 发酵工厂尾气中的 CO_2，该气源清洁，一般无需处理可直接用于微藻培养。

（2）培养基

培养基是能源微藻细胞生长和油脂合成的物质基础，其组成对藻细胞的生长及油脂积累影响显著。因此，在能源微藻规模化培养研究中培养基的优化非常重要。采用市政废水或禽畜废水为培养基，用于生产微藻，可以取得较好的环境效益，节省微藻培养成本，还可以降低培养系统的设计难度和投资成本，是比较有潜力的发展方向。

（3）培养液的循环利用

能源微藻光自养培养时的藻细胞密度一般较低，如果每次采收后就更换新鲜培养基，用水的需求量将非常大，而且会增加生产成本，因此细胞采收后的大量培养液必须实现循环利用。总之，规模化培养要尽可能减少蒸发、加强水循环利用，并结合废水利用相互补充，解决微藻养殖过程中的用水需求。

（4）敌害生物的防治

决定微藻规模化培养的成败最核心的问题是敌害生物的污染防治。主要有3 种技术措施可以抵制微藻培养过程中外来原生动物对微藻的捕食，即物理隔离、养殖过程调控和化学试剂选择性添加等。物理隔离即尽量利用封闭的光生物反应器培养微藻，避免外来生物的入侵。这一方法依赖于光生物反应器的技术进步。养殖过程调控可以通过提高接种浓度、缩短开放培养时间或采用具有选择性的培养基等措施降低外来生物污染藻液的可能性。这种方法要求藻种有某些抗逆性，如螺旋藻通过高 pH 值、杜氏盐藻通过较高盐度控制污染。采用化学试剂包括农药等可能是防治某些病虫害的有效手段，但是这种方法有对环境产生不利影响和增加微藻培养成本等问题，长期使用也可能会导致原生动物产生抗药性。

1.2.3.4　能源微藻采收、油脂提取及生物能源加工

能源微藻规模化培养时细胞密度一般较低（一般为每升几克干细胞），传统的固液分离技术（如离心等）因其成本高无法直接用于能源微藻的大规模采收。因此，微藻细胞低成本采收技术也是能源微藻产业化中亟待解决的瓶颈问题之一。微藻种类繁多，形态、细胞壁等的组成结构与表面特性、包括油脂在内的胞内组成呈现多样性特征，这些特征不仅因藻种而异，即使对于同一藻种，也随培养工艺的差异而变化。因此关于能源微藻的采收、油脂提取及生物能源加工也应根据能源微藻细胞的多元特性开展有针对性的研究。

传统生物能源加工原料大多为干物质，但微藻细胞中水含量高达 80％以上，微藻的干燥过程耗能巨大，会导致生产能源产品过程的能量"入不敷出"，为避免干燥的高能耗，开发以湿藻为原料的低能耗微藻能源制备方法将成为一个重要的研究方向。

1.2.3.5　微藻能源生产系统的集成优化

微藻能源产业化过程涉及的环节多、产业链长，其本身非常复杂，系统效率不但取决于各个单元的效率，也取决于各单位的相互影响和耦合。由于微藻能源兴起的时间很短，迄今尚无微藻能源生产全过程中试的报道，因此对微藻能源规

模化系统的集成了解甚少，亟待开展研究。

微藻能源的产业化技术开发必须建立一个集成系统的研究平台，以便及时对各个单元的研究成果进行评价与集成，同时也便于各个单元之间研究工作互相衔接，如规模化培养可为能源产品加工提供原料，油脂的提取方法对非油脂组分的高值化利用具有重要影响，且湿藻细胞及提取油脂后的藻渣难以长时间保存，只能就地加工。

全生命周期分析（life cycle analysis，LCA）作为一种对工业过程整个生命周期中能耗和物耗以及对环境影响进行量化评价的工具，其对微藻能源的规模化生产具有重要的指导意义。通过分析微藻能源的生产、转换和运输、季节环境条件影响等过程中的能量和物质平衡，从微藻能源生产过程中各单元能量和物质的投入与产出、CO_2 固定、废水排放等角度综合考虑，对微藻能源生产过程进行全生命周期分析，以实现各个单元之间高效率的耦合，评价其过程经济性并建立相应的过程评价体系是十分必要的。

参考文献

[1]　袁振宏，等.生物质能高效利用技术［M］.北京：化学工业出版社，2015.

[2]　Miyamoto K. Renewable biological systems for alternative sustainable energy production（FAO Agricultural Services Bulletin-128）［C］//Rome: Food and Agriculture Organization of the United Nations, 1997.

[3]　Chisti Y. Biodiesel from microalgae［J］. Biotechnology Advances. 2007, 25（3）: 294-306.

[4]　刘天中，王俊峰，陈林.能源微藻及其生物炼制的现状与趋势［J］.生物产业技术，2015（4）：31-39.

[5]　Yang Z, Guo R, Xu X, et al. Hydrogen and methane production from lipid-extracted microalgal biomass residues［J］. International Journal of Hydrogen Energy, 2011, 36: 3465-3470.

[6]　张芯，张云明，何晨柳，等.微藻生物能源的产业化进程及其在 CO_2 减排中的应用进展［J］.生物产业技术，2013（5）：45-51.

[7]　Converti A, Casazza A A, Ortiz E Y, et al. Effect of temperature and nitrogen concentration on the growth and lipid content of *Nannochloropsis oculata and Chlorella vulgaris* for biodiesel production［J］. Chem. Eng. Processing, 2009, 48: 1146-1151.

[8]　张亚雷，褚华强，周雪飞，等.废水微藻资源化处理原理与技术［M］.北京：科学出版社，2015.

[9]　　彭文岚，王广建，孙宗彬.微藻在能源、环保及食品保健中的应用［J］.化工科技市场，2010，33（2）：18-21.

[10]　王慧玲，刘敏胜.微藻生物能源产业化若干问题的思考［J］.生物产业技术，2016（3）：14-16.

[11]　黄英明，王伟良，李元广，等.微藻能源技术开发和产业化的发展思路与策略［J］.生物工程学报，2010，26（7）：907-913.

[12]　李道义，李树君，刘天舒，等.微藻能源产业化关键技术的研究进展［J］.农业机械学报，2010，41（S1）：161-166.

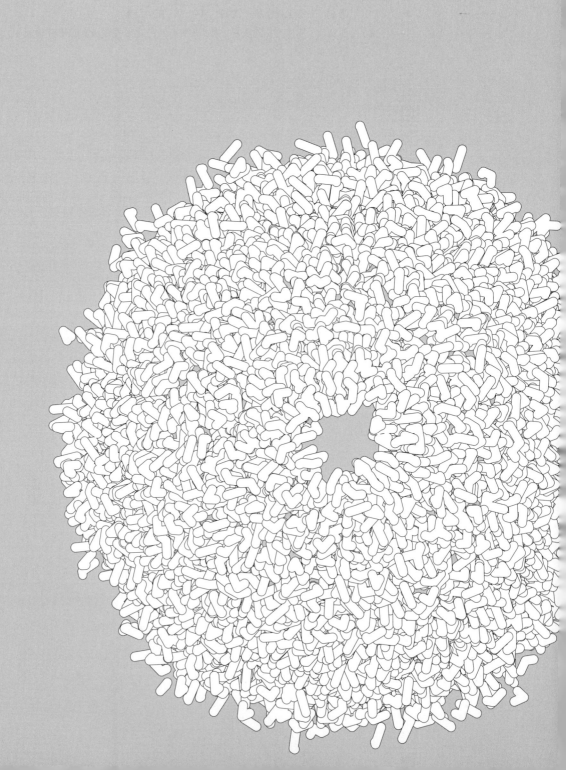

第2章

能源微藻的选育

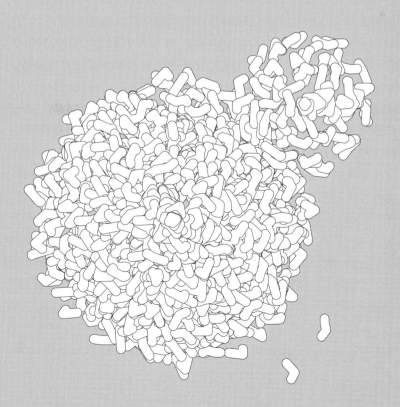

2.1　能源微藻的种类

　　利用微藻可直接生成的生物能源包括油脂、醇类、烷烃和氢气等。自养微藻可以利用二氧化碳作为碳源、太阳光作为能源在一些特定条件下积累油脂。研究发现有许多自养微藻可以积累油脂，例如小球藻（*Chlorella vulgaris*）、布朗葡萄藻（*Botryococcus braunii*）、舟型藻（*Navicula pelliculosa*）、栅藻（*Scenedesmus acutus*）、隐甲藻（*Crypthecodinium cohnii*）、杜氏藻（*Dunaliella primolecta*）、单肠藻（*Monallanthus salina*）、富油新绿藻（*Neochloris oleoabundans*）、三角褐指藻（*Phaeodactylum tricornutum*）和干扁藻（*Tetraselmis sueica*）。过去的数十年，研究人员对几千种微藻（包括蓝藻）进行筛选，希望能够获得高油脂含量的藻株。已有数百种产油微藻在实验室或者户外培养条件下获得鉴定和描述。在多种自养微藻中都发现了产油微藻，包括绿藻、硅藻、金藻、鞭毛藻、黄绿藻、甲藻、黄藻及红藻。不同微藻的油脂含量差别很大。在已鉴定的产油微藻中，绿藻所占的比例最大，这可能是由于许多绿藻广泛分布于各种自然环境、容易被分离及在实验室条件下一般比其他类群的微藻生长更快。在优化的培养条件下产油绿藻的平均油脂含量为 25.5% DCW（细胞干重），而在不利的培养条件下（例如光氧化胁迫和营养胁迫条件）油脂含量可以大幅度增加，增加后的平均油脂含量为 45.7% DCW。研究表明积累大量油脂的能力具有种/藻株特异性，不具有属特异性。研究表明在正常培养条件下产油硅藻的平均油脂含量为 22.7% DCW，在不利的生长条件下平均油脂含量为 44.6% DCW。其他产油微藻（包括金藻、鞭毛藻、黄绿藻、甲藻、黄藻及红藻）在正常培养条件下平均油脂含量为 27.1% DCW，在不利的生长条件下平均油脂含量为 44.6% DCW。前人也对产油蓝藻进行了筛选，然而并未发现具有较高含量油脂的蓝藻。

　　微藻异养培养是指在培养设备中（例如发酵罐）让微藻利用添加在培养基中的有机碳源而不依赖光照进行生长的过程，以获得较高的细胞密度和较大的生物量。目前，微藻异养培养已经进入了从实验室规模到大批量产业化生产的过渡期。除了自养微藻外，通过改变培养条件或利用基因工程手段进行改造，某些微藻可以转化为异养微藻，利用有机物作为碳源进行异养发酵有效地积累生物量同时生产代谢物（例如油脂）。研究表明已有近百种微藻可进行异养生长，这些微藻涉及蓝藻门、隐藻门、甲藻门、金藻门、黄藻门、硅藻门、裸藻门和绿藻门等[1]。海水小球藻（*Chlorella protothecoides*）通常进行自养，当 10g/L 的葡萄糖被添加到自养培养基中，同时培养基中甘氨酸的浓度减少到 0.1g/L 时，该藻可进行异养发酵生产油脂，油脂含量约为自养的藻细胞的 4 倍[2]。通常异养的微藻更容易在发酵罐中控制培养过程。但是，它需要有机碳源来积累油脂进而生产生物柴油，这极大地增加了生产成本。普通小球藻（*Chlorella vulgaris*）异养培养后的平均生物量为 46.8g/L。缪晓玲等从异养的小球藻中提取油脂用于制备生物柴油，其特性与传统的柴油相当，具有较高的应用价值[3]。提高藻细胞的油脂产量、寻找更为廉价的用于微藻异养培养的有机碳源及开发更加有效的油脂制备生物柴油的技术工艺成为目前的研究热点。

其次，介绍产醇类的微藻。Hon-Nami 发现一种单细胞海洋绿藻（*Chlamydomonas perigranulata*）可以通过光合作用合成淀粉，而后在黑暗和厌氧条件下以细胞内的淀粉为原料进行发酵产生乙醇、2,3-丁二醇、乙酸和二氧化碳[4]。Hirayama 等从海水中筛选可固定二氧化碳及进行自发酵的微藻，并测定其生长速率、淀粉含量及淀粉到乙醇的转化率[5]。在分离的 200 多株藻株中，发现有一些微藻可以自发酵产乙醇。其中有一株优秀的微藻 *Chlamydomonas* sp. YA-SH-1 分离自红海，其干重生物质的产率为 30g/（m^2·d），淀粉含量为干重的 30%，在黑暗和厌氧条件下其细胞内的淀粉到乙醇的转化率为 50%。这样形成了一种由微藻培养、藻细胞收获、自发酵及乙醇提取过程四个部分组成的新型乙醇生产体系。该体系与传统的乙醇生产相比更简单及能耗更低。基因工程蓝藻可直接利用太阳能和二氧化碳生物合成乙醇，成为研究人员关注的热点。目前，用于生产乙醇的基因工程蓝藻主要包括聚球藻（*Synechococcus* sp. PCC7942）和集胞藻（*Synechocystis* sp. PCC6803）等，乙醇产量最高为 5.5g/L。利用微藻直接生产生物乙醇是一个新兴的方向，但是乙醇产量不稳定及不是很高等限制因素还有待于在将来的研究中进一步攻克。李晓倩构建了由蓝藻的 *pSBAI* 强启动子、酿酒酵母的乙醇脱氢酶和丙酮酸脱羧酶组成基因通路，将其插入蓝藻-大肠杆菌穿梭表达载体 pRL-489 上，然后将含 *pSBAI-pdc-adh* 基因的重组表达载体 pRL-489 转入鱼腥藻 7120 中，结果表明在转基因鱼腥藻中乙醇含量提高了 50%[6]。

最后，介绍产烷烃和氢气的微藻。除了醇类外，某些微藻也可在代谢过程中产生烃类。利用不同的微藻可以产生不同种类的烃类。从理论上讲，微藻产生的烃类可以直接回收，可免除脱水及提取的过程。但是，实际上烃类通常和微藻细胞连接在一起，所以还需要通过脱水和提取过程才可以回收烃类，进一步加工成各种燃料。目前，发现的可以产烃类的微藻包括丛粒藻及布朗葡萄藻等。丛粒藻的游离烃类以 C_{27}～C_{33} 烯烃为主，还含有 C_{13}～C_{25} 正构烷烃、类异戊二烯烷烃（C_{15}、C_{16}、C_{18}～C_{21}）及微量甾烷、萜烷。王军等考察了无机碳源、氮源、磷源和 NaF 等成分对产烃葡萄藻（*Botryococcus braunii*）生长的影响[7]。结果表明以 $NaHCO_3$ 或 CO_2 加富氧空气补碳可增大比生长速率；在一定浓度范围内增加氮源 KNO_3 的起始浓度能提高产烃葡萄藻的生长速率及延长对数生长期；磷源对产烃葡萄藻生长的影响非常显著；适量 NaF 能增强产烃葡萄藻的光合作用，进而促进其生长。Al-Hothaly 等观察了 *B. braunii* 的两个藻株 Overjuyo-3 和 Kossou-4 在 500L 的开放塘中在人工光源及改善的 BG11 培养基中的生长情况[8]。结果表明 Overjuyo-3 生长最快，40d 后其生物量为 3.05g/L，明显高于 Kossou-4 的生物量 2.55g/L。但是，Kossou-4 可以产生更多的油脂（0.75g/L）和烃类（$C_{30} \sim C_{34}$，油脂重量的 50%），这些显著高于 Overjuyo-3 的油脂含量（0.63g/L）和烃类含量（油脂重量的 29%）。产烃葡萄藻能合成 C_{40} 的三萜烃类物质，然而其合成途径及关键酶却不清楚。得克萨斯大学 Devarenne 团队基于葡萄藻中预测蛋白的功能分析获得一个结构与 C_{30} 角鲨烯合酶高度相似的未知酶（lycopaoctaene synthase，LOS）。作者体外纯化表达该未知酶 LOS，通过检测其对不同底物（FPP、PPP 及 GGPP）的催化效率及产物[9]，最终确定未知酶 LOS 可催化 C_{20} 的 GGPP（牻牛儿基牻牛儿基焦磷酸）合成 C_{40} 的三萜烃类物质，该工作将为利用微藻生产高值萜类物质奠定基础。

氢气是一种非常清洁的能源。生物制氢也逐渐成为研究热点。近年来，产氢气的微藻日益受到研究人员的关注。某些微藻（包括蓝藻）可以产生氢气，其产生机理的反应式如下：

$$2H_2O + 光 \longrightarrow O_2 + 4H^+ + 4e^- \longrightarrow O_2 + 2H_2$$

绿藻具有三种产氢气的途径：第一种途径是利用光系统 II 和光系统 I 以水作为底物生产氢气；第二种途径是利用光系统 I 以糖酵解生成的 NADH 作为底物产生氢气；第三种途径是一种在黑暗条件下发挥作用的淀粉降解发酵途径。三种产氢气的途径都以铁氧化还原蛋白作为氢化酶的基本电子供体。氢化酶负责释放或吸收氢气，主要有两类：一类含铁元素，主要负责氢气的释放；另一类含铁和镍，主要负责氢气的吸收。

研究人员对产氢气的微藻进行了较为深入的研究。Kosourov 等研究了限硫培养基培养的莱茵衣藻（*Chlamydomonas reinhardtii*）中不同的初始细胞外 pH 值对光系统 II 失活和氧气敏感的氢气产生活性的影响[10]。同时，还研究了不同 pH 值下氢气的产生、光合作用及有氧和无氧代谢机制之间的关系。Cornish 等研究了多细胞绿藻、团藻（*Volvox carteri*）中氢的产生机制，在其基因组中鉴定了两个推测的氢化酶基因 *HYDA1* 和 *HYDA2*，发现这两个基因的 mRNA 在厌氧条件下积累[11]。Godman 等利用 RNA 沉默技术对莱茵衣藻（*Chlamydomonas reinhardtii*）中三个氢化酶基因 *HydA1*、*HydA2* 及 *HYD3* 进行了表达调控，研究了它们在该藻的氢气生产中的生理作用[12]。

在利用微藻生产氢气的过程中的主要困难在于微藻氢气代谢的复杂性。这种复杂性在于在氢气代谢中包含几种不同的酶，例如几种类型的氢化酶（吸收和可逆的，具有铁或者铁镍活性中心）和固氮酶（同样具有各种含金属的活性中心）。

不同物种的微藻，甚至同一物种的不同藻株，在相似的条件下氢气产生速率差异较大。不同于绿藻，蓝藻仅在黑暗中产生氢气。

微藻产氢气的发展受到如下生物学因素的限制：

① 氢化酶对氧气的高度敏感性；

② 其他代谢途径对还原剂铁氧化还原蛋白的竞争；

③ 光能利用效率的低下。

有望解决或者缓解这些问题的方法包括：

① 通过基因工程手段改造氢化酶对氧气的敏感性；

② 抑制与氢化酶竞争铁氧化还原蛋白的代谢途径；

③ 调控光合过程中天线色素的含量，提高光能的利用效率。

2.2　能源微藻的分离方法

从自然界中采集的微藻需要分离纯化。微藻的分离方法包括系列稀释法、水滴分离法、微管分离法、固体培养基分离法。然而，传统的分离方法耗时过长。目前，在大规模的分离和筛选过程中，荧光激活细胞分类法、流式细胞仪分选法等高通量、自动化的分离技术优势非常明显。许多藻种形态高度相似，仅仅依赖传统的分类法很难准确地鉴定。此时，应利用 18S rRNA 鉴定、ITS 鉴定、限制性片段长度多态性（RFLP）、SRAP 等分子生物学技术鉴定藻种。

从自然界采集水样后，首先要进行显微镜检查。如果其中所含的藻细胞较多，可以马上进行分离纯化。如果水样中藻细胞数量不多，就要先进行预培养，待细胞繁殖后再分离纯化。预培养时将经 350 目筛绢过滤的水样接种到一定体积的培养基中，在一定的温度和光照强度下静止培养，每天摇动数次。用于预培养的培养基，可选择藻类通用的培养基或同时利用几种不同的培养基分别培养。预培养时培养基的浓度需要适当缩减，一般只用原配方浓度的 1/2 或 1/4。如果已经知道欲分离纯化的微藻最适的生长条件，可以直接在其最适光照强度和温度下培养。

2.2.1　微管分离法

用直径 0.5cm、长度 35cm 的普通玻璃管，在中央部位加热，拉长 6～10cm，使得玻璃管的直径缩小至 0.06～0.1cm，折断后形成两个吸管。将棉絮塞入吸管较宽的一端，然后置于高压灭菌器中消毒。消毒结束后，用酒精灯对吸管的细端进行加热，用镊子拉成非常细的微管，直径缩小至 0.08～0.16mm。微管在进入水面的瞬间，因毛细管作用会吸入微量水分。将含藻细胞的水样放在凹玻片上，在显微镜下用微管小心地吸出单个藻细胞，滴在载玻片上，在显微镜下确认是单个藻细胞后，移入灭菌后的培养基中进行培养。

2.2.2　固体培养基分离法

按照欲分离的微藻的特性，选用合适的培养基，加入 1%～1.5% 的琼脂，高压灭菌。然后，将灭菌后尚未凝固的培养基倒入灭菌后的培养皿中。在无菌的超净工作台中，用接种针蘸取少量藻液，在固体培养基上划蛇形线，藻细胞则分布在固体培养基的表面。将接种后的培养皿置于合适的光照和温度下进行培养。一般经过 20d 左右的培养可以在固体培养基上长出藻落。通过显微镜找出较纯的藻落，然后用已消毒的接种针从固体培养基上挑取藻落，移入灭菌后的培养液中进行培养。

2.2.3　水滴分离法

首先将欲分离的藻液稀释，用微管吸取少量藻液，滴在载玻片上。水滴的大小以在低倍显微镜下一个视野能包括整个水滴为准。在显微镜下分别观察每个水样，挑选仅有欲分离的单个藻细胞而没有其他杂藻或细菌的水滴，移入已经灭菌的培养液中进行培养。

2.2.4　系列稀释法

准备已灭菌的试管 5 支，在第 1 支试管中加入 10mL 蒸馏水，第 2 至第 5 支试管中均加入 5mL 蒸馏水，高压灭菌。待冷却后，在第 1 支试管中滴入 1 滴藻液，充分振荡混匀。然后用已灭菌的吸管从第 1 支试管中吸取 5mL 液体转移到第 2 支试管中，充分振荡混匀后再从第 2 支试管中取 5mL 转移到第 3 支试管中，如此循环直至第 5 支试管。再取 5 个装有已灭菌的培养基的培养皿，待培养基冷却而尚未凝固时，分别从 5 个试管中吸取 1 滴藻液滴入培养基中，充分振荡，使藻液均匀混入培养基中。冷凝后将培养皿置于适合的条件下进行培养，直到培养基中长出藻落。在稀释程度合适的培养皿内，藻落和细菌菌落会充分分离。然后在无菌条件下挑取单个藻落接种到固体培养基上，再次进行培养。重复数次，获得纯的藻落。

2.3　能源微藻的选育方法

不同的微藻在生长速率、抗逆性、细胞组分及其含量上都存在一定的差异。从自然界筛选到的野生微藻，其综合性能往往有待提高。因此，为了进一步提高能源微藻的综合性能，有必要对从自然界筛选到的野生藻株进行选育。

育种是指通过改变物种的遗传特性，以培育高产优质品种的技术。能源微藻的育种涉及物理学、化学、生态学、生理学、生物化学、分子生物学和生物统计学等多种学科。目前，一般利用物理的、化学的或生物的手段，实现染色体断裂、缺失、碱基置换、基因重组等生物学效应，进而导致后代发生性状的变异，从变异群体中筛选符合人类需求的变异体。主要的育种技术包括传统育种技术（选择育种及杂交育种）和现代育种技术（细胞融合育种、诱变育种及基因工程育种等）。本书重点介绍细胞融合育种、诱变育种及基因工程育种等现代育种技术。

选择育种是指从现有的种质资源群体中，筛选出优良的自然变异个体，使其扩大繁殖以培育新品种的一种育种方法。其本质是差别繁殖，人为地把更加符合人类需求的优良个体选择出来，并使其扩大繁殖，将优秀的性状遗传给后代。选择育种易操作、成本低及实用性高，是能源微藻育种中最基本的方式。但藻株自发变异的概率较小，育种周期较长，选育的微藻经常存在遗传性状不稳定的缺点。胡鸿钧等从我国内陆盐湖中筛选出两株钝顶螺旋藻新品系 Sp(NS)2001 和 Sp(NS)2002，二十碳五烯酸含量为 16.45mg/g，二十二碳六烯酸含量为 7.88～9.50mg/g，粗蛋白含量为 67.9%，且可以耐高温[13]。张宝玉等研究了 4 个雨生红球藻（*Haematococcus pluvialis*）品系在不同温度下（10℃、15℃、20℃、25℃和 28℃）的生长速率、生物量、虾青素含量及产量，筛选出了适合于大规模培养的品系 *H. pluvialis* 26 和 *H. pluvialis* WZ[14]。

杂交育种是指通过交配将两个或多个不同基因型亲本的优良性状集中在杂种后代中，再经过选择和繁殖以获得新品种的一种育种方法。杂交可以使双亲的基因发生组合，形成各种不同的基因型和表现型，为选择优良的个体提供丰富的材料；基因重组可以将双亲控制不同性状的优良基因结合于一个杂交后代中，或者将双亲中控制同一性状的不同微效基因叠加在一起，产生在该性状上优于亲本的类型。正确选择进行杂交的双亲并进行合理的组配是杂交育种成败的关键。

2.3.1 诱变育种

诱变育种是指通过物理（射线、激光及紫外线等）或者化学（各种诱变剂）方法使微藻发生变异，从变异体群体中筛选出具有优良性状的藻株，是微藻育种中广泛使用且非常有效的一种方法。诱变育种不仅能诱发基因突变，而且能实现基因的重新组合，可以在短期内获得许多优良的突变体作为新品种，具有非常突出的优点，但是诱变育种的盲目性较大。

进行诱变育种需要遵循一些通用的原则：

① 尽可能选择简便有效的诱变剂；

② 选择性能优良的出发株；

③ 处理单细胞悬液，以防止出现嵌合体；

④ 利用预实验研究能提高突变率和有利变异比例的因素及其剂量；

⑤ 充分发挥复合诱变的协同效应，以提高突变率及得到性状变异幅度大的突变体。

常用的物理诱变因素包括 α 射线、β 射线、γ 射线、X 射线、中子和其他粒子、紫外线、激光、微波辐射及超声波等。下面对物理诱变因素在微藻育种中的应用进行较为详细的描述。

（1）紫外诱变育种

紫外线是一种非电离辐射，可导致 DNA 链断裂、DNA 分子的交联、核酸与蛋白质的交联及胞嘧啶和尿嘧啶的水合作用等，进而导致基因突变。

黄瑞芳等采用紫外辐射的方法对巴氏杜氏藻（*Dunaliella bardawil*）进行诱变，经过 42～52℃ 高温的筛选，获得一株耐高温的突变株 *Dunaliella bardawil* var. H-42[15]。结果表明，在每天 42℃ 处理 6h 的条件下，突变株 H-42 处于生长平衡期时藻细胞密度为初始密度的 4.5 倍，其细胞体积是出发藻株的 3.0～3.4 倍。吕小义等利用 ^{60}Co-γ 射线诱变裂壶藻（*Schizochytrium limacinum*）ATCC20888，以固体培养基上生长情况、生物量、含油量及 DHA 产量作为评价指标，最终筛选出一株高产突变株 1.6-7-1，其 DHA 产量比出发菌株提高了大约 40%，经过连续五代发酵培养，突变株的遗传性能保持稳定[16]。周韬等采用紫外辐射的方法对巴氏杜氏藻（*Dunaliella bardawil*）进行诱变，经过低温

（5℃±1℃）筛选得到一株耐低温的突变株 *Dunaliella bardawil* var. L-5[17]。结果表明，在低温下培养 57d 后突变株 L-5 仍处于对数生长期，其藻细胞密度为对照的 2.59 倍。

（2）激光诱变育种

激光可以引起细胞 DNA/RNA 及染色体发生畸变，激活或钝化酶及改变细胞分裂和细胞代谢活动。激光诱变育种具有简便和安全等优点，在工业微生物育种中已广泛应用。但是，其在微藻育种中的应用则处于起步阶段。赵萌萌等观察了钝顶螺旋藻在不同剂量的 He-Ne 激光照射下生理生化特性的变化[18]。结果表明，变异株与出发藻株相比较，在形态、干重、含氮量及胞外多糖等方面均发生变化，其中胞外多糖含量增加了 193%，表明激光诱变钝顶螺旋藻获得了较好的结果。陈必链等利用倍频 Nd：YAG 激光诱变钝顶螺旋藻，辐照时间分别选取 15min、10min 和 5min，观察了倍频激光对钝顶螺旋藻形态、叶绿素 a 含量、β-胡萝卜素含量及生长速率的影响[19]。结果表明：与出发藻株相比较，变异株的藻丝较长，螺旋数和螺旋长较小；15min 和 10min 辐照组变异株出现螺旋变松弛的现象；10min 和 5min 辐照组变异株的生长加快，叶绿素 a 含量提高。三个诱变时间产生的变异株中 β-胡萝卜素的积累均增强，含量的增幅最高为 22.3%。刘晓娟研究了两种不同激光辐照对拟微绿球藻的影响[20]。结果表明：用波长 10.6μm、功率 10W、时间分别为 30s 和 60s 的 CO_2 激光处理后，变异藻株的生长速率和油脂含量均显著提高，其中油脂含量比对照藻株提高了 136.60% ～172.16%；波长 440nm，功率 150mW，时间分别为 10min、20min 及 30min 的半导体激光辐照后对拟微绿球藻的生理促进作用不如 CO_2 激光处理组明显。

（3）射线诱变育种

常用于诱变育种的射线包括 X 射线和 γ 射线。黄晖等以藻胆蛋白 PBP 含量最高的钝顶螺旋藻藻株 Sp-CH 为出发品系，经 2.4kGy 的 ^{60}Co-γ 射线辐照后，筛选到 1 株藻蓝蛋白 PC、别藻蓝蛋白 APC 和 PBP 含量依次比出发品系 Sp-CH 大约高 36%、89% 和 50%，PC/APC 比值为 1.91～2.23 的突变株 Sp-CH32[21]。突变株 Sp-CH32 经过连续 3 年的工厂化养殖后，发现其高产 PBP 的特性保持稳定。佘隽等以寇式隐甲藻 ATCC30772（*Cryptecodium cohnii* ATCC30772）为实验藻株，采用不同辐照剂量的 ^{60}Co-γ 射线进行照射，然后选育富含二十二碳六烯酸（DHA）的微藻突变株[22]。结果表明用 2.4kGy 的辐照剂量进行诱变获得了高产 DHA 的突变藻株，其油脂产量和含油量分别比未诱变的藻株提高了 51.66% 和 66.37%，平均 DHA 含量为 39.04%，比未诱变的藻株提高了 3.39%。邵斌等以 12 株小球藻中水溶性多糖含量最高的椭圆小球藻 Chl-ZN5 为出发品系，先利用 700Gy 的 ^{60}Co-γ 射线辐照，然后用 0.2% 的甲基磺酸乙酯 EMS 处理 4h，处理后转接到固体培养基上，以 3kGy 的 ^{60}Co-γ 射线辐照作为筛选压力，获得 1 株高产多糖的突变体 Chl-ZN5-M2，变异株的水溶性多糖含量和产率分别比对照 Chl-ZN5 提高了 70.9% 和 76%，而且在工厂化养殖中性能稳定[23]。蒋霞敏等以雨生红球藻作为试验材料，在超微结构方面研究了 X 射线和 γ 射线的致突变效应[24]。结果表明：X 射线和 γ 射线的辐照能导致细胞膜受损、原生质球偏移、核仁出现电子稀疏区域、叶绿体粘连、类囊体条断裂、电解质外渗、核糖体增多、线粒体体积增大及线粒体膜受损。X 射线和 γ 射线辐照所导致的细胞核、线粒体及叶绿体等细胞器的损伤很可能是造成突变的原因。

(4) 超声波诱变育种

超声波的机械作用、热作用及空化综合在一起产生的高温高压使得细胞内 DNA 和蛋白质等生物大分子构型改变或者出现被剪切的现象，这样导致遗传物质发生突变，性状发生改变。超声波主要应用于提取生物活性物质、增强固化酶活性及基因转导等方面，但在微藻育种方面的应用还比较少。肖群等以杜氏盐藻 (Dunaliella salina) 作为实验材料，分别设 64s 和 128s 两个处理时间，各个时间均划分为 1 次、2 次、4 次、6 次和 16 次五种间隔，用超声波细胞均质仪对藻细胞进行超声处理，以无超声波作用的藻株作为对照[25]。超声波解除后，将各处理在同样的培养条件下培养 7d，测定生长过程的相关指标。结果表明：在 64s 和 128s 两个处理时间下，利用超声波进行短时间多次处理对杜氏盐藻的生长有利，处理后的藻株其吸光度、叶绿素 a 含量、实际光能转化效率及光合电子传递效率等指标的水平均比对照提高。王清池等研究了超声波处理对三角褐指藻脂肪酸组成的影响，在生长期中每隔 12h 对培养液进行超声处理[26]。结果表明：在较短时间的超声波处理下不饱和脂肪酸占总脂肪酸的比例明显增加，尤其是 C18:3 含量大幅度提高。李文权等观察了超声波处理对球等鞭金藻脂肪酸组成的影响，发现在超声条件为 20kHz/6W/10s/3 次时，生长速率常数最高为对照藻株的 2.02 倍；在超声条件为 20kHz/4～6W/30s 时，脂肪酸不饱和度比对照藻株提高了 7.8%[27]。

(5) 化学诱变育种

化学诱变育种是指用化学诱变剂处理微藻，以引发遗传物质的改变，进而引起性状的变异，然后根据育种目标对变异藻株进行鉴定、培养和选择，最终育成符合需求的新品种。

常用的化学诱变因素包括烷化剂、碱基类似物和抗生素等几种。

① 烷化剂 烷化剂含有活跃的烷基，可以转移到电子密度高的 DNA 分子中，置换 DNA 分子中的氢原子，从而使碱基发生改变。常用的烷化剂包括甲基磺酸乙酯、乙烯亚胺、亚硝基乙基脲烷、亚硝基甲基脲烷、硫酸二乙酯等。

② 碱基类似物 碱基类似物是一类与 DNA 的组成碱基类似的化合物。其掺入 DNA 分子后，可引起 DNA 复制发生碱基配对方面的错误。常用的碱基类似

物包括 5-溴尿嘧啶和 5-溴脱氧尿核苷。

③ 抗生素　常见的抗生素包括重氮丝氨酸和丝裂毒素 C。抗生素可以破坏 DNA 分子，造成染色体断裂，使得遗传物质发生改变。

化学诱变仅仅需要少量的化学试剂和简单的设备，在微藻育种中应用比较广泛。王松通过化学诱变结合高通量筛选以获得具有高油脂含量和高生物量的优秀藻株，为大规模生产提供优秀藻株[28]。首先比较了两种化学诱变剂甲基磺酸乙酯（EMS）和亚硝基胍（NTG）对微拟球藻的诱变效率，进而通过 NTG 诱变结合高通量筛选的方法获得了 3 株微拟球藻的优良诱变株（LAMB001、LAMB002 和 LAMB003）。结果表明 NTG 在诱发高油脂微藻方面比 EMS 效率高。和微拟球藻的野生株相比较，3 株突变株的油脂产率分别提高了 17.4%、23.7% 和 29.40%。其中 LAMB003 油脂含量最高为 31.23%。杨茂纯等为提高小新月菱形藻（*Nitzschia closterium*）的油脂积累能力、获得高油脂突变株，利用甲基磺酸乙酯（EMS）对该藻进行了化学诱变，观察了化学诱变对藻生理生化指标的影响[29]。结果表明 EMS 对小新月菱形藻具有良好的诱变效应，诱变后获得的油脂生产能力增强的突变株 YA 和 YB 单位体积细胞内的叶绿素 a、类胡萝卜素、蛋白质、可溶性糖和油脂相对含量分别比对照藻株提高了 30.05% 和 25.77%、22.15% 和 19.26%、9.06% 和 8.27%、48.25% 和 45.48%、44.06% 和 12.86%。曲晓梅分别以乙酰辅酶 A 羧化酶抑制剂类除草剂精喹禾灵和 EMS 对微拟球藻进行化学诱变处理[30]。结果表明：以 7.5mol/L 精喹禾灵作为诱变剂经过筛选获得了两个突变藻株 KA1 和 KA2，其总脂含量分别比出发藻株提高了 29.02% 和 6.57%，KA1 的比生长速率和最终生物量与出发藻株基本一致，但其油脂产率明显比出发藻株升高；以 50mmol/L EMS 对微拟球藻进行化学诱变，并以精喹禾灵作为筛选压来筛选高脂突变株，得到了 KE75B1 和 KE10A1 两个高脂突变株，其总脂含量分别比出发藻株提高了 12.35% 和 10.62%，而且 KE75B1 突变株的油脂产率比出发藻株提高了 18.07%。蒋婧等利用诱变剂 0.4mol/L EMS 对聚球藻 7942（*Synechococcus* sp. PCC7942）进行诱变处理，获得了两株抗氨苄青霉素的突变株[31]。结果表明：野生型 PCC7942 对氨苄青霉素的基础抗性为 100μg/mL，而两个突变株抗氨苄株 1 及抗氨苄株 2 对氨苄青霉素的抗性分别为 240μg/mL 和 250μg/mL，在加入氨苄青霉素的 BG-11 培养基中两个突变株的生长明显比野生型 PCC7942 好。

2.3.2　细胞融合育种

在传统的育种技术中杂交育种需要经过有性生殖过程。然而，现代生物技术打破了这一常规，人为地使遗传性状不同的细胞发生原生质体融合，进而发生核融合及遗传重组，产生带有双亲性状的融合子。上述过程就是细胞融合育种。

细胞融合技术起源于 20 世纪 50 年代，在此后得到了迅速的发展，应用领域日益扩大。Ferenczy 等首先报道聚乙二醇（PEG）可以促进真菌的融合，将细胞融合技术开创性地运用到微生物育种领域[32]。

细胞融合育种是指人为地使两个不同性状的细胞在助融剂的促进下实现膜融合，进而发生核融合及遗传重组，形成具有双亲遗传特性的杂种细胞的技术。

细胞融合育种具有如下优点：

① 能源微藻的育种指标（如油脂产量）多数属于数量性状，这些性状一般受到多个基因的控制，通过基因工程途径进行多基因的转移存在较大的困难，但是细胞融合技术为改良受多基因控制的性状提供了新的途径；

② 细胞融合育种不仅能够在相同的物种之间进行，也能够在不同的物种之间进行，为远缘杂交提供了可能，而有性杂交往往难以实现远缘杂交；

③ 有性杂交仅细胞核发生杂交，产生细胞核杂种，而细胞融合育种还能够获得细胞质杂种。

细胞融合育种涉及制备原生质体、诱导细胞融合、筛选杂种细胞及鉴定杂种细胞等一系列步骤。诱导细胞融合的方法包括仙台病毒法、化学融合法、电融合法、物理融合法及激光融合法等。目前，常用的诱导细胞融合的方法包括化学融合法和电融合法。

化学融合法利用化学试剂来诱导细胞融合。常用的化学融合剂包括盐类（如硝酸钠和硝酸钙）和多聚物（如 PEG 和聚乙烯醇）。目前，PEG 是被广泛使用的化学融合剂。PEG 是一种多聚化合物，细胞融合时所用的分子量一般为 $4000 \sim 6000$。PEG 靠醚键连接，在分子末端带有弱电荷。PEG 诱导原生质体融合的机理推测如下：带有大量负电荷的 PEG 与水分子的氢键相互结合，导致自由水消失；因高度脱水导致的原生质体凝集，使得相邻的原生质体紧密接触在一起；接触部位的膜内蛋白易位并发生凝集，接着邻近的脂质分子发生扰动和重排，导致在接触部位细胞膜发生局部融合，形成较小的胞质桥，并逐步扩大，最终发生遗传物质的交换和重组。融合过程中还需要 Ca^{2+} 的参与，可能是由于 Ca^{2+} 可以结合到带负电荷的磷脂上，使磷脂分子相互分离，从而促进融合。PEG 作为化学融合剂时实验的重复性好，而且能够得到较高的细胞融合率。但是，PEG 对细胞有较小的毒性，而且分子量、处理时间及诱导液浓度等参数不容易掌握。沈继红等采用化学融合法来实现生长快的四鞭藻（Tetraselmis sp.）和富含 EPA/DHA 的绿色巴夫藻（Pavlova viridis）之间的细胞融合[33]。根据亲本的不同生长特性、外形、颜色及脂肪酸组成，筛选出融合藻株，与四鞭藻相比较融合藻株的各个指标均大幅度提高，但是与绿色巴夫藻相比较总脂及 EPA/

DHA 的含量还有待提高。Sivan 等用紫球藻 *Porphyrzdzum* sp.（UTEX 637）的两个绿色色素突变体（藻红蛋白含量很低）在 PEG6000 结合 45℃ 热激 5min 的条件下进行细胞融合，获得了 8 个红色的融合细胞，表明融合细胞中发生了藻红蛋白缺失的互补作用[34]。融合细胞的藻胆蛋白和叶绿素的含量高于两个缺陷型亲本藻细胞，与野生型藻细胞的含量差别不大。刘广发等用链霉蛋白酶制备了杜氏藻的原生质体，采用 PEG-钙离子法将杜氏藻的原生质体与大肠杆菌（含氯霉素抗性质粒）的球状体进行细胞融合[35]。融合子外形与杜氏藻相似，对氯霉素的抗性显著提高，其蛋白质组分与双亲相比较已发生了较显著的变化。

电融合法是指在短时间的强电场作用下，细胞膜发生可逆的电击穿，导致通透性增强，当电击穿在相邻细胞的接触部位发生时可以导致细胞融合。与化学融合法相比较，电融合法具有无毒、融合效率高及操作简单等优点。但是，通过电融合法获得的融合体不容易成活，而且仪器价格较高。因此，电融合法不如化学融合法应用普遍。江胜滔等通过电融合法获得了酿酒酵母与雨生红球藻的细胞融合子，并通过 RAPD 分析鉴定了融合子[36]。

细胞融合后，会形成融合体、未融合体、多元融合体及嵌合体的群体。要得到阳性融合子，需要采用不同的杂种细胞筛选方法。主要的筛选方法包括突变细胞互补选择法、物理特异性选择法、生长差异选择法及不对称融合选择法。融合细胞培养结束后，可以采用多种方法来鉴定其是否是真正的融合子。常用的鉴定方法涉及表现型、细胞学、同工酶及分子生物学方法。

一般体外培养的细胞发生自发融合的概率非常低（融合频率为 $10^{-5} \sim 10^{-4}$）。细胞融合技术通过人为加入促融剂显著地提高了细胞的融合频率，实现了遗传物质的整体重组，并且可跨越种属界限，实现远缘细胞株系之间的基因重组，提高了育种效率，显示出该技术在育种领域的优越性。

目前，微藻的细胞融合技术尚存在一些问题。细胞融合的确切机理仍不清楚，细胞融合后得到的杂种细胞往往具有染色体异倍性，导致杂种细胞株的遗传性状不稳定。微藻的细胞融合技术虽然取得了较大的进展，但也面临着许多问题和困难。虽然细胞融合阶段不存在异种间的不亲和性，但是在细胞核融合、染色体交换及随后的融合细胞发育过程中远缘物种存在着比较严重的不亲和性。有的时候并没有发生真正的细胞核融合，两个亲本的染色体相互不发生联系甚至排斥，上面所携带的基因无法在融合细胞中同时表达出来，最终产生了分离现象。细胞融合技术的另一问题是杂种鉴定的问题。杂种鉴定往往需要从遗传生化等方面入手，因此参与融合的两个亲本也需要有某些生化或遗传标记。但是，在自然界带有某些生化或遗传标记的微藻很少，虽然可以经过人工诱导产生某些突变体，但是需要耗费较多的时间。细胞融合育种涉及核质关系、细胞分裂的控制、不亲和性及遗传物质重组等多个方面，通过细胞融合技术获得真正的核融合的杂种细胞尚且存在一定的困难。

2.3.3 基因工程育种

基因工程育种是一种通过在分子水平上操纵目的基因进行育种的复杂技术。基因工程育种涉及如下流程：克隆目的基因；将目的基因与载体利用限制性内切酶和 DNA 连接酶等工具酶进行体外重组以形成重组 DNA 分子；将重组 DNA 分子导入受体细胞内，使得相应的目的基因在受体细胞内复制和表达；筛选和鉴定转基因株系，测定相关生理生化指标；获得具有新的遗传特性的转基因株系和品种。与杂交育种方式相比较，基因工程育种具备定向性较强、育种时间较短及能够突破种间限制等一系列优点，是一种非常有潜力的现代育种方式。对能源微藻进行基因工程育种时，需要综合考虑选择标记、转化方法及启动子等多种因素。

2.3.3.1 蓝藻的基因工程育种

与很多真核微藻相比较，蓝藻的很多物种适宜进行基因修饰。这种现象主要是因为将外源基因导入蓝藻 *Synechocystis* sp. PCC6803 及 *Synechococcus* sp. PCC 7002 的基因组时，它们可以高效地自发地发生双源重组转化。双源重组不仅可以删除特定目的基因，还能够促进目的基因的替换和插入及通过特定突变引入基因。与蓝藻相比较，很多真核微藻在基因组中导入基因时随机性很大，不能删除目的基因，且外源基因的表达情况难以预测。

与真核微藻相比较，蓝藻具有如下优势：

① 某些蓝藻在缺乏一些非常重要的代谢过程（例如光合作用及呼吸作用）时，只需提供合适的底物，依然可以正常生长；

② 很多蓝藻的基因组序列已经被测定和注释；

③ 蓝藻内几个不重要的基因可以被删除，还可以在单个蓝藻细胞中导入几个抗生素抗性基因。

目前，有不少蓝藻的基因组已经被测定和注释，不同的蓝藻其基因组大小差别较大，可能是由于不同蓝藻的细胞内代谢过程的复杂性有区别。目前，基因组已经被测定的蓝藻包括 *Synechocystis* sp. PCC6803、*Anabaena* sp. PCC 7120 和 *Chlorobium tepidum* TLS 等 39 个蓝藻的物种。*Synechocystis* sp. PCC6803 是最早被测定基因组序列的蓝藻，它是研究蓝藻的典型藻种。蓝藻的基因组序列信息可以在 http://genome.microbedb.jp 网站上查询到。

某些蓝藻可以自发吸收 DNA，且细胞无需预处理。这些蓝藻包括 *Synechococcus* sp. PCC7942、*Synechococcus* sp. PCC7002 和 *Synechocystis* sp. PCC6803。自发吸收 DNA 的流程如下：细胞吸收单链 DNA；在 *Rec* 基因处发生同源重组及

钝化 *recJ* 基因；细胞内生成核酸酶以降解吸收的 DNA。不能自发吸收 DNA 的蓝藻一般通过结合或者电穿孔法进行转化。总体而言，将外源基因导入蓝藻比较容易。外源基因可以通过单源重组或双源重组的方式插入受体细胞的基因组中。单源重组导致转化的质粒整合到基因组中，如果质粒仅带有部分内部基因且缺少 5′ 和 3′ 末端，则质粒的插入会中断功能基因。对双源重组而言，基因的删除和插入都比较容易。在蓝藻的基因工程领域，*Synechococcus* sp. PCC7002 和 *Synechocystis* sp. PCC6803 都进行双源重组。

目前，蓝藻突变体的分析已经阐明了光合作用、呼吸作用及其他的一些生理过程。使用蓝藻突变体受到更多的关注，因为在高等植物和真核微藻中鉴定细胞核的敲除非常麻烦，涉及 PCR 筛选及 T-DNA 汇集等步骤，而在蓝藻中以敲除为代表的同源重组非常容易发生。

蓝藻的突变体可广泛应用于基础及应用研究，这些突变体包括：

① 中断和删除突变体，这类突变体中插入了抗生素抗性基因或其他选择基因；

② 在特定基因中带有随机的或者目的性的单突变的突变体；

③ 组合突变体；

④ 有外源功能基因插入的突变体。

2.3.3.2　真核微藻的基因工程育种

近年来，被鉴定和描述的微藻的种类日益增多。目前，已有不少真核微藻实现了成功的转化，例如绿藻（莱茵衣藻、小球藻、团藻及杜氏藻）、硅藻（三角褐指藻）及长心卡帕藻（*Kappaphycus alvarezii*）等。

（1）选择标记

选择标记是用于从群体中筛选出转化子的标记基因。选择标记一般是抗生素抗性基因。有些研究也利用缺陷型作为选择标记，例如硝酸盐还原酶缺陷型。在能源微藻的基因工程育种中，需要综合考虑光照强度及培养基中的盐浓度对抗生素抗性的影响，同时还需要了解抗生素的抗性机制。目前已经在微藻的基因工程育种中作为选择标记的包括新霉素、卡那霉素、博来霉素、氯霉素及诺尔斯菌素等抗生素的抗性基因。

耿德贵等研究了杜氏盐藻对链霉素、卡那霉素、潮霉素、G418 和氯霉素的敏感性，发现氯霉素可用于筛选转化盐藻，*CAT* 基因为对应的选择标记基因[37]。Tan 等发现利用草丁膦筛选可有效获得杜氏盐藻转化子，证实了 *bar* 基因是有效的筛选标记[38]。硝酸盐还原酶（NR）作为筛选标记在许多藻中都被研究过。贾岩龙等分离到 6 株 NR 活性明显降低的盐藻[39]。此后，李慎柯等利用氯酸盐进一步筛选，获得了 NR 完全突变株[40]。这些为建立安全可靠的盐藻筛选体系打下了基础。

(2) 转化方法

构建好表达载体后，通过适当的转化方法将重组载体转入到微藻细胞中。目前在微藻的基因工程育种中使用的转化方法有显微注射法（即基因枪法）、电穿孔法、玻璃珠涡流法、碳化硅晶丝法及农杆菌介导转化法。这些转化方法中基因枪法及电穿孔法的应用最广泛。基因枪法用于微藻的细胞核及叶绿体转化都非常有效。

1) 基因枪法

基因枪法是一种常用于真核微藻的基因工程育种领域的方法。

外源基因已经可以通过基因枪导入细胞。基因枪可以通过动力系统（加压的空气或者氦气）将表面携带 DNA 的金属粒子在局部真空的条件下以很高的速度（一般为 500m/s）射入细胞。由于金属粒子颗粒小穿透力强，因此不需要除去细胞壁和细胞膜就可以进入基因组，从而实现稳定转化。该方法具有应用广泛、方法简单、转化时间较短、转化频率较高、实验费用较低等一系列优点。对于农杆菌无法感染的植物和真核微藻，该方法可打破载体法的局限。基因枪法的转化频率与受体细胞种类、金属粒子大小、轰击压力、制止盘与金颗粒的距离、受体细胞的预处理及受体在轰击后的培养等因素有直接的关系。基因枪法的简易操作过程如下：将直径 $1\sim4\mu m$ 的钨粉或金粉悬浮于供体 DNA 中，使得 DNA 包被至金属粒子表面，然后用基因枪将这些金属粒子打入细胞、组织或器官中。该法具有一次可处理多个细胞的优点，但转化效率较低。此外，基因枪法也用于基因治疗及抗体制备，并已取得初步的成效。

基因枪法通常用于质体转化。当这种方法用于细胞核转化的时候，经常容易发生多拷贝插入的现象。吕玉民等以抗除草剂的 *bar* 基因作为报告基因，利用基因枪法将其转入杜氏盐藻[41]。经草丁膦筛选后获得了转基因藻株，对转基因藻株进行了分析。结果表明氦气压力为 100L/min 时，微弹轰击 2 次效果最好；杜氏盐藻的碳酸酐酶基因 *CA1* 的启动子能够驱动 *bar* 基因在杜氏盐藻中实现瞬时表达，双拷贝碳酸酐酶基因 *DCA1* 的启动子能够驱动 *bar* 基因在杜氏盐藻中实现稳定表达。路延笃等首次采用基因枪法将外源基因导入三角褐指藻，经染色后转化细胞呈现蓝色，表明外源的报告基因 β-葡萄糖苷酸酶基因 *GUS* 实现了成功的表达[42]。同时还分析了转化参数对转化效率的影响，优化了基因枪法的转化条件。王娟飞等构建了用于表达与 C_4 途径关键酶丙酮酸磷酸二激酶的基因 *PPDK* 部分序列同源的发夹 RNA 的载体 pPPDKi，并利用基因枪法将 *pPPDKi* 和 Zeocin 抗性基因 *sh ble* 共转化到三角褐指藻中，并优化了基因枪法的实验参数[43]。

2) 电穿孔法

电穿孔法是另一种常用的真核微藻的转化方法。

该方法利用高压电脉冲的电击穿孔作用将质粒 DNA 导入动物细胞、植物细胞、细菌及真核微藻等。这种方法最初应用于动物细胞，后来广泛应用于各种植物细胞。这种方法具有简便、对细胞毒性低及转化率较高等优点，因而具有较大的应用潜力。最初，电穿孔法实现稳定转化的频率很低。随着生物技术的发展，近些年来该方法已经得到改进和优化，成功地用于莱茵衣藻和其他真核微藻的转基因实验中。Shimogawara 等优化了莱茵衣藻的电穿孔方案，转化效率高达 1.9×10^5 个转化子/μg DNA[44]。叶霁等在 HEPES 电击缓冲液中添加不同浓度的甘油，观察甘油对细胞存活率的影响；在盐藻的培养基中添加不同浓度的甘油，观察甘油对盐藻细胞生长的影响；利用含不同浓度甘油的 HEPES 缓冲液介导盐藻细胞的电穿孔转化，考察了甘油对于转化率的影响[45]。吕朋举等观察了盐藻的生长状态、电穿孔条件、电击缓冲液成分及质粒浓度等因素对杜氏盐藻的电穿孔法的转化效率的影响[46]。电穿孔法需要将电脉冲传递到细胞上，在不同的实验中细胞制备的方法及相关的电穿孔参数（包括电场强度、电容及电阻）是不同的。在具体的实验中为了获得大量的阳性转化子，对电穿孔的相关参数及细胞制备的方法进行优化是非常必要的。

3）玻璃珠涡流法

玻璃珠涡流法最初是为将基因导入酵母中而设计的，其后 Kindle 将该方法成功地应用于衣藻的转化[47]。这种方法将外源基因、酸洗玻璃珠、20％的聚乙二醇 PEG6000 及受体细胞放置于一个体系进行搅动。这种方法虽然很简便，且不需要昂贵的仪器设备，但是总体而言转化效率不高（＜每微克 DNA 1000 个转化子），且需要具有韧性较低的细胞壁的受体细胞。这种方法与基因枪法相比较，整合 DNA 的拷贝数明显降低。冯书营等首次利用玻璃珠涡流法实现了杜氏盐藻的成功转化，转化盐藻细胞经染色后呈现蓝色，说明外源报告基因 GUS 获得了成功的表达[48]。同时还分析了转化时间、转速、PEG 浓度及质粒 DNA 浓度等因素对转化的影响，优化了相关的转化条件。黄非等通过玻璃珠涡流法将 pBI221 质粒高效转化到细胞壁有缺陷的衣藻 CW-15（Arg-），通过优化转化条件及 GUS 表达的检测条件，发现在 CW-15（Arg-）中 35S 启动子可以启动 GUS 基因的表达，转化后 24h 最有利于检测 GUS 的表达。

4）碳化硅晶丝法

碳化硅晶丝法也是一种可用于微藻基因工程育种的转化方法。

Kaeppler 等首次利用碳化硅晶丝法成功实现了玉米和烟草悬浮细胞系的有效转化[49]。Songstad 等将烟草和玉米的悬浮细胞系与携带有选择标记基因的质粒 DNA 及碳化硅晶丝混合，经振荡培养后检测到了 GUS 的瞬时表达[50]。用电子显微镜观察碳化硅晶丝处理过的细胞，发现细胞壁上存在伤口，表明附着有质粒载体 DNA 的碳化硅纤维晶丝刺穿细胞壁后将外源 DNA 导入了植物细胞内。作为一种把外源 DNA 直接导入植物细胞的转化方法，碳化硅晶丝法具有简便及快速等优点。该方法对用于转化的质粒载体 DNA 的纯度等因素要求较低，同时转化过程无需优化过多的转化参数，具有操作简便、快速及成本较低等优势。但是这种方法所利用的材料碳化硅比较昂贵且非常危险，因此这种方法在微藻育种中的使用比较少见。该方法和玻璃珠涡流法相比较，可以使用野生型细胞而不是必须用细胞壁缺乏韧性的细胞，这一特点导致了较高的转化效率和涡旋过程中较低的细胞死亡率。

5）农杆菌介导转化法

农杆菌介导转化法在高等植物的基因工程领域是一种非常成熟的转化方法。

农杆菌（*Agrobacterium tumefaciens*）携带有 T-DNA 质粒，可以导致目标细胞产生肿瘤。该方法目前在微藻的基因工程育种领域应用非常少。仅有极少数的该方法在莱茵衣藻（*Chlamydomonas reinhardtii*）和雨生红球藻（*Haematococcus pluvialis*）中成功地应用的报道。Kumar 等首次将 *A.tumefaciens* 的 T-DNA（上面携带有 β-葡萄糖苷酸酶基因 *uidA*、绿色荧光蛋白基因 *gfp* 及潮霉素磷酸转移酶基因 *hpt*）成功地整合到了莱茵衣藻的核基因组上，转化效率是玻璃珠涡流法的 50 倍，遗传学分析表明实现了外源基因在核基因组上的稳定整合和表达[51]。Kathiresan 等首次成功地实现了农杆菌介导转化法在绿藻雨生红球藻中的应用，将含 GUS 基因、GFP 基因（编码绿色荧光蛋白）及 *hpt* 基因（潮霉素磷酸转移酶）的农杆菌的 T-DNA 成功地整合到了雨生红球藻的核基因组，为将来通过农杆菌介导转化法在该藻中操纵其他重要的目的基因的表达奠定了基础[52]。

（3）启动子

启动子是驱动目的基因表达的 DNA 序列。用于微藻的基因工程育种领域的理想启动子应该是既可以高效地启动目的基因的转录，同时启动子又可以受到严格的控制以降低细胞内的代谢负担和毒副作用。启动子的种类及受体细胞的类型共同决定目的基因的表达水平。用于微藻的基因工程育种的启动子有 CaMV35S、Ubil、UbilΩ、碳酸酐酶基因的启动子及硝酸盐还原酶基因的启动子等。某些启动子在特定化学物质浓度或生长条件发生改变时可以被强烈地诱导，这种类型的启动子对于基础研究及商业化应用都是非常理想的选择。在微藻的基因工程育种中启动子的选择要依据实验目的和实验所用的藻种来确定。李杰等克隆了杜氏盐藻中硝酸盐还原酶基因的启动子序列，对其功能进行了分析[53]。结果表明：硝酸盐还原酶基因的启动子属于可诱导型启动子，其活性受到硝酸盐及铵盐浓度的调控，这种启动子能够准确控制基因表达的时间点和强度，在实际的能源微藻生产中非常重要。de Hostos 等克隆了一个莱茵衣藻的芳基硫酸酯酶基因，发现该基因的表达受到缺硫的诱导，这种现象是由于该基因的启动子在缺硫条件下才会启动转录[54]。Hallmann 等从团藻 *Volvox carteri* 中克隆到芳基硫酸酯酶基因，发现团藻中该基因的启动子同样受到缺硫的诱导[55]。利用无启动子的报告基因构建载体可以筛选到更多可用于微藻基因工程育种的可诱导启动子。

（4）通过基因工程方法实现微藻自养型和异养型的转换

异养微藻通过利用培养基中的有机物可以获得更高的生长速率和生物量，其发酵过程具有高度的可控性和重复性，经过对培养基组分和培养条件进一步优化后在大规模培养方面具有潜在的应用价值。然而，能进行异养的微藻毕竟属于少数（例如普通小球藻、原壳小球藻和隐甲藻），这限制了能源微藻的进一步发展。Zaslavskaia 等将编码葡萄糖转运体的基因（来自人的 *glut1* 或者来自小球藻的 *hup1*）导入到三角褐指藻（*Phaeodactylum tricornutum*）中后，这些外源基因在三角褐指藻 *Fcp* 基因启动子的控制下进行表达，导致这株藻的营养类型从自养型变为了异养型，能够在没有光照的情况下通过吸收培养基中的葡萄糖进行生长繁殖。这是微藻基因工程育种领域的一个重大突破[56]。Hallmann 等将 *Chlorella kessleri* 的 *HUP1* 基因转化到绿藻 *Volvox carteri* 中，结果表明转基因藻株可以在黑暗条件下利用葡萄糖生活[57]。此外，通过转化外源基因 *HUP1* 到硅藻 *Cylindrotheca fusiformis* 和绿藻莱茵衣藻中，成功实现了这两种藻从自养型到异养型的转换。微藻从自养型转换为异养型后，可以用低成本的发酵技术进行大规模培养来代替高度依赖光照的成本很高的自养过程，为微藻的商业化生产奠定了基础。

（5）表达水平优化

整合到真核微藻基因组内的外源基因，经常会出现转录和翻译效率较低的问题。此外，许多蛋白质组成非常复杂，涉及多亚基、辅助因子或辅基、二硫键及翻译后修饰等一系列因素，这些因素对蛋白质的表达非常重要。蛋白质的高水平表达依赖于启动子、亚细胞定位、密码子偏好性、mRNA 稳定性及辅基的结合等因素的配合。目前，微藻中关于优化表达水平的研究还非常少见，可以参考植物基因工程育种领域的经验进行完善。

耿德贵等比较了在 CaMV35S、Ubil、UbilΩ、CaMV35S-Ubil 和 CaMV35S-UbilΩ 启动子控制下 *GUS* 基因在杜氏盐藻中的瞬时表达情况，发现用 UbilΩ 启动子构建的载体转化效率最高[58]。吕玉民等发现 *DCA1* 基因启动子可驱动 *bar* 基因在杜氏盐藻中稳定表达[59]。利用 MAR 克服外源基因失活是近年兴起的一种方法。王天云等分离出 5 个杜氏盐藻的 MAR 片段。Wang 等发现在杜氏盐藻中用含 MAR 序列的 *CAT* 基因构建的表达载体能提高 *CAT* 的表达水平至对照的 4.5 倍[60]。报告基因一般用于检测特定启动子在特定细胞中处于特定条件下的表达情况。因为基因表达首先受到启动子的调控，所以启动子的激活程度是研究基因受到哪些因素调控的重要指标。耿德贵等用报告基因 β-葡萄糖苷酸酶（GUS）的编码基因作为外源基因，观察到其在盐藻中的瞬时表达。李杰等在转化盐藻中观察到增强型绿色荧光蛋白（EGFP）的编码基因在 CaMV35S 驱动下表达出绿色荧光蛋白。

(6) 进展

利用微藻可生成的生物能源包括油脂、醇类、烷烃和氢气等。其中，能大量积累油脂的微藻（即产油微藻）是目前新能源领域的研究热点和前沿。下面重点对产油微藻的基因工程育种方面的进展做较为详细的阐述。

微藻油脂是一种有前景的生物柴油原料，微藻生物柴油的商业化生产已成为新能源领域的研究热点。学者们研究了微藻生物柴油高生产成本的原因，认识到通过提高微藻油脂含量、减少微藻收获及油脂提取的能耗和综合利用微藻等方法可降低成本。

油脂含量是决定微藻生物柴油生产成本的重要因素之一。目前氮源充足条件下微藻生物量较高但油脂含量较低，增加了微藻生物柴油的生产成本，限制了其商业化生产。如何提高氮源充足条件下微藻的油脂含量则是现阶段面临的重要问题。

通过基因工程育种方法来增强油脂含量，首先需要确定和克隆油脂积累相关的基因。为了确定油脂积累相关的基因，研究人员进行了较多的尝试，对参与三脂酰甘油（TAG）合成途径的酶、TAG 合成相关的酶、TAG 合成的竞争途径的酶及油脂合成网络的调控基因进行了较详细的研究。

前人根据植物油脂合成途径结合对微藻油脂合成途径的研究，构建了微藻油脂合成途径（图 2-1）。微藻油脂首先通过脂肪酸合成途径从乙酰辅酶 A 出发，经过乙酰辅酶 A 羧化酶（ACC）、脂肪酸合酶（FAS）生成棕榈酸。棕榈酸再经过脂肪酸延长酶和去饱和酶的作用生成更长碳链和不饱和的脂肪酸。最后，脂酰

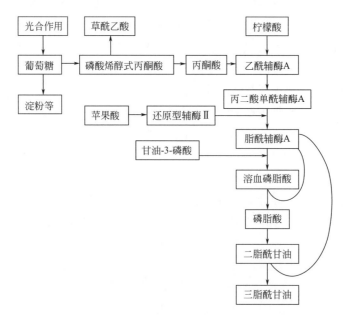

图 2-1　微藻油脂合成途径

辅酶 A 依次经过酰基辅酶 A:甘油-3-磷酸酰基转移酶（GPAT）、酰基辅酶 A:溶血磷脂酸酰基转移酶（LPAT）、磷脂酸磷酸酶（PAP）、酰基辅酶 A:二脂酰甘油酰基转移酶（DGAT）的催化生成 TAG。TAG 与甲醇经酯交换反应生成生物柴油。

葡萄糖经糖酵解可依次生成磷酸烯醇式丙酮酸（PEP）、丙酮酸和乙酰辅酶 A(可用于脂肪酸合成)。此外，葡萄糖可经关键酶腺苷二磷酸葡萄糖焦磷酸化酶（AGP）催化合成淀粉。微藻中可调控油脂积累的酶包括磷酸烯醇式丙酮酸羧化酶（PEPC）、苹果酸酶（ME）、ATP/柠檬酸裂解酶（ACL）和 AGP 等，然而在微藻中关于这些酶的研究较少。

参与 TAG 合成途径的酶有乙酰辅酶 A 羧化酶（ACC）、脂肪酸合成酶（FAS）、溶血磷脂酸酰基转移酶（LPAT）及酰基辅酶 A:二脂酰甘油酰基转移酶（DGAT）。研究人员对这 4 种酶进行了广泛的研究。

1）参与 TAG 合成途径的酶

脂肪酸合成途径起始于丙二酸单酰辅酶 A 的合成。乙酰辅酶 A 羧化酶催化 HCO_3^- 和丙酮酸氧化脱羧形成的乙酰辅酶 A（CoA）发生生化反应，生成丙二酸单酰辅酶 A，然后该化合物作为二碳单位的提供者进入脂肪酸合成途径。乙酰辅酶 A 羧化酶催化的反应是脂肪酸合成途径的第一步，同时也是该途径的关键限速步骤，因此乙酰辅酶 A 羧化酶是该途径的关键限速酶。Roessler 发现营养盐缺乏可以诱导乙酰辅酶 A 羧化酶基因的表达，进而促进了油脂的积累[61]。Livne 等考察了油脂积累与乙酰辅酶 A 羧化酶的关系，认为脂肪酸合成与乙酰辅酶 A 羧化酶的酶活及数量有关[62]。Kozaki 等发现在光诱导条件下乙酰辅酶 A 羧化酶处于活跃的还原态，可高效地催化脂肪酸的合成[63]。Page 等发现碳流量系数的 60% 体现在乙酰辅酶 A 羧化酶的水平上，充分阐明了乙酰辅酶 A 羧化酶在油脂合成中的重要作用[64]。美国国家可再生能源实验室很早就开展了通过过量表达乙酰辅酶 A 羧化酶基因来构建高产油微藻转化株的工作。Roessler 等克隆了硅藻的乙酰辅酶 A 羧化酶基因，经过修饰改造后连接到载体中用重组载体转化隐形小环藻（*Cyclotella cryptica*）和腐生舟形藻（*Navicula saprophila*），希望通过过量表达乙酰辅酶 A 羧化酶基因以促进油脂的积累[65]。由于反馈抑制等原因，油脂含量没有明显的增加，但是这些研究为微藻油脂代谢的遗传调控方面的研究奠定了重要的基础。此后，世界上通过微藻的基因工程育种来提高油脂含量方面的研究进展较慢。

研究人员在大肠杆菌 *E. coli* 中超量表达了脂肪酸合成酶 FAS 的 KAS（ketoacyl-ACP synthase）亚基，希望可以增强乙酰辅酶 A 的缩合，但是却发现超量表达 KAS 亚基对细胞产生很强的毒性。Verwoert 等在油菜籽中超量表达了 *E. coli* 的 KASⅢ亚基，结果表明转基因油菜中脂肪酸的组成发生了明显的变化，脂肪酸 14：0 及脂肪酸 18：1 的含量增加，脂肪酸组成的变化引发了油菜对外界胁迫的响应，影响到细胞的生长。Dehesh 等将菠菜（Spinacia oleracea）的 KASⅢ亚基分别在烟草、拟南芥及油菜中超量表达，结果表明油脂合成的速率下降，但是脂肪酸 16：0 的含量增加。上述研究表明在油脂代谢调控的过程中通过调控脂肪酸合成酶亚基的表达以增强脂肪酸的合成比较困难，可能是由于脂肪酸合成酶是一个多酶复合体，它的活性依赖于组成它的多个亚基的相互作用。

溶血磷脂酸酰基转移酶（LPAT）可催化溶血磷脂酸与酰基 CoA 发生反应生成磷脂酸。Zou 等在油菜籽中超量表达了酿酒酵母的 LPAT 基因，发现转基因油菜籽中 LPAT 活性增强[66]。LPAT 涉及 TAG 合成，其超量表达导致油菜籽中油脂含量增加了 8%～48%。但是，在发育的种子中 LPAT 活性增强很可能会打破二脂酰甘油的稳态。

酰基 CoA：二脂酰甘油酰基转移酶 DGAT 负责催化 TAG 合成途径的最后一步（以酰基 CoA 及二脂酰甘油为底物合成 TAG）。研究人员用拟南芥的 DGAT 基因分别转化酵母和烟草[67]。在转入 DGAT 基因的酵母中，DGAT 活性增加了 200～600 倍，TAG 含量增加了 3～9 倍。在转入 DGAT 基因的烟草中，与对照植株相比较，TAG 含量增加了 7 倍，幼叶细胞中形成了油滴。Jako 等在拟南芥中超量表达了 DGAT 基因，发现油脂含量伴随 DGAT 活性增强而升高，转基因拟南芥中油脂含量增加了 10%～70%[68]。通过超量表达 DGAT 基因引起油脂含量增加很可能是由于 DGAT 的底物二脂酰甘油既能够用于 TAG 合成，也能够用于磷脂合成，超量表达 DGAT 基因导致更多的二脂酰甘油被用于合成 TAG，而不是磷脂。Thelen 等发现超量表达 DGAT 基因，不仅加速了 TAG 合成，而且加速了脂肪酸合成[69]。上述研究表明，在油脂合成途径中 DGAT 催化的反应是非常重要的限速步骤。然而，在微藻中还没有超量表达 DGAT 基因的报道。

2）参与 TAG 生物合成相关的酶

研究人员对 TAG 合成相关的酶进行了研究，包括乙酰辅酶 A 合成酶（ACS）、ATP：柠檬酸裂解酶（ACL）及苹果酸酶（ME）。

① 乙酰辅酶 A 合成酶（ACS）催化乙酸转化为乙酰辅酶 A。Lin 等发现当 E.coli 菌株在乙酸培养基中生长时，超量表达 ACS 基因引起 ACS 活性增加 9 倍，导致菌株对乙酸的同化能力明显增强，最终增加了脂肪酸合成的速率[70]。闫晋飞利用电击转化法将大肠杆菌的乙酰辅酶 A 合成酶的编码基因 ACS 转化到海洋裂壶藻（Schizochytrium sp.）TIO1101 中，结果表明过量表达外源 ACS 基因能够降低培养基中醋酸的浓度，增加细胞内乙酰辅酶 A 的含量，同时微藻的生物量和脂肪酸含量显著增加[71]。野生型裂壶藻生物量为 14.9g/L，转化藻株 ACS1 和 ACS3 的生物量分别为 18.54g/L 和 19.36g/L，比野生型藻株分别增加了 24.3% 和 29.9%，表明大肠杆菌 ACS 基因的过量表达可以明显提高裂壶藻的

生物量。此外，转基因裂壶藻 ACS1 和 ACS3 中脂肪酸含量分别为 44.74% 和 46.76%，略高于野生型的 41.96%，分别为野生型藻株的 1.06 倍和 1.11 倍。

② ATP:柠檬酸裂解酶 ACL 可以催化柠檬酸裂解为草酰乙酸及乙酰辅酶 A，作为脂肪酸合成中乙酰辅酶 A 的来源之一。在哺乳动物、产油酵母及真菌中 ACL 是调控油脂积累的一个关键酶，异源的 *ACL* 基因可以被转化到植物叶绿体中。Rangasamy 等将老鼠的 ACL 和核酮糖-1,5-二磷酸羧化酶的小亚基的前导肽融合在一起构建成融合基因，将融合基因导入烟草基因组中，导致异源的 ACL 可以进入叶绿体中[72]。对转基因烟草中叶绿体的 ACL 活性进行分析，发现 ACL 有活性，能够催化乙酰辅酶 A 的合成。过量表达鼠的 *ACL* 基因导致 ACL 活性增加了 4 倍，脂肪酸总量增加了 16%，而脂肪酸组成未有明显变化。

③ 在脂肪酸合成的调控网络中，苹果酸酶 ME 可以催化苹果酸转化为丙酮酸，同时将 $NADP^+$ 还原为 NADPH。Wynn 等研究了 ME 对丝状真菌油脂积累的影响，结果表明 *ME* 超量表达会导致 NADPH 的量增加，增加的 NADPH 作为还原力可以被 TAG 合成途径相关的酶 ACC、脂肪酸合酶（FAS）及 ATP:柠檬酸裂解酶（ACL）利用，最终油脂的积累增加[73]。Zhang 等分别克隆了卷枝毛霉（*Mucor circinelloides*）和高山被孢霉（*Mortierella alpine*）的编码苹果酸酶 ME 的基因 *malEMt* 和 *malEMc*，在卷枝毛霉（*M. circinelloides*）中超量表达了这两个基因[74]。在含 *malEMt* 和 *malEMc* 的卷枝毛霉（*M. circinelloides*）的转化子中，ME 活性分别增加了 2 倍和 3 倍。ME 活性增加导致油脂积累增加，油脂含量分别增加了 2.5 倍和 2.4 倍。

3）TAG 合成的竞争途径

前人还研究了 TAG 合成的竞争途径。前人的研究表明通过操纵油脂生物合成途径的基因来超量生产油脂面临的困难较大。从代谢工程的角度而言，阻碍或抑制竞争途径能导致更多的代谢流转入 TAG 合成途径。

油脂合成主要的竞争途径有 β-氧化、磷脂合成、磷酸烯醇式丙酮酸 PEP 转化为草酰乙酸及淀粉合成。

① 细胞内脂肪酸降解主要通过 β-氧化途径进行。研究人员普遍认为抑制 β-氧化途径可以增加脂肪酸的总量。

② 磷脂合成是 TAG 合成的另一条竞争途径，它与 TAG 合成竞争共同的底物磷脂酸。若磷脂酸转化为 CDP-二酰基甘油，则会进入磷脂合成途径。

③ 第三条竞争途径是磷酸烯醇式丙酮酸羧化酶催化 PEP 转化为草酰乙酸的反应。PEP 还是 TAG 合成过程中重要的前体物质。陈锦清等在油菜中超量表达了反义 *PEP* 基因，发现转基因油菜中油脂含量增加了 6.4%～18%，表明 PEP 活性降低有利于油脂积累[75]。

④ 第四条竞争途径是淀粉的合成。Li 等认为阻断淀粉合成这条油脂合成

的竞争途径有可能提高中性油脂的含量。在较高光照强度和氮限制条件下，与对照相比较，莱茵衣藻（*Chlamydomonas reinhardtii*）的 ADP-葡萄糖焦磷酸化酶小亚基基因（*AGPs*）的缺失突变株 BAFJ5 中中性油脂含量及中性油脂在总油脂中的比例均大幅度提高，该突变株的中性油脂及总油脂分别为干重的 32.6% 和 46.4%，分别为对照的 8 倍和 3.5 倍[76]。丁宓利用人工微 RNA（artificial microRNA，amiRNA）技术分别干扰莱茵衣藻（*C. reinhardtii*）淀粉代谢途径的三个基因 *STA6*、*SSS2* 及 *AMYB1* 的表达以了解沉默这三个基因对莱茵衣藻中淀粉和油脂含量的影响[77]。结果表明，沉默 *AMYB1* 和 *SSS2* 基因能显著提高莱茵衣藻的中性油脂含量，而沉默 *STA6* 基因对中性油脂的含量影响不明显。

4）油脂合成的调控基因

前人研究表明对代谢途径调控的研究应着眼于代谢途径整体而不是单个关键酶，利用调控基因的产物（例如转录因子）来调控与目标产物合成相关的多个基因的表达引起了关注。转录因子可与靶基因启动子中的顺式作用元件发生特异性结合，对靶基因的表达起重要调控作用。通过调控转录因子的表达能够上调或下调代谢途径中一系列基因的表达，进而影响目标代谢产物的产量，因此被认为是一种重要的提高代谢产物产量的分子调控策略。目前在动植物中这方面的研究较为深入，而在微藻（尤其是非模式微藻）中关于转录因子的研究则进展较慢。

目前在动植物中已分离了几种油脂合成相关的转录因子。甾醇调控元件结合蛋白 SREBP 被认为是哺乳动物中油脂内稳态的主要调节者。在转基因拟南芥中发现大豆的转录因子 GmDof4 和 GmDof11 通过上调脂肪酸合成相关基因的表达，提高了种子的油脂含量[78]。胡赞民等在小球藻中超量表达了拟南芥的转录因子基因 *AtLEC1*，发现转基因藻株 LEC1-1 和 LEC1-3 的油脂产量分别比对照提高了 31.36% 和 32.87%[79]。在莱茵衣藻中鉴定了转录因子 DOF，但其功能少有报道。Liu 等在拟南芥中超量表达了油菜的转录因子基因 *wri1-like*，发现转基因拟南芥油脂含量增加了 10%~40%[80]。

综上所述，转录因子在油脂代谢中发挥着重要的调控作用。如果调控与油脂代谢相关的转录因子基因的表达，可能会提高一系列油脂合成相关基因的表达，进而大幅度提高微藻在氮源充足条件下的油脂含量。

前人对油脂代谢调控进行的研究为将来利用基因工程手段构建高油脂含量的微藻株系具有重要的意义。虽然，目前微藻的基因工程育种仍处于初级阶段，有待进一步发展，但是这种育种方式在大幅度提高微藻的油脂产量方面具有巨大的潜力。

参考文献

［1］　Gladue R M, Maxey J E. Microalgal feeds for aquaculture［J］. Journal of Applied Phycology, 1994, 6: 131-141.

［2］　Miao X L, Wu Q Y. Biodiesel production from heterotrophic microalgal oil ［J］. Bioresource Technology, 2006, 97: 841-846.

［3］　缪晓玲, 吴庆余. 微藻油脂制备生物柴油的研究［J］. 太阳能学报, 2007, 28（2）: 219-222.

［4］　Hon-Nami K. A unique feature of hydrogen recovery in endogenous starch-to-alcohol fermentation of the marine microalga, *Chlamydomonas perigranulata*［J］. Applied Biochemistry and Biotechnology, 2006, 131（1-3）: 808-828.

［5］　Hirayama S, Ueda R, Ogushi Y, et al. Ethanol production from carbon dioxide by fermentative microalgae［J］. Studies in Surface Science and Catalysis, 1998, 114: 657-660.

［6］　李晓倩. 蓝藻中乙醇代谢途径的构建［D］. 天津: 天津大学, 2009.

［7］　王军, 杨素玲, 丛威, 等. 营养条件对产烃葡萄藻生长的影响［J］. 过程工程学报, 2003, 3（2）: 141-145.

［8］　Al-Hothaly K A, Adetutu E M, May B H, et al. Towards the commercialization of *Botryococcus braunii* for triterpenoid production［J］. Journal of Industrial Microbiology and Biotechnology, 2015, 42（10）: 1415-1418.

［9］　Thapa H R, Naik M T, Okada S, et al. A squalene synthase-like enzyme initiates production of tetraterpenoid hydrocarbons in *Botryococcus braunii* Race L［J］. Nature Communications, 2016, 7: 11198.

［10］　Kosourov S, Seibert M, Ghirardi M L. Effects of extracellular pH on the metabolic pathways in sulfur-deprived, H_2-producing *Chlamydomonas reinhardtii* cultures［J］. Plant Cell Physiology, 2003, 44（2）: 146-155.

［11］　Cornish A J, Green R, Gärtner K, et al. Characterization of hydrogen metabolism in the multicellular green alga *Volvox carteri*［J］. PLoS One, 2015, 10（4）: e0125324.

［12］　Godman J E, Molnár A, Baulcombe D C, et al. RNA silencing of hydrogenase（-like）genes and investigation of their physiological roles in the green alga *Chlamydomonas reinhardtii*［J］. The Biochemical Journal, 2010, 431（3）: 345-351.

［13］　胡鸿钧, 李夜光, 殷春涛, 等. 含脑黄金的螺旋藻新品系的选育及其对产业发展的意义［J］. 中国科学院院刊, 2002（2）: 112-114.

［14］　张宝玉, 李夜光, 耿亚红, 等. 适合大量培养的红球藻藻种的筛选［J］. 水生生物学报, 2004, 18（3）: 289-293.

［15］　黄瑞芳, 刘广发, 周韬, 等. 耐高温巴氏杜氏藻突变株的诱变和鉴定［J］. 厦门大学学报（自然科学版）, 2006, 45（2）: 272-275.

[16] 吕小义，付杰，尹佳，等.高产 DHA 裂壶藻突变株的选育［J］.中国酿造，2015，34（4）：106-109.

[17] 周韬，刘广发，黄瑞芳，等.耐低温杜氏藻突变株的诱变和鉴定［J］.台湾海峡，2006，25（4）：498-502.

[18] 赵萌萌，王卫卫.He-Ne 激光对钝顶螺旋藻的诱变效应［J］.光子学报，2005，34（3）：400-403.

[19] 陈必链，庄惠如，王明兹，等.倍频 Nd:YAG 激光对钝顶螺旋藻的诱变效应［J］.激光生物学报，2000，9（2）：125-128.

[20] 刘晓娟.拟微绿球藻高脂藻株的紫外、激光诱变育种研究［D］.福州：福建师范大学，2012.

[21] 黄晖，汪志平，张巧生，等.高藻胆蛋白钝顶螺旋藻新品系的选育及 RAPD 分析［J］.核农学报，2007，21（6）：567-571.

[22] 佘隽，田华，陈涛，等.高产 DHA 寇氏隐甲藻突变株的筛选［J］.食品科学，2013，34（17）：230-235.

[23] 邵斌，汪志平，刘新颖，等.高产多糖小球藻新品系选育及其对南美白对虾的促生长和免疫调节作用［J］.核农学报，2013，27（2）：168-172.

[24] 蒋霞敏，翟兴文，董姣娣，等.X、γ 辐射对雨生红球藻超微结构的影响［J］.核农学报，2003，17（6）：438-441.

[25] 肖群，段舜山.超声波对杜氏盐藻生长的刺激效应研究［J］.生态环境学报，2010，19（4）：771-775.

[26] 王清池，廖启斌，陈清花，等.超声波对三角褐指藻脂肪酸组成的效应研究［J］.厦门大学学报（自然科学版），2000，39（1）：32-35.

[27] 李文权，王宪，陈清花，等.超声波对湛江等鞭金藻生长和脂肪酸组成的影响［J］.海洋学报，2002，24（3）：94-100.

[28] 王松.微拟球藻化学诱变及富油藻株的高通量筛选研究［D］.青岛：中国海洋大学，2015.

[29] 杨茂纯，赵耕毛，王长海.甲基磺酸乙酯对小新月菱形藻的生物学效应［J］.海洋科学，2015，39（1）：8-12.

[30] 曲晓梅.微拟球藻诱变育种及高脂藻株筛选方法研究［D］.青岛：中国海洋大学，2013.

[31] 蒋婧，苏力寻，陈亮，等.蓝藻 Synechococcus sp. PCC7942 与其抗氨苄突变株的诱变培养及超微结构观察［J］.福建农林大学学报（自然科学版），2006，35（4）：388-393.

[32] Ferenczy L, Maraz A. Transfer of mitochondria by protoplast fusion in Saccharomyces cerevisiae［J］. Nature, 1977, 268: 524-525.

[33] 沈继红，林学政，刘发义，等.细胞融合法构建 EPA 和 DHA 高产异养藻株的研究［J］.中国水产科学，2001，8（2）：63-66.

[34] Sivan A, Thomas J C, Dubacq J P, et al. Protoplast fusion and genetic complementation of pigment mutations in the red microalga Porphyrzdzum sp［J］. Journal of Phycology, 1995, 31（1）: 167-172.

[35] 刘广发，楼士林，李庆顺，等.杜氏藻与大肠杆菌跨界融合初探［J］.海洋科

学，1993，17（4）：572-574.

[36]　江胜滔，施巧琴，黄建忠，等. 酿酒酵母与雨生红球藻的细胞融合子的 RAPD 鉴定［J］. 2004，20（4）：76-79.

[37]　耿德贵，王义琴，李文彬，等. 杜氏盐藻基因工程选择标记的研究［J］. 生物技术，2001，11（5）：2-4.

[38]　Tan C P, Qin S, Zhang Q, et al. Establishment of a micro-particle bombardment transformation system for *Dunaliella salina*［J］. The Journal of Microbiology, 2005, 43（4）: 361-365.

[39]　贾岩龙，侯卫红，李杰，等. 杜氏盐藻硝酸盐还原酶缺陷型突变藻株的分离和初步鉴定［J］. 郑州大学学报（医学版），2005，40（2）：245-247.

[40]　李慎柯，贾岩龙，刘红涛，等. 杜氏盐藻硝酸盐还原酶缺陷型突变株的筛选与鉴定［J］. 郑州大学学报（医学版），2006，41（3）：429-432.

[41]　吕玉民，谢华，牛向丽，等. 用基因枪法将 *bar* 基因导入杜氏盐藻及转基因藻株的检测［J］. 郑州大学学报（医学版），2004，39（1）：31-35.

[42]　路延笃，崔红利，秦松，等. 三角褐指藻基因枪转化体系的建立［J］. 中国生物工程杂志，2009，29（6）：91-96.

[43]　王娟飞，陈志森，陈军. 三角褐指藻 *PPDK* 基因 RNAi 载体的构建和基因枪转化［J］. 厦门大学学报（自然科学版），2010，49（3）：400-405.

[44]　Shimogawara K, Fujiwara S, Grossman A, et al. High-efficiency transformation of *Chlamydomonas reinhardtii* by electroporation［J］. Genetics, 1998, 148（4）: 1821-1828.

[45]　叶霁，唐欣昀. 甘油对杜氏盐藻电击转化的影响［J］. 生物学杂志，2007，24（3）：45-47.

[46]　吕朋举，闫红霞，李杰，等. 杜氏盐藻电击转化方法的系统优化［J］. 生物工程学报，2009，25（4）：520-525.

[47]　Kindle K L. High-frequency nuclear transformation of *Chlamydomonas reinhardtii*［J］. Methods in Enzymology, 1998, 297: 27-38.

[48]　冯书营，贾岩龙，刘红涛，等. 杜氏盐藻玻璃珠新型转化方法的建立［J］. 生物工程学报，2007，23（2）：358-362.

[49]　Kaeppler H F, Gu W, Somers D A, et al. Silicon carbide fiber-mediated DNA delivery into plant cells［J］. Plant Cell Reports, 1990, 9（8）: 415-418.

[50]　Songstad D D, Somers D A, Griesbach R J. Advances in alternative DNA delivery techniques［J］. Plant Cell Tissue Organ Culture, 1995, 40（1）: 1-15.

[51]　Kumar S V, Misquitta R W, Reddy V S, et al. Genetic transformation of the green alga-*Chlamydomonas reinhardtii* by *Agrobacterium tumefaciens*［J］. Plant Science, 2004, 166（3）: 731-738.

[52]　Kathiresan S, Chandrashekar A, Ravishankar G A, et al. Agrobacterium-mediated transformation in the green alga *Haematococcus pluvialis*（Chlorophyceae, volvocales）. Journal of Phycology, 2009, 45（3）: 642-649.

[53] 李杰, 贾岩龙, 闫红霞, 等. 杜氏盐藻硝酸盐还原酶基因 5′ 上游序列的克隆与功能分析 [J]. 中国生物工程杂志, 2006, 26 (11): 1-7.

[54] de Hostos E L, Schilling J, Grossman A R. Structure and expression of the gene encoding the periplasmic arylsulfatase of *Chlamydomonas reinhardtii* [J]. Molecular and General Genetics: MGG, 1989, 218 (2): 229-239.

[55] Hallmann A, Sumper M. Reporter genes and highly regulated promoters as tools for transformation experiments in *Volvox carteri* [J]. Proc Natl Acad Sci USA, 1994, 91 (24): 11562-11566.

[56] Zaslavskaia L A, Lippmeier J C, Shih C, et al. Trophic conversion of an obligate photoautotrophic organism through metabolic engineering [J]. Science, 2001, 292 (5524): 2073-2075.

[57] Hallmann A, Sumper M. The *Chlorella* hexose/H+ symporter is a useful selectable marker and biochemical reagent when expressed in Volvox [J]. Proc Natl Acad Sci USA, 1996, 93 (2): 669-673.

[58] 耿德贵, 王义琴, 李文彬, 等. *GUS* 基因在杜氏盐藻细胞中的瞬间表达 [J]. 高技术通讯, 2002, 12 (2): 35-39.

[59] 吕玉民, 姜国忠, 牛向丽, 等. 杜氏盐藻两种碳酸酐酶基因启动子的克隆和功能研究 [J]. 遗传学报, 2004, 31 (10): 1157-1166.

[60] Wang T, Xue L, Hou W, et al. Increased expression of transgene in stably transformed cells of *Dunaliella salina* by matrix attachment regions [J]. Applied Microbiology and Biotechnology, 2007, 76 (3): 651-657.

[61] Roessler P G. Changes in the activities of various lipid and carbohydrate biosynthetic enzymes in the diatom *Cyclotella cryptica* in response to silicon deficiency [J]. Archives of Biochemistry and Biophysics, 1988, 267 (2): 521-528.

[62] Livne A, Sukenik A. Acetyl-coenzyme A carboxylase from the marine prymnesiophyte *Isochrysis galbana* [J]. Plant and Cell Physiology, 1990, 31 (6): 851-858.

[63] Kozaki A, Kamada K, Nagano Y, et al. Recombinant carboxyltransferase responsive to redox of pea plastidic acetyl-CoA carboxylase [J]. Journal of Biological Chemistry, 2000, 275 (14): 10702-10708.

[64] Page R A, Okada S, Harwood J L. Acetyl-CoA carboxylase exerts strong flux control over lipid synthesis in plants [J]. Biochimica et Biophysica Acta, 1994, 1210 (3): 369-372.

[65] Roessler P G, Ohlrogge J B. Cloning and characterization of the gene that encodes acetyl-coenzyme A carboxylase in the alga *Cyclotella cryptica* [J]. Journal of Biological Chemistry, 1993, 268: 19254-19259.

[66] Zou J, Katavic V, Giblin E M, et al. Modification of seed oil content and acyl composition in the brassicaceae by expression of a yeast sn-2 acyltransferase gene [J]. Plant Cell, 1997, 9 (6): 909-923.

[67] Bouvier-Navé P, Benveniste P, Oelkers P, et al. Expression in yeast and

tobacco of plant cDNAs encoding acyl CoA: diacylglycerol acyltransferase [J]. European Journal of Biochemistry, 2000, 267 (1): 85-96.

[68] Jako C, Kumar A, Wei Y, et al. Seed-specific over-expression of an Arabidopsis cDNA encoding a diacylglycerol acyltransferase enhances seed oil content and seed weight [J]. Plant Physiology, 2001, 126 (2): 861-874.

[69] Thelen J J, Ohlrogge J B. Metabolic engineering of fatty acid biosynthesis in plants [J]. Metabolic Engineering, 2002, 4 (1): 12-21.

[70] Lin H, Castro N M, Bennett G N, et al. Acetyl-CoA synthetase overexpression in *Escherichia coli* demonstrates more efficient acetate assimilation and lower acetate accumulation: a potential tool in metabolic engineering [J]. Applied Microbiology and Biotechnology, 2006, 71 (6): 870-874.

[71] 闫晋飞. 利用基因工程手段提高两种微藻的生物量与特定代谢产物产量 [D]. 沈阳: 沈阳药科大学, 2013.

[72] Rangasamy D, Ratledge C. Genetic enhancement of fatty acid synthesis by targeting rat liver ATP: citrate lyase into plastids of tobacco [J]. Plant Physiology, 2000, 122 (4): 1231-1238.

[73] Wynn J P, Hamid A b A, Ratledge C. The role of malic enzyme in the regulation of lipid accumulation in filamentous fungi [J]. Microbiology, 1999, 145 (Pt 8): 1911-1917.

[74] Zhang Y, Adams I P, Ratledge C. Malic enzyme: the controlling activity for lipid production? Overexpression of malic enzyme in *Mucor circinelloides* leads to a 2. 5-fold increase in lipid accumulation [J]. Microbiology, 2007, 153 (Pt 7): 2013-2025.

[75] 陈锦清, 郎春秀, 胡张华, 等. 反义 *PEP* 基因调控油菜籽粒蛋白质/油脂含量比率的研究 [J]. 农业生物技术学报, 1999, 7 (4): 316-320.

[76] Li Y, Han D, Hu G, et al. Inhibition of starch synthesis results in overproduction of lipids in *Chlamydomonas reinhardtii* [J]. Biotechnology and Bioengineering, 2010, 107 (2): 258-268.

[77] 丁宓. 莱茵衣藻中 *STA6*, *SSS2* 和 *AMYB1* 基因的 RNA 干扰对其油脂含量的影响 [D]. 武汉: 湖北大学, 2012.

[78] Wang H W, Zhang B, Hao Y J, et al. The soybean Dof-type transcription factor genes, GmDof4 and GmDof11, enhance lipid content in the seeds of transgenic Arabidopsis plants [J]. Plant Journal, 2007, 52 (4): 716-729.

[79] 胡赞民, 张建辉, 白丽莉, 等. 提高小球藻中总油脂、亚油酸、油酸或 α-亚麻酸的含量的方法: CN102277378B [P]. 2013.

[80] Liu J, Hua W, Zhan G, et al. Increasing seed mass and oil content in transgenic Arabidopsis by the overexpression of *wri 1-like* gene from *Brassica napus* [J]. Plant Physiology and Biochemistry, 2010, 48 (1): 9-15.

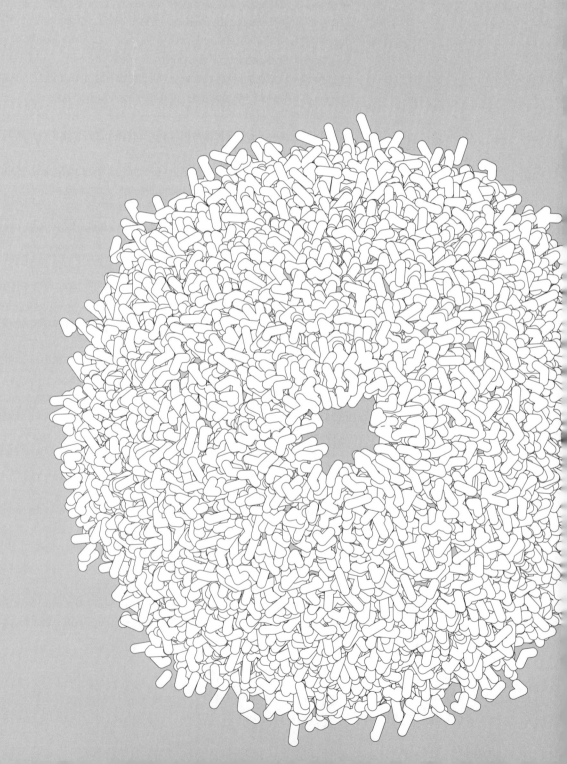

第 3 章

能源微藻的培养

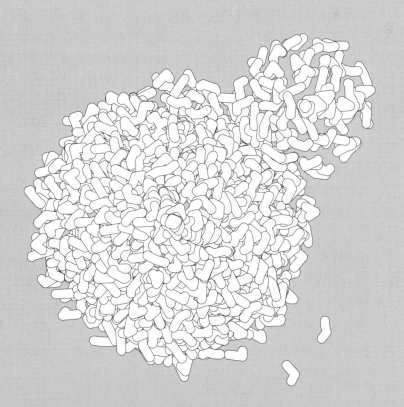

3.1 能源微藻的营养方式

能源微藻具有三种营养方式：一种是能将无机碳源和氮源转化为自身的有机物，即自养营养，多表现为光合作用；另一种为利用糖类、蛋白质水解物、有机酸或其他形式的有机物作为碳源和氮源进行异养生长；第三种，可以进行既能同化有机物又能同化无机物的混合营养生长[1]。能源微藻的营养方式并非绝对单一，常常因不同的条件而采用不同的营养方式，从而对环境进行适应。因此，各种营养方式在藻类的生存过程中具有十分重要的意义。因而，人们在培养能源藻类的过程中，根据藻类不同的营养方式，创造不同的条件，而采用不同的培养方式，即自养培养、异养培养、混合培养。运用不同的培养方法关系到最终培养出的能源微藻的生物量、营养价值、生长速率等指标，所以自从人们人工培养藻类开始就不断地对培养方法进行改进。

3.1.1 自养

能源微藻的自养营养方式主要表现为光合作用，即利用光能将无机碳同化为自身的有机物并放出氧气。光自养是能源微藻最主要的培养方式。因为藻类一般都具有进行光合作用的色素，所以它们通常都能行使该种营养方式。这种营养方式也是大多数藻类的基本生存方式，在有充足的光照、适宜的温度、足够的无机碳源和氮源的条件下，能源微藻通常会采用这种营养方式制造有机物供其生存。藻类的自养营养方式对于我们人类也具有十分重要的意义，因为大气中的氧气有很大一部分是由海洋中的藻类所制造的；同时藻类通过光合作用也为我们提供了大量的有机物，在一定程度上可以缓解人类的粮食问题。

虽然人类对陆生植物光合作用的认识已有200多年的历史，但对水生植物无机碳营养的研究仅始于20世纪初。受陆生植物光合碳利用机理的影响以及对水生植物生物学特性和无机碳水化学的认知所限，在相当长的一段时间内，人们认为水体中游离的 CO_2 是藻类利用外源无机碳的唯一形式[2]。1910年，Angefstein 首次提出 HCO_3^- 可以作为大型水生植物的无机碳源；11年后，Runner 提出同样观点，但未得到认可。直到20世纪40年代，Emerson Tseng 等陆续发现 CO_2 不是水生植物获取无机碳的唯一途径。1932年，Buch 解决了水中 CO_2 的溶解平衡问题，为藻类无机碳营养的研究提供了理论基础[2]。在能源微藻自养营培养中，光照是非常重要的限制因子。这对相应的能源微藻光生物反应器的设计提出了很高的要求。

一般来说，能源微藻的光自养培养过程分为两个阶段：第一个阶段是在营养丰富的条件下藻细胞增殖和膨大，积累大量的生物量，其突出特征是细胞生长速率快，但细胞内积累很少的油脂，而主要是蛋白质和碳水化合物等；在第二阶段，由于前一阶段营养的大量消耗，细胞转入营养缺乏的环境（尤其是氮的缺乏），从而诱导细胞积累油脂。第二阶段称为油脂诱导阶段，但在这一阶段，由于营养的缺乏，细胞的生长速率明显降低[3-5]。

通常自养营养是一般藻类的基本生存方式，但这并不是说其他两种营养方式就不重要。事实上，在许多情况下，如光照强度太弱、有较多的有机质等，很多藻类可以进行异养生长或混合生长，以此来适应环境的变化。出现不同的营养方式实际也是藻类对环境的一种适应，对藻类的生存和保持物种的多样性具有十分重要的意义。并且，在很多方面，异养和混合营养培养还具有较强的优势。

3.1.2　异养

能源微藻在自然情况下一般为自养营养，但是在无光照和有氧条件下，许多能源微藻可以直接将外界有机碳源（如糖类、蛋白质水解物、有机酸或其他形式的有机化合物）同化为自身物质，即进行异养生长。一些单细胞藻类在一定条件下可转化成异养生长，并且这种转化是可逆的[6]。异养营养这种营养方式的存在，对于藻类自身亦具有十分重要的意义。因为，在缺乏光照、无机碳源甚至缺氧的条件下，有些藻类可以利用周围环境中的有机物来维持自身的生命活动，减少对光照等不稳定因子的依赖，以此来适应环境的变化。同时，这种营养方式也为人工培养能源微藻提供了一个很好的途径，有利于更好地人为控制能源微藻的培养生长，更好地推动能源微藻工业化生产研究的发展。

并不是所有的能源微藻都可以利用有机碳源进行异养培养，目前能够利用有机碳源的微藻种类不多，已有的研究报道显示主要包括普通小球藻（*Chlorella vulgaris*）、海水小球藻（*Chlorella protothecoides*）、雨生红球藻（*Haematococcus pluvialis*）、螺旋藻 [*Arthrospira（Spirulina）platensis*]、羊角月牙藻（*Selenastrum capricornutum*）、尖叶栅藻（*Scenedesmus acutus*）、四肩突四鞭藻（*Tetraselmis suecica*）等[7-9]。但有的种类的能源微藻可通过筛选和驯化后能进行异养生长。目前报道较多的能够进行异养生长的能源微藻主要属于绿藻，如小球藻等[6,7,10]。能源微藻异养培养不受光照限制，一般可比自养培养获得更高的生物量和生长速度，许多报道中都体现出了这方面的优势：Xu 等[11] 发现一种异养小球藻 Chlorella protothecoides，其在异养下的油脂含量比光自养高出 40%，可以利用许多种类的碳源，如葡萄糖、甘油、半乳糖、蔗糖、甘露糖、乳糖等；利用玉米粉的水解液培养微藻，获得了 2g/(L·d) 的生物量产率和 932mg/(L·d) 的油脂产率[11]；Azma 等[9] 发现一种绿藻四肩突四鞭藻（Tetraselmis suecica），在完全黑暗的异养培养条件下获得了比正常自养条件高 2~3 倍的生物量产率；刘世名等[12] 通过连续流加分批异养培养小球藻 59h，总糖 60g/L，获得藻生物量 3411g/L，葡萄糖转化率为 56.8%，实现了高密度培养；Xiong 等[7] 在 5L 的发酵罐中采用葡萄糖的批次流加策略，小球藻细胞培养密度达到了 100g/L 以上。

然而，能源微藻的异养培养需要大量的有机碳源（糖类），会极大增加培养成本。同时，以葡萄糖等为有机碳源的异养在短时间内能够实现高密度高生物量和高油脂的积累，是将太阳能固定过程（较慢的过程）转嫁给其他产糖（或其他碳水化合物）植物的结果。况且陆生植物的光合效率与生长速度要比微藻光自养还要低很多。此外，葡萄糖及其衍生物（如各种淀粉原料、糖质原料）资源既是工业生物技术产业的"粮食"，也是最主要的食品饲料资源。如何解决非竞争性"糖"源问题，是影响微藻异养培养大规模生产生物柴油的经济性和可持续性的关键[5]。

此外，目前通过异养培养富含高附加值产品的微藻具有更广泛的市场化前景，如异养培养的微藻还可用来生产维生素 C、β-胡萝卜素、虾青素和不饱和脂肪酸等生物活性物质[1]。

3.1.3 混合营养

有些能源微藻除了能进行自养营养和异养营养，还可以进行混合营养。即既能进行光合作用合成有机物，又能利用环境中的有机物来满足其生长所需，这种类群能更好地适应环境。因此，混合营养型藻类分布广泛，从淡水湖泊到开阔海洋，都有它们的踪迹。由于微藻混合培养具有同时利用无机碳源和有机物的能力，并且光照又不是绝对的限制因素，因而混合营养方式对于大规模培养藻类具有很强的优势。相比自养和异养培养，对螺旋藻进行混合营养培养时可能获得更高的生长速率[13]。Zhang 等[14] 研究了葡萄藻的混合营养培养，结果表明葡萄藻经过 19d 的培养后细胞密度和烃含量分别达到了 4.55g/L 和 29.7%，培养效率明显高于传统的自养培养。微藻的混合营养培养和异养培养生长速率和细胞浓度比光自养有很大的提高，且异养不依赖于自然光照与温度条件，从而在大规模生产下对土地面积的需求大为降低，短期内有可能实现大规模工厂化生产[5,14]。然而，利用微藻作为生物能源生产的原料资源，其最重要的出发点在于通过微藻实现光能到生物质能的转换以及 CO_2 的固定；显然，微藻的异养过程只利用了微藻作为微生物的"发酵"特性，而没利用其"光合固碳"特性，培养过程不仅没有利用光能，也不吸收固定 CO_2，反而是放出 CO_2[5]。

3.2　能源微藻的生物反应器

　　光生物反应器的研究始于 20 世纪 40 年代，当时的主要目标是进行微藻的大量培养，其主要目的是探讨微藻作为人类未来食用蛋白质和燃料资源的可行性[15]。到了 20 世纪 50 年代后，人们又针对微藻培养研制出了一些类型的封闭式生物反应器[16]。自 20 世纪 90 年代以来，涌现出了大量新型的封闭式光反应器。因此，能源微藻进行培养的生物反应器主要可分为开放式生物反应器和封闭式生物反应器两大类。这两大类能源微藻生物反应器根据形状和功能等划分，分别包括多种不同类型的生物反应器，常见的如平板式生物反应器、管道式光生物反应器、柱式生物反应器、袋式生物反应器、开放式跑道池、开放式圆池等。

　　由于成本等方面因素的限制，商业化大规模微藻培养多数采用开放式生物反应器。然而封闭式生物反应器的相对高效和易于控制，为藻类大规模培养开辟了新途径。目前，微藻的大规模、产业化生产仍明显受到微藻光生物反应器的限制。虽然大量不同构造的微藻光生物反应器正在不断地被开发出来，但能真正高效用于微藻大规模培养的光生物反应器并不多，其主要挑战在于如何同时降低微藻光合反应器的制造、运行以及维护的成本与提高微藻生产能力这两方面[17-20]。

3.2.1　开放式生物反应器

　　到目前为止，开放式生物反应器被广泛深入试验后，已被大量用于商业化生产微藻产品[21-23]。其中螺旋藻和盐藻的商业化养殖基本都采用开放式的生物反应器培养。这两类藻的生长条件比较特殊（碱性和高盐度），使得其他藻类或微生物难以与其竞争，因而采用结构简单的开放式反应器更能节省成本。

在开放式光生物反应器中，一般通过叶桨转动或泵来增强藻液流动，提高微藻细胞光合作用。如果要进行连续培养模式，一般是在反应器的入口处加入新鲜培养基，经过反应器循环再以等流速从出口处排出[20]。开放式反应器具有构造简单、成本低廉、操作方便等特点，主要包括开放式跑道池、开放式圆池、自然池塘等。

开放式跑道池是最常见的开放式生物反应器。它由一个圆环形的闭合水池构成，池深通常为 20～50cm。其中为防止藻细胞沉降，通过叶轮转动使培养液在跑道池内混合循环，以提高藻细胞的光能利用效率（图 3-1 和图 3-2）。可在叶轮之前加入微藻所需的营养物质。同时，通入 CO_2 或空气等进行混合搅拌也能减少微藻细胞沉降。目前，国内外很多著名的微藻公司均有采用这种类型的光生物反应器进行螺旋藻、盐藻、小球藻等微藻的大规模培养。虽然开放式跑道池成本低、运行简单，已广泛应用于微藻大规模养殖，但仍存在很多缺点，如易受环境气候影响；易受灰尘、其他微生物污染；水分蒸发过大；CO_2 和光能利用效率较低，难以实现高密度培养等。有些地区由于气候限制，开放式跑道池还不适合全年培养[17]。

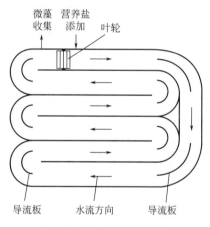

图 3-1　开放式跑道池简易图

为此，在开放式反应器中提高微藻光能和 CO_2 利用效率、生物量产率等方面人们进行了许多的改进和尝试。丛威等[24] 提出在开放池附加阱式补碳容器的结构中提高气液接触时间来强化 CO_2 的补碳吸收。Ketheesan 等[25] 也报道了一种经过改造的新型的反应设备，该装置由跑道池和气井管道两部分组成，其中气升管下端连通，CO_2 气体从下端注入，由于气体的加入造成培养液的密度差异，从而推动了流体在反应池中的循环；Ketheesan 在该反应池中对淡水栅藻（*Scenedesmus* sp.）进行了培养，研究表明该反应装置比通过搅拌桨轮来实现混

图 3-2　开放式跑道池（中国科学院广州能源研究所能源微藻培养）

合效果的能量节省了 80%，而且，单位体积的微藻生产能力与带搅拌桨轮的反应池中结果相近甚至更高[25]。

3.2.2　封闭式生物反应器

封闭式生物反应器主要是从 20 世纪 50 年代开始逐渐被开发利用，到 90 年代出现了大量的相关专利技术；进入 21 世纪后，这类生物反应器发展得更快，出现的类型和种类越来越多。因其制造成本较高、不容易清洗和扩大培养相对较难等原因，制约了其广泛应用于商业化大规模生产。但是，相对于开放式生物反应器，封闭式生物反应器在有些方面具有更大的优势，例如培养条件和参数更易控制、能降低污染、光能和 CO_2 利用效率更高、能高密度培养、生物量生产率更高等。封闭式光生物反应器还可应用于在严格的人工控制条件下，培养基因工程藻种或高密度培养微藻以生产高附加值的藻类产品，如食品添加剂、保健食品、药品等方面[26,27]。

目前，封闭式生物反应器已成为微藻规模化培养的发展趋势。根据封闭式反应器形状等方面的不同，主要可分为以下几种：平板式生物反应器、柱式光生物反应器、管道式光生物反应器、搅拌式生物反应器、漂浮薄膜袋式生物反应器等。虽然封闭式反应器类型较多，但每种反应器的主要目的都是为了提高光能利用效率，获得更高的生物量产率。Tsoglin 等[28] 认为有应用前景的封闭式生物反应器应满足以下一些条件：能适用于多种不同的微藻进行培养；能够降低甚至防止其他生物污染；能尽量降低液体流动对藻细胞的伤害；应尽量减少光照暗区等。

(1) 平板式生物反应器

平板式生物反应器具有受光面积较大、易扩大培养、清洗容易、光能利用效率高、结构相对简单、容易加工改造等优点[29]，使其得到十分广泛的科学研究和应用。相比于管式反应器，平板式反应器的溶解氧浓度更低，光合效率更高，比管式反应器更加适合大规模的培养[30]。此类反应器的透光材质可以是玻璃、有机玻璃以及聚碳酸酯等，其中材质的厚度对光的路程以及反应器比表面积有影响，厚度越小，光路程越小，微藻光合效率和生物量越高[31,20]。经过多年的研究和开发，平板式光生物反应器已经有了很大的发展，出现了许多改良类型，例如垂直式平板光生物反应器、倾斜式平板光生物反应器以及多层平行排列的平板式光生物反应器等[32]。

Su 等报道了一种高效气液传质的平板式光生物反应器，中间由一块挡板将反应器分成两部分，底部布有 4 个气体分布器，培养体积为 75L。液体通过泵进入反应器中，在其中形成环流。CO_2 和空气从底部通入。此装置既能满足细胞生长所需的碳源和除去过量的溶解氧，又能维持较高的生长速率[33]。

根据光源的照射方向，反应器可直立（图 3-3 和图 3-4），也可倾斜一定的角度以获得最佳的入射光强度（图 3-5）[34]。Posten 等[35] 认为，由于平板式光生物反应器光径较短，扩大培养体积有一定限制，如果通过增加反应器的高度和宽度来提升培养体积，其尺寸应限制在 2～3m。Pulz 等[36,37] 报道了多层平行排列的板式反应器研究，由 21 个单元组成的多层板式反应器的总体积达 6000L。刘玉环等[20] 认为提高反应器的培养体积，可通过增加反应器单元来实现，但这又增加了制造成本[20]。Hu 等[38,39] 报道了 4 种不同厚度板式反应器微藻培养的比较研究，还报道了关于入射光强和通气混合强度对板式反应器产率影响试验结果。

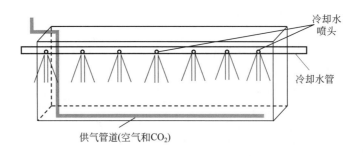

图 3-3　常见的垂直式的平板生物反应器构造

(2) 柱式光生物反应器

柱式光生物反应器也是一种常见的封闭式生物反应器（图 3-6 和图 3-7），已

图 3-4　平板式生物反应器（中国科学院广州能源研究所能源微藻培养）

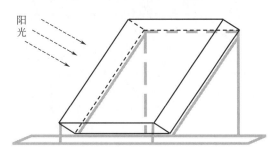

图 3-5　倾斜式平板生物反应器简易构造

图 3-6　气升式柱状光生物反应器（中国科学院广州能源研究所能源微藻培养）

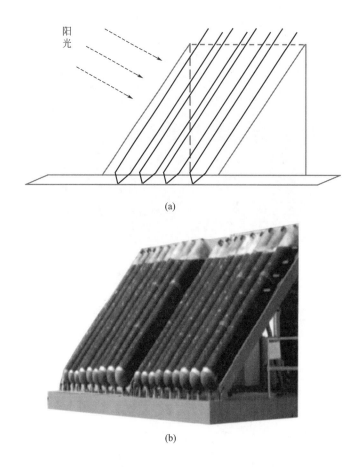

(a)

(b)

图 3-7　倾斜气升式柱状光生物反应器及简易构造图

被广泛地应用于微藻培养、生物工程、废水处理等领域。其结构一般可分为透明圆柱主体部分、供气装置、温度控制装置、光源等部分。这类生物反应器罐体材质一般是玻璃或有机玻璃材质，在圆柱罐底部设有气体分布器，顶部是气体分离区，温度控制装置多为在圆柱罐体内侧环形设置与冷却水连通的换热管，这类反应器能够利用太阳光或人造光作为光源，人造光源有外置和内置两种方式[40,41]。

柱式光生物反应器又可分为鼓泡式柱状光生物反应器和气升式柱状光生物反应器，其中气升式柱状光生物反应器有同轴管式、分隔柱式和外循环式 3 种类型[20,42]。Merchuk 等[43] 和 Zhang 等[44] 分别报道在气升式柱状光生物反应器中培养紫球藻（*Porphyridium* sp.）和裙带菜（*Undaria pinnatifida*）获得的生长速率比在鼓泡式柱状光生物反应器中高 33%～50%。并且，在气升式柱状光生物反应器中获得的 *Chaetoceros calcitrans* 的产量是鼓泡式柱状光生物反应器中的 2 倍[45]。这有可能是在鼓泡式柱状光生物反应器中，藻细胞移动更随机，藻细胞接收到的光照不均匀；而在气升式柱状光生物反应器中有更均匀的流动模式使藻细胞从暗区移动到光照区，延长了藻液培养流程[46]。然而，Krichnavaruk 等[45] 还有研究发现，在大规模的硅藻培养中，这两种反应器中藻细胞比生长速率没有明显的区别。Camacho 等[47] 报道利用垂直的气升式柱状光生物反应器培养三角褐指藻获得的最高的生物量生产率能达到水平环状管道反应器的 1/2。在鼓泡式柱状光生物反应器也获得了类似的结果，其中生物量生产率约为水平环状管道反应器的 60%[48]。

有的气升式柱状光生物反应器的主体部分还设计为由外筒和内筒组成，通过气流传动使藻液在内外筒间循环，提高藻类的光能利用效率，同时可及时释放过多的氧气，防止培养液中溶解氧过饱和[29,49,50]。潘双叶等[51] 报道了一种外照光源内导流气升立式光生物反应器，可使藻液在内外筒间循环，明显提高了藻细胞浓度。Li 等[52] 通过使用一种带有外环的磁悬浮气升式光生物反应器，可有效提高钝顶螺旋藻（*Spirulina platensis*）的生长速度，生物量也提高了 22%。

相比于其他类型的反应器，圆柱式反应器的混合搅拌效率更高，生长条件更容易控制，成本更低，结构简单，操作容易[30]。但这类反应器存在单位直径过小、光照面积小、大规模应用造价高、放大困难等问题，现多应用于实验室规模的高效培养微藻研究[20]。

（3）管道式光生物反应器

管道式光生物反应器一般采用透明的直径较小的硬质塑料或玻璃、有机玻璃管，弯曲成不同形状，利用透明的管道，借助外部光源条件进行工厂化培养生产藻类[29]（图 3-8）。管道式光生物反应器可建造成水平式、水平多层式（图 3-9）、垂直式、螺旋盘绕式（图 3-10）、圆锥形和倾斜式等结构，与泵组合可以构成适合培养微藻的循环系统[17]。其占地面积小并具有高表面体积比，可以提高培养

图 3-8　管道式光生物反应器

(a) Algatech公司水平多层管道反应器

(b) Astaxa公司多层管道反应器

图 3-9 Algatech 公司和 Astaxa 公司的反应器管道式光生物反应器

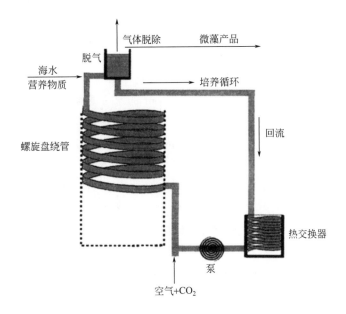

图 3-10　螺旋盘绕管道式光生物反应器简易图

微藻光能利用效率，生物量生产率高，被认为是很有潜力应用于户外大规模培养微藻的反应器[53]。Carlozzi 等[54] 在管道式光生物反应器中培养钝顶节旋藻（*Arthrospira platensis*），其生物量生产率能达到 $47.7g/(m^2 \cdot d)$。

Pirt 等[55] 建立了细管（管径 1cm）光生物反应器的设计和操作理论及计算机控制装置，在这个基础上，Torzillo 等[56] 设计和建造了双层管道式光生物反应器用于螺旋藻的室外培养。为了提高光能利用率，Lee 等[26] 和 Miyamoto 等[57] 都对水平设置的管道进行了改进，采用 α-斜管或螺旋盘管道式光生物反应器，并做了大量的基础理论和应用研究。在诸多的封闭式光生物反应器中，管状光生物反应器发展最快，其可靠性、有效性和低成本日益引起人们的重视[29]。

在利用管道式光生物反应器培养微藻的过程中，微藻附着在光生物反应器内壁生长减少了管道的透光性，随着附壁微藻密度的增加，光线穿透能力随之减低，如不定期清洗和去除会明显影响反应器的透光性，使藻细胞光合作用降低，极大地降低反应器的生产效率[23,17]。控制海藻附壁生长和清洗内壁的办法通常有：

① 使用大量的惰性气体间歇冲刷管道内表面；
② 通过与管道紧密接触的清洗球，在管道内持续循环运动清洁管道内表面；
③ 提高藻液的湍流流速；
④ 用悬浮在藻液中的沙子或沙砾颗粒磨去黏附在管道内壁表面的生物质。

潜在的技术是利用酶消化黏附在管壁上的藻细胞和聚合物，控制海藻在管壁上生长[23,58]。

通过增加水平式管道式光生物反应器的层数，可使单位面积内反应器容积和受光面积分别达到最大，是通用的一种设计方案[58]，例如德国 Astaxa 公司采用水平多层式管道反应器进行海藻培养研究［图 3-9(b)］；以色列 Algatech 公司在阿拉瓦沙漠建造了管道总长度为 150km 的水平多层式管道反应器进行试验［图 3-9(a)］。为增大微藻单位体积的光合效率，就需要增加反应器受光表面积，所以水平多层式管道光反应器的管道内径通常都设计得较小，然而，这种设计存在以下问题[18,58,59]。

① 要增加单位面积内的反应器有效容积，只能采用增加管道层数和减小相邻管道间距的办法来解决。由于管道长、内径小，在培养微藻的过程中，对管道内藻液的 pH 值、CO_2 和 O_2 等微藻生长参数进行调节和控制困难，培养微藻的生产效率不高。

② 在小内径管道中的藻细胞浓度较低时，在强光照射下容易产生光抑制现象。

③ 微藻正常生长温度在 20～35℃，在极端高温或低温的情况下微藻脂质细胞的合成量会减小。反应器管道内径过小，在室外高温的情况下反应器中藻液的热容量小，需要消耗更多的水用于对反应器降温，增加了能耗。

④ 上下层管道和相邻管道相互之间为避免"自我阴影"现象，要有足够的间距。管道层数过多、过高，不利于生产维护，反应器占用面积大。

⑤ 由于反应器管道较密集，对管道外壁进行自动清洗困难，需要建大棚防止灰尘，增大了投资。

⑥ 管道内径小，管道长且弯头多，采用自动清洗部件清洗管道内壁，在技术上存在困难。

Acién 等[60] 设计了一种水平放置式的管道式光生物反应器（容积为 200L，该反应器由气升系统和集光管两部分组成），研究了三角褐指藻的连续培养，当稀释率为 0.050/h 时，产率达 1.20g/(L·d)，并发现增加流体速率可减少溶氧积累，增加生物量产率。

Acién 等[61] 采用一种螺旋盘绕管道式光生物反应器对微藻三角褐指藻（*P. tri-cornutum*）建立了室外连续式培养体系。管道为塑料材质，直径 30cm，长 106m。整个管道安放在支架上呈螺旋状排列，螺旋直径 1.2m，高 0.8m，反应器培养体积为 75L。采用气升循环混合方式，底部注 CO_2 可控制培养基 pH 值，管末端配有溶解氧检测仪、pH 计、温度检测器。检测器与数据记录仪和计算机相连实现了在线检测和控制。生物量达到 1.5g/L，光合作用效率达到 14％，溶氧率不少于 400％。

该反应器的优点是[29,61]：

① 比表面积大，故光利用效率高，减少了反应器内藻体的自我遮挡效应；

② 温度和污染易于控制；

③ CO_2 吸收路径多，故输入的 CO_2 较充分。

Travieso 等[62] 报道了利用 21L 类似这种螺旋盘绕管道式光生物反应器对微藻进行了半连续培养，当稀释率为 0.0078/h 时，最大细胞干重达到 5.82g/L，最大产率为 0.40g/（L·d）。螺旋管式反应器虽然比表面积大，光能利用率较高，但是在低纬度地区，中午时由于阳光的直射，反应器底部却得不到充足的光照，然而反应器这些区域要较高的阳光照射才适合生产，因此为了更好地捕捉阳光，充足利用光能。Watanabe 和 Hall[63] 又对螺旋盘绕管道式光生物反应器进行了改进，设计了锥状螺旋管道式光生物反应器，并利用此反应器对钝顶螺旋藻（Spirulina platensis）进行间歇式培养，获得较好的效果。

目前，虽然管道式光生物反应器被认为是最有利于大规模工业化培养微藻的生物反应器之一[64]，但是，管式光生物反应器在设计和应用时也有很多不足，例如光合作用产生的氧气会沿着管长方向不断积累，在强烈的阳光下，高浓度的氧气会促使微藻产生光氧化现象，从而可能杀死微藻细胞[64]。一些研究表明，当培养液中溶解氧含量高于空气饱和度（7.5mg/L，30℃）时，大多数种类的微藻仅能存活 2～3h[65]。因此，管道式光生物反应器管长的设计会很大程度上受藻液中溶解氧浓度的限制[66]；由于微藻在生长的过程中，会逐渐附着在光生物反应器的内壁上生长，从而严重地影响了光照的射入，因此怎样处理微藻贴壁生长的问题，也是在光生物反应器设计过程中必须考虑的因素，所以新设计的光生物反应器必须便于清洗，且尽可能地延长维护周期[67]。另外，管道式反应器中藻液主要沿管内的轴向流动，而沿管内径向的扰动较小，从而导致了管道式光生物反应器光暗循环频率较低[68]。

（4）搅拌式生物反应器

机械搅拌式生物反应器是一类广泛用于规模化培养微生物的生物反应器，技术条件比较成熟，只要在其内部配套相应的光源，就可成为适合培养微藻的光生物反应器[29,20]。因此可利用现有发酵工程技术开展微藻的研究开发工作，国内外许多学者在这方面都做了尝试[12,33,69]。搅拌型光生物反应器内部一般配置叶轮促进搅拌，添加挡板降低涡流，在反应器底部通入 CO_2 富集气体，能在有限占地面积内获得较高的微藻密度，对利用现有发酵工程技术培养微藻具有重要意义[20]。

利用这种类型的生物反应器对微藻进行培养研究的相关报道不少，如陈必链等[70] 对搅拌式光生物反应器培养钝顶螺旋藻（Spirulina platensis Geitl）的培养条件，即搅拌速度、通气量和光照强度进行优化，使生物量达到 1.922g/L。Og-bonna 等[71] 使用内部光照的搅拌式反应器对蛋白核小球藻（Chlorella pyre-

noidosa）进行培养研究。反应器材质主要为透明玻璃，内部固定有 4 根直径 2.4cm 玻璃管，白炽灯作为反应器光源，光强度为 $163\mu mol/(m^2 \cdot s)$，CO_2 气体从反应器底部圆环鼓入，同时底部有搅拌叶片。该反应器培养体积为 2.6L。在对蛋白核小球藻培养 12d 后，藻细胞干重能达到 1.37g/L，生物量生产率能达到 $0.164kg/(m^3 \cdot d)$。

机械搅拌式生物反应器具有技术条件成熟，易于控制，藻细胞受光、温度分布均匀，藻液混合循环速度快等优点，但由于反应器内部结构相对复杂，制造成本更高，不易清洗，同时叶轮的机械搅拌产生的剪切力对微藻细胞有损害，这些不足又限制了其在规模化培养微藻中的使用[20]。

（5）漂浮薄膜袋式生物反应器

在能源微藻大规模培养中，如果使用封闭式光生物反应器，那么需要大量的反应器，这样会极大增加成本。为降低成本，用塑料膜来代替玻璃和有机玻璃制造光反应器是一个合理的选择[5]。这类封闭式生物反应器具有受光面积大、保温性能好、污染机会小、成功率高、成本低、操作简单等优点，但塑料膜的承压强度低，因此对这类塑料膜光反应器进行放大也受到一定的限制[5,29,72]。

在国内也有相关的研究报道[29,72,73]，主要是采用聚乙烯薄膜袋进行海洋微藻的培养研究。虽然该反应器在生产性培养中得到一定的应用，但因塑料薄膜袋承压强度不够，容易破损漏水，难以得到推广[72]。张小葵等[73] 对其进行了改进，采用农用聚乙烯透明塑料薄膜袋，两边分别用绳封口，同时各扎入长约 10cm、直径 6cm 的聚乙烯硬管作出气孔，一端通入充气石作充气用，将其漂浮在盛有水的原三级培养池中。

聚乙烯薄膜袋浮式培养法在三级培养中除了具有塑料薄膜袋培养的所有特点外，还具有以下优点[29]：

① 薄膜袋在水中漂浮，膜袋内外压力相对均衡，不仅大大方便了操作，而且有效地减少塑料薄膜袋的破损漏水；

② 藻种分布均匀；

③ 具有良好的恒温性能；

④ 能直接由封闭培养的一级藻种向三级培养的塑料袋中接种，避免了多次接种操作造成的污染。

还有一些报道显示[5,74]，美国 Solix 公司开发了一种水浮薄膜吊袋式微藻培养系统。将数百米长的吊袋悬浮于水池中，一方面利用水的浮力来减轻塑料膜的承压；另一方面也可利用水池中的水来实现吊袋培养系统的温度缓冲。结果表明其两株微拟球藻 *Nannochloropsis oculata*（CCMP 525） 和 *Nannochloropsis salina*（CCMP 1776） 的平均生长速率为 $0.16g/(L \cdot d)$［峰值 $0.37g/(L \cdot d)$］ 和 $0.15g/(L \cdot d)$［峰值 $0.37g/(L \cdot d)$］，具有较好的培养效果[74]。

总体而言，两者各有优劣。在能源微藻的培养中，需根据实际情况，结合目标产品、藻种特性、地域环境等进行综合考虑选择[5]。开放式光生物反应器和封闭式光生物反应器两类反应器的主要优缺点见表 3-1。

表 3-1　开放式光生物反应器和封闭式光生物反应器主要优缺点比较

项目	开放式光生物反应器	封闭式光生物反应器
优点	结构和操作简单 容易扩大培养 维护和培养成本较低 培养体积更大 容易清洗 已大规模商业化应用	生长参数和培养条件容易控制 培养环境相对稳定 相对更容易控制污染 光能利用效率更高 水分蒸发少 生物量生产率更高,面积/体积比较高
缺点	微藻生长参数较难控制 生物量生产率较低,面积/体积比较小 易受环境条件影响,培养稳定性相对较差 更容易被污染 光能利用效率相对较低 水分蒸发量过大	建造成本相对过高 扩大培养相对更难 生产成本更高 采收成本更高 清洗复杂

封闭式光生物反应器与开放式光生物反应器各有优缺点，并且不同类型的封闭式光生物反应器优缺点也不一样，因此开发、研制结合两种不同构造的混合型光生物反应器，以一种反应器优点弥补另一反应器缺点[20]。混合型光生物反应器是反应器研制的趋势，已有大量文献报道[20,60,75]。有的是先在开放池培养再转入光反应器培养，或先光反应器培养，再转入开放池培养的串联混合系统等[5]，如中国科学院青岛生物能源所开发了一种开放池与平板式光生物反应器通过水泵连接实现培养液周期性在开放池和光生物反应器内循环的培养装备，建立了 20 个单体为 $24m^2$、容积为 $3m^3$ 的中试系统，其结果表明微藻培养产率可达到 $17\sim20g/(m^2 \cdot d)$，比开放池培养提高了 1 倍。Acién 等[60] 开发了一种采用气升传质系统和环形光合管道的混合型光生物反应器，反应器环形光合管道光比表面积大，光能利用高效，气升传质系统采用气升式平板光生物反应器原理，能促进藻液均匀混合，同时解决管道反应器中氧解析困难的问题，其配制有探测仪；此混合型反应器可有效控制培养参数，大幅提高微藻浓度，降低能耗。Lee 等[26] 设计的 α 型光生物反应器是另一混合型光生物反应器，藻液由气体提升管升至顶部收集箱，再沿光合管道自重流到底部另一气体提升管重复此过程，其光合管道与水平方向成 25°角，整个反应器形状成 α 型，此反应器具有光比表面积大、通气量低、藻液流速快的特点，微藻光合作用高效。

能源微藻光培养系统设计主要还是依赖一些经验来展开，还未形成一定的行业设计模式，很多企业也都是在扩大规模的过程中，通过不断积累、创新，获得相对较优的培养系统，其理论和方法还不是很规范，整个行业还有许多方面需要进一步发展[76]。

3.3 能源微藻的规模化培养

人类很早就有微藻培养生产的历史，在非洲很早就开始在天然的湖泊中养殖螺旋藻作为食物的来源，在第二次世界大战期间欧洲也曾大规模养殖微藻以解决粮食的短缺，东欧、以色列和日本在19世纪70年代就已开始了微藻的商业化生产[17]。微藻培养有3种模式，即光自养、异养和混合营养。规模化培养微藻，采用开放跑道池，光自养批次培养模式，是目前已实现产业化的微藻（螺旋藻、小球藻、盐藻及雨生红球藻等）及饵料微藻大规模培养中普遍采用的模式[77]。

3.3.1 能源微藻规模化培养影响因子

因微藻具有众多的优点，所以被认为是制备生物燃料十分有潜力的材料[23]。能源微藻的规模化培养是一个复杂的体系，不同于实验室小型的培养实验，许多因素能够影响到能源微藻规模化培养的进程。微藻光合生长的核心要求是光、水和碳，因此要实现微藻的大规模高效低成本培养，除了培养方式本身，解决光、水、CO_2、营养等的来源和高效利用也是研究的重点[5,23]。大量的文献报道也显示，微藻的生长速率和油脂产率与光、氮、磷和温度等具有密切的关系[23,78,79]。此外，微藻培养中的敌害污染问题及其防治也是实现微藻规模化培养的关键[5,80,81]。

（1）光

光照强度、波长、频率等都能影响到规模化培养中能源微藻的光合效率、生长速度和能源物质合成水平。对于微藻来说，光强度是至关重要的，因为微藻仅在强度高于光补偿点时才能生长，同时，光强度最好不超过光饱和点。在光合自养大规模培养中，太阳光照的能量密度很低，其特点如下。

① 随时间、季周期性变化　正午时光强高达 $1500 \sim 3000 \mu mol/(m^2 \cdot s)$，远

高于微藻光合作用需要的光强而产生光抑制，而在早晚只有 $0\sim500\mu mol/(m^2 \cdot s)$。由于太阳光强的周期性变化，必然导致了培养效率的降低，有证据表明，夜晚的黑暗是导致藻类室外培养下产量低的主要原因。

②　光谱范围大　藻类利用太阳光只是其可见光的一部分，主要在 $500\sim700nm$ 光谱范围[5]。微藻有两个光合系统，其中光合系统Ⅰ的光波长吸收峰在 680nm 处，而光合系统Ⅱ的光波长吸收峰在 700nm 处。因而，微藻对不同波段的光吸收情况差别很大。光暗周期的变化同样也显著地影响着能源微藻规模化培养中的藻细胞光合效率。一些报道显示，当光暗循环的频率高于 1Hz 时能提高微藻的光合效率[82]；由此，可以通过在一些封闭式生物反应器中（如平板式生物反应器）添加挡板，最终可有助于微藻光合效率的提高[83]。为了减少光对微藻的限制，特别是微藻规模化培养中的制约，许多人进行了大量的研究和努力，相关的报道有很多，如 Chen 等[84] 在光反应器安装了一个可以在线监测光强的装置，当天气或者黑夜造成光照不足时，自动启动人工光源进行反应器的照光。同时，为了解决电耗导致的人工光源能耗高的问题，有人提出将太阳能采光板以及风力发电应用于微藻培养，通过在白天的光照以及风能储存足够的电能用于夜间人工光源的供电[85]。关于不同光色（不同波长光）方面，Wang 等[86] 的实验结果证明，螺旋藻在红光谱下具有最高的生长率；同时，Katsuda 等[87] 的研究表明，红色光更适合微藻生长，而蓝色光可以促进虾青素在雨生红球藻中的积累，并且闪光也同样对微藻生长有促进作用。因此转光光纤被认为是一种有前途的光能利用方式。通过自动跟踪集光装置收集太阳光，通过转光光纤将非微藻所用的那部分太阳光谱转换成藻类可用光谱，并通过光纤传输到培养系统，实现合理光分布和高效光利用[5]。最近 LED 技术的发展使得电-光转化效率大幅度提升。LED 灯发热量小，光源体积小，易于安装在光反应器上；特别是 LED 灯的带谱窄（$20\sim30nm$），可以很方便地选择适合微藻生长 LED 色光（如红光等）[5]。另外，光照强度还可影响到规模化培养中能源微藻细胞油脂等能源物质的变化，相关的研究报道也很多，如脂类中 EPA 和 DHA 受光强影响较为明显，当光强从 $6\mu mol/(m^2 \cdot s)$ 上升到 $225\mu mol/(m^2 \cdot s)$ 时，简单角刺藻（$Chaetoceros\ simplex$ Ostenfield）总脂肪酸中的 EPA 含量从 15.5% 下降到 6.1%[88]；另有研究表明，光强的增加能够提高藻细胞内甘油三酯的水平，在低光强和高光强下分别培养筒柱藻（$Cylindrotheca\ fusiformis$），其细胞内的甘油三酯与极性脂的比例分别是 0.31 和 3.5[89,90]。

（2）营养盐

微藻的生长需要许多营养元素，在规模化培养中更是必不可少，例如碳（C）、氧（O）、氢（H）、氮（N）、钾（K）、钙（Ca）、镁（Mg）、铁（Fe）、硫（S）、磷（P）和微量元素等，其中最主要的为碳、氧、氢、氮、磷、钾。

在微藻培养中，N 和 P 是大量需求的，并且对微藻的生长和油脂积累发挥着重要作用。因此，N/P 比通常作为重要的指标，N/P 比太高，意味着磷可能受到限制，而太低，则表明氮的供应可能不足[91]。许多研究表明，培养基中氮的水平是影响微藻生化成分的最主要因素。当氮含量较低时，微藻细胞内蛋白质减少，而脂肪和碳水化合物增加[92-95]，如在活跃生长的硅藻培养物中，随着营养水平的降低，出现三酰甘油的积累[96,97]。大多数关于氮源的研究都是在低氮浓度，即氮限制的条件下进行的。也有少量文献报道了非限制性或高氮浓度下的微藻培养[94]，这通常可得到总生物量或某种成分的最大生成量，但总脂占干重的百分数有所下降。许多实验表明，微藻对氮的吸收和利用具有以下顺序：氨>尿素>硝酸盐>亚硝酸盐，这是因为氨直接用于合成氨基酸，而其他氮源必须先转化为氨再合成氨基酸[98,99]。磷源是微藻规模化培养中另一种十分重要的营养盐。不同形式的磷酸盐在微藻中的代谢机制是不同的，并且正磷酸盐是其中最容易被微藻吸收的一种磷酸盐形式，并显著地促进微藻生长[100]。

（3）温度

温度主要影响细胞组成成分（尤其是蛋白质和油脂）和细胞生长速率[101]。许多微藻可以承受低于其最适温度——15℃以下的温度。但是当培养温度超过其最适温度 2～4℃便可导致培养失败。此外，能适应全年规模化培养的微藻种类不多，需要根据季节选择适温性不同的微藻，如夏季需选择耐受高温的微藻，而冬季则选择能耐受低温，甚至在低温下生长快速的微藻。同时，温度也是影响规模化培养中微藻脂肪含量和脂肪酸种类的重要因子之一[102,103]。早期研究表明，在极端高温或低温条件下，微藻合成脂肪的量减少[104,105]。Opute[105] 认为存在脂肪合成的最适温度，且因种而异；他指出极端温度下合成受限可能是相关的酶发生不可逆损伤所致。在一定范围内升高培养温度会使某些藻的脂肪含量增加，如棕鞭藻（*Ochromonas danica*）[104]、球等鞭金藻（*Isochrysis galbana* TK1）[106] 和谷皮菱形藻（*Nitzschia palea*）[105]。但是，高温下培养的微藻不饱和脂肪酸的含量下降[107]。低温下，高不饱和脂肪酸对于保持膜的流动性非常重要[108,109]，许多微藻就是通过增加不饱和脂肪酸的比率来应对低温的[102,103,107]，如铲状菱形藻（*Nitzschia paleace*）和等鞭金藻（*Isochrysis* sp.）[110]。

（4）水

水是微藻生长的必需成分，微藻培养液中细胞干物质不到 1%。以目前的微藻开放池培养技术计算，每生产 1t 微藻干物质，其水消耗高达 2000～3000t，即使考虑水的循环利用，其水耗也高达 1000t 以上。因此发展微藻生物能源技术，解决微藻培养廉价水资源是实现工业化生产必须解决的问题[5]。海水是最丰富的水资源，也有很多海洋性的藻类品种可以用于藻类产油的生产。Rodolfi 等[111] 利用海洋微藻南海绿藻（*Nannochloropsis* sp.）最高获得了 204mg/(L·d) 的油脂产率。另外，海洋硅藻中的许多品种都被认为是产油藻类的潜力种。虽然海水取之不尽，但是海洋周边可利用的区域往往有限，而且远距离的海水运输也是难以解决的问题。如果要实现在海上养藻，需要大力解决设备的防腐蚀、抗风浪、物料运输等问题。随着城镇化的快速发展，城镇生活废水、畜牧养殖废水增加迅速，工业和生活废水已成为影响我国水环境的重要原因。传统废水处理中微生物对氮、磷吸收较差，而微藻却可以高效快速地吸收水体中的氮、磷用于微藻生长。目前研究广泛集中在对生活废水的利用上[112,113]。利用高产油二形栅藻（*Scenedesmus dimorphus*），以城市生活废水为水源，获得了约 8g/L 的生物量密度，油脂含量超过 30%，证明了利用城市生活废水培养含油微藻可以在获得微藻油脂产品的同时实现水体的无害化处理[113]。如果能够实现微藻培养与废水处理的结合，既解决了微藻培养的水源问题、氮和磷营养盐问题，又解决了废水的环境污染问题，产生的微藻生物质又可用于能源与其他产品的生产[5,23]。

（5）CO_2

CO_2 是微藻光合作用的反应物之一，也是限制因素之一。微藻的光合作用需要一定的 CO_2 浓度，通常用 2%～5%（体积分数）的 CO_2 浓度能实现最大的光合效率。提高 CO_2 水平可以提高光合效率，这与更高的 CO_2 浓度可获得较高的微藻生物量相一致[114]。规模化培养能源微藻过程中，如果完全使用纯 CO_2 作为提供 CO_2 的来源，势必会增加培养成本。这是因为：按照一般微藻的元素组成，每合成 1t 微藻干物质需要固定 1.83 t CO_2。要实现微藻的快速生长，必然需要通入富含 CO_2 的气体。由于 CO_2 是难溶气体，加大通气量或提高通气中的 CO_2 浓度均会大大降低 CO_2 的利用率，导致培养成本和能耗增加。因此大规模微藻能源生产必须解决低廉的 CO_2 资源和高效 CO_2 利用。煤电厂、煤化工企业等产生大量的含 CO_2 废气，国家对企业温室气体减排压力越来越大，如何减少和固定这些废气中的 CO_2 是影响企业可持续发展的重要因素。而对于需要大量 CO_2 作为碳源的微藻养殖，烟道气 CO_2 是免费资源。因此利用以烟道气为代表的工业废气 CO_2 进行微藻养殖既是微藻能源工业唯一可行的碳源解决方案，也是 CO_2 固定减排的重要途径[5]。一般工业烟道气的组成为 10%～20% CO_2。有关能够耐高 CO_2 的微藻研究已有很多，这些藻包括小球藻[115]、绿球藻、栅藻等[116]。大多数情况下可以耐受 10%～20% 的 CO_2 浓度。但同时，烟道气中毒性气体 SO_x 和 NO_x 的存在可能对微藻的生长产生影响。而 SO_x 主要是 SO_2，对微藻的生长有显著的影响，其主要因为 SO_2 易溶解到水体中形成强酸性（pH 值在 4 以下）的亚硫酸，且具氧化漂白作用，但 NO_x 的影响程度要小得多[5,115]。Jiang 等[117] 提出了在培养基中直接添加少量 Ca-

CO_3 来中和高酸性的方法，结果证明只要加入极少量的碳酸钙就可克服 SO_x、NO_x 对微藻培养的毒性；同时，Jiang 等[117] 还提出了一个途径是通过 pH 值反馈控制烟道气的间歇通入，也可以解除 SO_x、NO_x 的抑制，CO_2 利用率提高到 $70\% \sim 90\%$。

（6）微藻规模化培养中的污染

微藻是水生物体系的初级生产者，处于食物链的最底端。因此在微藻培养体系，特别是开放体系中，必然存在很多敌害生物污染。以获得微藻生物质为目标的人工大规模培养过程，从某种程度上就是与敌害生物斗争的过程，因而，如何防止和控制敌害生物污染是决定微藻大规模产业化培养成败的关键之一[5]。美国20 世纪 70 年代开始的水生生物物种计划（ASP），通过近 20 年的研究工作的开展，在微藻选育、代谢机理、培养技术、加工技术等方面都进行了大量的研究，但最终却未能建立起有效的微藻生物能源产业化示范体系，其中一个很重要原因就是未能解决微藻大规模培养条件下的污染控制问题[118]。

微藻培养过程中的敌害污染主要有原生动物污染、轮虫污染、细菌污染、真菌污染、杂藻污染和病毒侵染几种类型。原生动物和轮虫的污染主要通过原生动物对微藻藻细胞的吞噬，以及在藻液中产生的代谢废弃物对微藻生长不利；细菌和真菌污染主要通过细胞分泌物抑制和分解藻细胞，以及寄生在藻细胞表面等方式而产生对微藻细胞生长十分不利的情况；而杂藻污染和病毒侵染机制较为复杂，主要包括营养竞争、化感作用、分泌物抑制以及病毒致死等[119]。对这些污染途径及其机制，Wang 等[119] 进行了较为详细的综述。随着培养规模的扩大，特别是在产业化生产过程中，轮虫、纤毛虫、细菌等是微藻规模培养中常见的污染生物。在这些污染情况中，轮虫对微藻通常具有强大的摄食能力。刘天中等[5] 生产中曾观察到由于污染褶皱臂尾轮虫，微拟球藻细胞密度在 1d 内减少 50% 以上，同时轮虫兼具孤雌生殖和有性生殖两种生殖方式，种群爆发期其密度在 1d 内可增长 $1 \sim 2$ 倍，繁殖能力极强，因此，轮虫对微藻的规模化培养的危害性较大。对于微藻培养，这些污染源种类和种群数量通常不是一成不变的，藻种的不同、培养环境的不同，甚至在培养的不同时期，污染源种类和种群数量均会发生明显的发化。同时，微藻的培养，特别是用于能源生产的微藻培养，其规模远远大于传统微生物发酵，同时也考虑到成本因素，这就导致了微藻培养很难做到采用与传统微生物发酵一样的严格无菌体系，因而实现微藻培养的无菌化和严格的污染控制非常困难，成本极其巨大。

目前对微藻规模培养的污染控制，除了操作流程上的控制外，更多是在发生污染后视污染危害程度采取一些控制和补救措施[5,119]，这些措施包括以下几种。

① 过滤 这种方法主要用于去除那些尺寸大小远大于微藻细胞的原生动物，如轮虫等。但这种方式只对成虫较有效，对于虫卵或发育期的幼虫，由于其尺寸

与藻细胞差别不大，很难去除。

② 化学杀灭　目前利用化学试剂来控制或杀灭微藻污染物，主要有两类：一类是传统的蛋白质类螯合剂，如甲醛、氨类、双氧水和次氯化物等[120]；另一类是植物性抑制剂，如喹啉等[121]。但这些化学试剂对不同的藻类，以及在不同的培养阶段，其效果差别很大，特别是对于微藻培养，水体量很大，要产生有效的维持一定的杀灭效果，试剂的添加量很大，且这些化学试剂在水体中的残留可能对环境的危害也是一个需要特别注意的问题。

③ 改变培养体系环境　光照、温度、盐度以及溶液 pH 值等不但对微藻的生长有影响，对敌害生物也有影响。通过优化营造藻细胞生长的最佳条件，使其在与杂藻、杂菌与原生动物的竞争中处于优势地位，可较有效地防止或避免培养体系因敌害污染导致的崩溃。基于轮虫不耐酸性特点，Becher[122] 建议在当轮虫量较大时将培养液 pH 值快速调低到 3.0 并维持 1～2h，可在一定程度上控制轮虫的危害。也有人在杜氏盐藻（Dunaliella sp.）的培养中将盐度控制在 20%（质量浓度）左右以降低变形虫（amoeba）和纤毛虫（ciliates）等轮虫的危害。事实上，螺旋藻之所以能够实现产业化，一个很重要的原因是其培养液高盐和高pH 值（10～11.5）环境对敌害生物污染的有效抑制。

3.3.2　规模化培养技术

（1）微藻悬浮培养

随着微藻在食品、保健品、蛋白质、饲料以及高值化学品生产中的应用越来越多，大规模的工厂化养殖逐步发展起来，形成了目前以开放池和各类封闭式光生物反应器为主的两大类能源微藻培养技术体系，其显著特点是藻细胞处于液体悬浮状态，因此可统称为悬浮培养[5]。微藻光自养的能量来自于太阳光。由于培养水体对光的反射、折射，以及藻细胞的吸收与遮光作用等而使光照强度在水体中沿入射光方向迅速呈指数性衰减，因此，只有极薄的表层水体有较为充足的光照强度，微藻光合作用也主要发生在这一薄层区域，而在中下层水体中由于光照缺乏而很少或不发生光合作用，因此，在目前微藻的开放式跑道池或各类光生物反应器培养，其细胞培养密度一般不超过 10g/L，面积效率一般只有 5～30g/(m^2·d)，含油量在 25%～35%。大规模下的开放池培养更低，一般只有 0.7～1g/L 细胞浓度、10g/(m^2·d) 的面积效率和 30% 左右的含油量[5]。而相对来讲，通过异养培养和混合营养培养微藻，能获得更高的藻细胞生物量，这在很多文献报道中都体现出这一点。因前面已经详细讲述了微藻规模化培养的各类生物反应器的情况和相关研究报道及应用，所以本节关于微藻悬浮培养方面的规模化培养技术的内容就不再赘述了。

(2) 微藻生物膜贴壁培养

无论是开放池还是光生物反应器培养，微藻是在大水体中悬浮培养的，由于光在水体中很容易衰减，因而，通过大量水体的存在培养微藻会明显导致微藻培养效率较低、能耗高（搅拌、通气、采收）、消耗大量水（培养密度低）和扩大培养困难（透明材质承受水体压力有限）的重要原因[5]。因此，近些年来人们开始关注微藻的生物膜培养方法。Shi 等[123] 设计出了一种三明治式材料的微藻藻细胞固定化生物膜培养方法来处理含氮污水：在其设计中，微藻被固定在三明治材料的两侧的外层表面，中间层为一种持水量大的多孔纤维材料，而外层则是孔度较致密的亲水材料；同时将该三明治式材料垂直固定起来，并置于光照条件下；培养操作时，将含氮污水通过泵送到三明治材料的中间层上方，这样水沿着中间层向下流动使中间层保持大量水分，而多余的流下的水进入收集池重新循环；夹层外侧材料则通过毛细孔浸润给微藻藻膜提供富含微藻生长所需的营养物质的废水；这样在光照条件下微藻藻膜将污水中的氮进行固定利用，同时藻细胞也得到生长。Shi 等[123] 利用这套系统对小球藻和栅藻进行废水培养研究，经过9d 循环培养实验结果显示，污水中的氮的去除率可达到 90%。虽然该研究没有测量微藻的生长速度，但从其测定的微藻叶绿素含量变化来看，其生长速度很低[5]。Boelee 等[124] 提出了类似的微藻培养系统，并以此为基础建立了废水处理的中试系统，通过实验研究获得了与 Shi 等[123] 相似的效果，其结果表明，微藻藻膜的生长速率可达到 $2.7\sim4.5g/(m^2\cdot d)$，同时废水中的氮、磷去除速率分别可达到 $0.13g/(m^2\cdot d)$ 和 $0.023g/(m^2\cdot d)$。Johnson 和 Wen[125] 将小球藻接种在泡沫塑料表面，并将泡沫塑料块置于装有少量培养基的玻璃水槽中，周期性往复摇动水槽，使得藻细胞生物膜周期性地暴露于空气中，这样在光照条件下实现了微藻的贴壁培养，其结果表明，小球藻生物膜分别在培养 6d、10d 和 15d 后其密度可达到 $20g/m^2$、$30g/m^2$ 和 $35g/m^2$，生长速率分别为 $3.5g/(m^2\cdot d)$、$2.5g/(m^2\cdot d)$ 和 $1.5g/(m^2\cdot d)$。由于上述研究主要目的是针对废水中氮、磷处理的研究，微藻的生长速率比较低，甚至比开放池的产率还低，因而还远远没达到有解决高效培养与光能高效利用问题[5]。

Liu 等[126] 提出了另外一种微藻贴壁培养技术：首先他们将微藻藻细胞直接接种于滤膜材料上形成生物膜，然后通过培养基浸湿的滤膜为藻细胞的生长提供营养盐和水分，同时通入含 1% CO_2 的空气提供碳源；最终结果发现栅藻、葡萄藻、微拟球藻、筒柱藻（硅藻）、螺旋藻等微藻均可实现良好的贴壁生长，而且微藻藻细胞生长速度与藻种关系不大，但与光照强度、培养基组成有关；其生物量生产率一般能达到 $4\sim10g/(m^2\cdot d)$；并且，栅藻通过缺氮诱导后含油量可达50%左右；Liu 等[126] 还研究发现在这种贴壁培养方式上，藻细胞光饱和点为

$100\sim150\mu mol/(m^2\cdot s)$。由于微藻室外培养时太阳光强度一般可达 $400\sim2000\mu mol/(m^2\cdot s)$，远高于上述光饱和点；因而，如果直接将微藻细胞生膜置于强光下，其既会对藻细胞产生光抑制，同时也不能充分利用太阳光。因此 Liu 等[126] 还提出了一种光强稀释的微藻贴壁培养反应器设计新原理，即通过扩大单位入射光照面积上的培养面积，或通过周期间明暗循环的方式来扩大培养面积，从而实现光入射面上的光强稀释；依据此原理，Liu 等[126] 和刘天中等[5] 提出了多种贴壁培养反应器结构，例如，设计的一种插板阵列式反应器，通过该方法对微藻在室内培养，其平均藻细胞生物量可达到 $200\sim300g/m^2$，生物量面积产率高达 $60\sim90g/(m^2\cdot d)$；同时在室外实验培养研究显示，室外培养中生物量面积产率也能达到 $40\sim60g/(m^2\cdot d)$。这种微藻贴壁培养技术获得的微藻生物量产率远高于开放池和一般的封闭式光反应器的液体培养效果。正是他们将贴壁培养方法与光稀释反应器设计原理相结合发展起来的方法，首次显示出了微藻贴壁培养在提高微藻培养效率上的巨大潜力，从而引起人们对微藻贴壁培养技术研究越来越多的关注[5]。

众多的研究已经表明，不同于一般的产油微藻，葡萄藻光合代谢过程中不仅仅积累油脂，而且还能积累大量的烃类物质[23,118]。相比于油脂，烃裂解制备的生物柴油在组成与燃烧性能上与石化柴油更相近。然而采用传统的液体培养，葡萄藻的生长极其缓慢，但是一些研究报道显示通过贴壁培养技术也可以对葡萄藻进行高效培养。Ozkan 等[127] 以木板为附着介质，研究了葡萄藻的生物膜附着培养，其研究显示，在 $0.175m^2$ 的附着材料上进行葡萄藻的培养实验，最终获得的葡萄藻藻细胞浓度达 $96.4g/L$（藻泥），同时其总含油量为 26.8%，油脂产率达到了 $0.71g/(m^2\cdot d)$。Ozkan 等[127] 分析了培养中的葡萄藻的光合效率和培养的用水量后发现，通过这种生物膜培养，每生产 1kg 藻比开放池节水 45%，节约浓缩脱水能耗 99.7%。Cheng 等[128] 的研究也表明，葡萄藻也非常适合于贴壁培养，采用插板阵列式反应器，生物量面积产率能达到 $40\sim50g/(m^2\cdot d)$，这显示出其比传统的液体培养要快得多的生长速率优势和节水优势。

微藻生物膜的贴壁培养技术已经显示出巨大的潜力，是对微藻传统液体悬浮培养模式的重要突破，其在培养效率、节约水耗和采收能耗方面具有明显优势，但目前尚处于初期研发阶段，还有许多基础科学问题、工艺与过程控制、装备设计与放大等关键问题需要解决，这些问题包括藻种与介质之间的黏附作用、贴壁介质的选择、培养基分布装置、温度控制、补碳技术、如何自动化接种与藻细胞采收以及反应器结构设计与放大等[5,126]。

（3）序贯式异养-稀释-光诱导的微藻培养技术

大规模光自养下微藻藻液的准备要经历从琼脂板、摇瓶、多级培养反应器的逐级放大的过程，过程复杂、效率低，而低密度接种的规模培养下，微藻生长速率低、培养效率低、时间周期长、占地面积大，特别是低密度接种液在与其他杂菌与原生动物等污染敌害生物的竞争中不具群体优势而导致严重污染发生[5,129]。为此，Fan 等[129] 发展了一种序贯式异养-稀释-光诱导的新工艺。在这种方式中，异养主要用于快速制备微藻种液，然后将高密度的种液稀释到光自养培养基中，在开放池或光反应器中进行光诱导，从而实现微藻的快速生长，蛋白质、色素或油脂的积累。例如用该技术对多株小球藻的培养表明，当异养的小球藻种液稀释到 $2\sim5g/L$ 的自养体系中，经过 12h 的光诱导，藻蛋白和叶绿素含量可达到 50.87% 和 $32.97mg/g$，几乎与传统的全部光自养过程相当，并且经过 24h 诱导后的细胞含油量最高可达到 26.11%，比光诱导前提高了 $70\%\sim120\%$。Fan 等[129] 分别对 3 株小球藻 Chlorella pyrenoidosa （蛋白核小球藻）、Chlorella ellipsoidea （椭圆小球藻） 和 Chlorella vulgaris （普通小球藻） 的种液培养效率表明，采用异养方式，其效率较光自养的种液培养效率分别提高了 20.9 倍、26.9 倍和 25.2 倍。利用这些异养种液进行光稀释诱导大规模培养，藻细胞产率较传统光自培养种子的诱导培养提高了 1.91 倍、1.51 倍和 1.48 倍，油脂产率分别提高了 1.66 倍、1.37 倍和 1.42 倍。显然利用这种培养方法技术来高效制备微藻大规模培养的种液，一方面降低了传统纯异养过程对有机碳源的过度依赖；另一方面显示了其用于微藻大规模培养时在生物质产率和油脂产率上的一定优势[5,129]。

参考文献

[1] 朱明，张学成，茅云翔.醋酸对海链藻生长的影响 [J].中国海洋大学学报，2005, 35（3）:499-502.

[2] 高坤山.藻类光合固碳的研究技术与解析方法 [J].海洋科学，1999（6）: 37-41.

[3] Mata T, Martins A, Caetano N. Microalgae for biodiesel production and other applications: A review [J]. Renew Sust Energ Rev, 2010, 14（1）: 217-232.

[4] Chen C, Yeh K, Aisyah R, et al . Cultivation, photobioreactor design and harvesting of microalgae for biodiesel production: a critical review [J]. Bioresour Technol, 2011, 102（1）: 71-81.

[5] 刘天中，张维，王俊峰，等.微藻规模培养技术研究进展 [J].生命科学，2014, 26（5）:509-522.

[6] 张大兵，吴庆余.小球藻细胞的异养转化 [J].植物生理学通讯，1996, 32

（2）: 140-144.

[7]　Xiong W, Li X, Xiang J, et al. High-density fermentation of microalga *Chlorella protothecoides* in bioreactor for microbio-diesel production [J]. Appl Microbiol Biot, 2008, 78（1）: 29-36.

[8]　Hu J, Nagarajan D, Zhang Q, et al. Heterotropic cultivation of microalgae for pigment production: A review [J]. Biotechnology Advances, 2018, 36（1）:54-67.

[9]　Azma M, Mohamed M, Mohamad R, et al. Improvement of medium composition for heterotrophic cultivation of green microalgae, *Tetraselmis suecica*, using response surface methodology [J]. Biochem Eng J, 2011, 53（2）: 187-195.

[10]　潘欣, 李建宏, 戴传超, 等. 小球藻异养培养的研究 [J]. 食品科学, 2002, 23（4）:28-33.

[11]　Xu H, Miao X, Wu Q. High quality biodiesel production from a microalga *Chlorella protothecoides* by heterotrophic growth in fermenters [J]. J Biotechnol, 2006, 126（4）: 499-507.

[12]　刘世名, 孟海华, 梁世中, 等. 生物反应器高密度异养培养小球藻 [J]. 华南理工大学学报, 2000, 28（2）: 81-86.

[13]　Chojnack K, Noworyta A. Evaluation of Spirulina sp. Growth in photoautotrophic, heterotrophici and mixotrophic cultures [J]. Enzyme and Microbial Technology, 2004, 34（5）: 461-465.

[14]　Zhang H, Wang W, Yang W, et al. Mixotrophic cultivation of *Botryococcus braunii* [J]. Biomass Bioenergy, 2011, 35: 1710-1715.

[15]　Burlew J S. Algal culture from laboratory to pilot plant [R]. Washington D C: Carnegie Institution of Washington Publication 600, 1953.

[16]　Chaumont D. Biotechnology of algal biomass production: a review of system for outdoor mass culture [J]. J Appl Phycol., 1993（5）: 593-604.

[17]　Ugwu C, Aoyagi H, Uchiyama H. Photobioreactors for mass cultivation of algae [J]. Bioresour Technol, 2008, 99（10）: 4021-4028.

[18]　Tredici M. Photobiology of microalgae mass cultures: understanding the tools for the next green revolution [J]. BioFuels, 2010（1）: 143-162.

[19]　Zittelli G C, Biondi N, Rodolfi L, et al. Photobioreactors for mass production of microalgae//Richmond A, Hu Q. Handbook of Microalgal Culture [M]. 2nd ed. Oxford: John Wiley & Sons Ltd, 2013: 225-266.

[20]　刘玉环, 黄磊, 王允圃, 等. 大规模微藻光生物反应器的研究进展 [J]. 生物加工过程, 2016, 14（1）:65-73.

[21]　Boussiba S, Sandbank E, Shelef G, et al. Outdoor cultivation of the marine microalga *Iscochrysis galbana* in open reactor [J]. Aquaculture, 1988, 72（3）: 247-253.

[22]　Hase R, Oikawa H, Sasao C, et al. Photosynthetic production of microal-

gal biomass in a raceway system under greenhouse conditions in Sendai City [J]. J Biosci Bioeng, 2000, 89（2）: 157-163.

[23] Chisti Y. Biodiesel from microalgae [J]. Biotechnol Adv, 2007, 25（3）: 294-306.

[24] 丛威，苏贞峰，唐瑞娟，等. 用于大规模培养微藻的补碳装置及其使用方法和用途: 1982432A [P]. 2007-06-20.

[25] Ketheesan B, Nirmalakhandan N. Development of a new airlift-driven raceway reactor for algal cultivation [J]. Applied Energy, 2011, 88（10）: 3370-3376.

[26] Lee Y K, Ding S Y, Low C S, et al. Design and performance of an α-type tubular photobioreactor for mass cultivation of microalgae [J]. J Appl Phycol, 1995（7）: 47-51.

[27] Cogne G, Cornet J F, Gross J B. Design, operation and modeling of a membrane photobioreactor to study the growth of the cyanobacterium *Arthrospira platensis* in space conditions [J]. Biotechnol Prog, 2005, 21（3）: 741-750.

[28] Tsoglin L N, Gabel B V, Fal'kovich T N, et al. Closed photobioreactors for microalgal cultivation [J]. The Russian Journal of Plant Physiology, 1996, 43（1）: 131-136.

[29] 刘娟妮，胡萍，姚领，等. 微藻培养中光生物反应器的研究进展 [J]. 食品科学, 2006, 27（12）:772-777.

[30] 周新平. 微藻光生物反应器的比较研究 [J]. 河南城建学院学报. 2012, 21（6）:25-29.

[31] Zou N, Richmond A. Effect of light-path length in outdoor flat plate reactors on output rate of cell mass of EPA in *Nannochloropsis* sp [J]. J Biotechnol, 1999, 70（1）: 351-356.

[32] 夏金兰，万民熙，王润民，等. 微藻生物柴油的现状与进展 [J]. China Biotechnology, 2009, 29（7）, 118-126.

[33] Su Z F, Kang R J, Shi S Y, et al. An economical device for carbon supplement in large-scale micro-algae production [J]. Bioprocess and Biosystems Engineering, 2008, 31（6）: 641-645.

[34] Carvalho A P, Meireles L A, Malcata F X. Microalgal reactors: a review of enclosed system design and performances [J]. Biotechnol Progr, 2006, 22（6）: 1490-1506.

[35] Posten C. Design principles of photo-bioreactors for cultivation of microalgae [J]. Eng Life Sci, 2009, 9: 165-177.

[36] Pulz O. Laminar concept of closed photobioreactor designs for the production of microalgal biomass [J]. Russian Journal of Plant Physiology, 1994, 41（2）: 256-261.

[37] Pulz O, Gerbsch N, Bachholz R. Light energy supply in platetype and light

diffusing optical fiber bioreactors [J]. Journal of A pplied Phycology, 1995, 7 (2): 145-149.

[38]　Hu Q, Guterman H, Richmond A. A flat inclined modular photobioreactor for outdoor mass cultivation of photoautotrophs [J]. Biotechnology and Bioengineering, 1996, 51 (1): 51-60.

[39]　Hu Q, Richmond A. Productivity and photosynthetic efficiency of spirulina platensis as affected by light intensity, algal density and rate of mixing in a flat plate photobioreactor [J]. Journal o f Applied Phycology, 1996, 8: 139-145.

[40]　Chisti Y, Moo-Young M. Improve the performance of airlift reactors [J]. Chem Eng Progress, 1993, 89 (6): 38-45.

[41]　Ogbonna J C, Soejima T, Tanaka H. An integrated solar and artificial light system for internal illumination of photobioreactors [J]. J Biotechnol, 1999, 70 (1): 289-297.

[42]　Sanchez M A, Ceron G M C, Garcia C F, et al. Growth and biochemical characterization of microalgal biomass produced in bubble column and airlift photobioreactors: studies in fed-batch culture [J]. Enzyme Microb Technol, 2002, 31 (7): 1015-1023.

[43]　Merchuk J C, Ronen M, Giris S, et al. Light-dark cycles in the growth of the red microalga Porphyridium sp [J]. Biotechnol Bioeng, 1998, 59: 705-713.

[44]　Zhang X, Li D P, Zhang Y P, et al. Comparison of photobioreactors for cultivation of Undaria pinnatifida gametophytes [J]. Biotechnol Lett, 2002, 24: 1499-1503.

[45]　Krichnavaruk S, Powtongsook S, Pavasant P, Enhanced productivity of Chaetoceros calcitrans in airlift photobioreactors [J]. Bioresour Technol, 2007, 98: 2123-2130.

[46]　Kaewpintong K, Shotipruk A, Powtongsook S, et al. Photoautotrophic high-density cultivation of vegetative cells of Haematococcus pluvialis in airlift bioreactor [J]. Bioresour Technol, 2007, 98: 288-295.

[47]　Camacho F G, Gomez A C, Fernandez F G A, et at. Use of concentric-tube airlift photobioreactors for microalgal outdoor mass cultures [J]. Enzyme Microb Technol, 1999, 24: 164-172.

[48]　Miron A S, Gomez A C, Camacho F G, et al, Comparative evaluation of compact photobioreactors for large-scale monoculture of microalgae [J]. J Biotechnol, 1999, 70: 249-270.

[49]　刘志伟, 余若黔, 等. 微藻培养的光生物反应器 [J]. 现代化工, 2000, 20 (12): 56-58.

[50]　张栩, 戟涌骋, 周百发. 气升式藻类光生物反应器研究 [J]. 海洋科学, 2000, 24 (5): 14-17.

［51］ 潘双叶，陈烨，张华军，等.应用光生物反应器高密度培养等鞭藻［J］.宁波大学学报，2002，15（3）：33-38.

［52］ Li Z Y, Guo S Y, Li Y, et al. Effects of electromagnetic field on the batch cultivation and nutritional composition of *Spirulina. plotensisin*，an air-lift photobioreactor［J］. Bioresource Technology, 2007, 986: 700-705.

［53］ Tsygankov A A. Laboratory scale photobioreactors［J］. Appl Biochem Microbiol, 2001, 37（4）: 333-341.

［54］ Carlozzi P. Dilution of olar radiation through "culture" lamination in photobioreactor rows facing south-north: a way to improve the efficiency of light utilization by cyanobacteria（*Arthrospira platensis*）［J］. Biotechnology and Bioengineering, 2003, 81（3）: 305-315.

［55］ Pirt S J, LeeY K, Walach M R, et al. A tubular photobioreactor for photosynthetic production of biomass from CO_2: design and performance［J］. J Chem Tech Biotechnol, 1983, 33: 35-58.

［56］ Torzillo G, Carlozzi P, Pushparaj B, et al. A two-plane tubular photobioreactor for outdoor culture of *Spirulina*［J］. Biotechnol Bioeng, 1993, 42: 891-898.

［57］ Miyamoto K, Wable O, Benemann J R. Vertical tubular reactor for microalgae cultivation［J］. Biotechnol Lett, 1988,（10）: 702-708.

［58］ 刘小澄，刘永平.管道式光生物反应器的设计和性能［J］.生命科学，2010，22（5）:492-498.

［59］ 齐沛沛，王飞.制备生物柴油用小球藻的油脂富集培养研究［J］.现代化工，2008，28（2）: 38.

［60］ Acién Fernández F G, Fernández Sevilla J M, Sánchez Pérez J A, et al. Airlift-driven external-loop tubular photobioreactors for outdoor production of microalgae: assessment of design and performance［J］. Chemical Engineering Science, 2001, 56: 2721-2732.

［61］ Acién Fernández F G, Hall D O, Guerrero E C, et al. Outdoor production of *Phaeodactylum tricornutum* biomass in a helical reactor［J］. Journal of Biotechnology, 2003, 103: 137-152.

［62］ Travieso L, Hall D O, Rao K K, et al. A helical tubular photobioreactor producing *Spirulina* in a semi-continuous mode［J］. International Biodeterioration & Biodegradation, 2001, 47: 151-155.

［63］ Watanabe Y, Hall D O. Photosynthetic production of the filamentous cyanobacterium *Spirulina platensis* in a cone-shaped helical tubular photobioreactor［J］. Appl Microbiol Biotechnol, 1996, 44: 693-698.

［64］ Jacob-Lopes E, Gimenes Scoparo C H, Franco T T. Rates of CO_2 removal by Aphanothece microscopica *Nageli* in tubular photobioreactor［J］. Chemical Engineering and Processing, 2008, 47: 1365-1373.

［65］ Suh I S, Lee C G. Photobioreactor engineering: design and performance

[J]．Biotechnol Bioprocess Engineering，2003，8（6）：313-321.

[66] Eriksen N T. The technology of microalgal culturing [J]．Biotechnology Letters，2008，30（9）：1525-1536.

[67] Liu X C, Liu Y P. Tubular photobioreactor design and performance [J]．Chinese Bulletin of Life Sciences，2010，22：492-498.

[68] Grima E M, Acien Fernández F G, García Camacho F, et al. Scale-up of tubular photobioreactors [J]．Journal of Applied Phycology，2000，12：355-368.

[69] Huang Y M, Rorrer G L. Cultivation of microplantlets derived from the marine red alga *Agatdhiella subulata* in a stirred tank photobioeractor [J]．Biotechnol Prog，2003，19（2）：418-427.

[70] 陈必链，江贤章，王娟，等.光生物反应器中螺旋藻培养条件的优化 [J]．植物资源与环境学报，2005，4（2）：19-22.

[71] Ogbonna J C, Yada H, Masui H, et al. A nevol internally illuminated stirred tank photobioreactor for large-scale cultivation of photosynthetic cells [J]．J Ferment Bioeng，1996，82（1）：61-67.

[72] 缪国荣，宫庆礼，王进和，等.单胞藻薄膜袋封闭式培养技术的研究 [J]．青岛海洋大学学报，1989，19（3）：53-58.

[73] 张小葵，张法忠，张英珊，等.浮式塑料薄膜袋培养海洋微藻的研究 [J]．海洋科学，2004，28（12）：8-10.

[74] Jason C, Tracy Y, Nathaniel D, et al. *Nannochloropsis* production metrics in a scalable outdoor photobioreactor for commercial applications [J]．Bioresour Technol，2012，117：164-171.

[75] Fan L H, Zhang Y T, Zhang L, et al. Evaluation of a membrane-sparged helical tubular photobioreactor for carbon dioxide biofixation by *Chlorella vulgaris* [J]．J Membr Sci，2008，325（1）：336-345.

[76] 陈潮洲，沈英.能源微藻培养系统 [J]．机电技术，2014（1）：121-131.

[77] 黄英明，王伟良，李元广，等.微凝能源技术 开发和产业化的发展思路与策略 [J]．生物工程学报，2010，26（7）：907-913.

[78] Khozin-Goldberg I, Cohen Z. The effect of phosphate starvation on the lipid and fatty acid composition of the fresh water eustigmatophyte *Monodus subterraneus* [J]．Phytochemistry，2006，67：696.

[79] Solovchenko A E, Khozin-Goldberg I, Didi-Cohen S, et al. Effects of light intensity and nitrogen starvation on growth, total fatty acids and arachidonic acid in the green microalga *Parietochloris incisa* [J]．J Appl Phycol，2008，20（3）：245-251.

[80] Viswanath B, Mutanda T, White S, et al. The microalgae -a future source of biodiesel [J]．Dynamnic Biochem: Process Biotechnol Mole Biol，2010，4：37-47.

[81] Radman E M, Reinehr C O, Costa J A V. Optimization of the repeated

batch cultivation of microalga *Spirulina platensis* in open raceway ponds [J]. Aquaculture, 2007, 265: 118 -126.

[82] Janssen M, Slenders P, Tramper J, et al. Photosynthetic efficiency of *Dunaliella tertiolecta* under short light/dark cycles [J]. Enzyme Microb Tech, 2001, 29（4-5）: 298-305.

[83] 丛威, 苏贞峰, 薛升长, 等. 提高微藻规模培养的光能利用率的封闭式光生物反应器: 101899385A [P]. 2010-12-1.

[84] Chen C, Saratale G, Lee C, et al. Phototrophic hydrogen production in photobioreactors coupled with solar-energyexcited optical fibers [J]. Int J Hydrogen Energ, 2008, 33（23）: 6886-6895.

[85] Ramachandra T, Mahapatra D, Karthick B, et al. Milking diatoms for sustainable energy: biochemical engineering versus gasoline-secreting diatom solar panels [J]. Ind Eng Chem Res, 2009, 48（19）: 8769-8788.

[86] Wang C, Fu C, Liu Y. Effects of using light-emitting diodes on the cultivation of *Spirulina platensis* [J]. Biochem Eng J, 2007, 37（1）: 21-25.

[87] Katsuda T, Shimahara K, Shiraishi H, et al. Effect of flashing light from blue light emitting diodes on cell growth and astaxanthin production of *Haematococcus pluvialis* [J]. J Biosci Bioeng, 2006, 102（5）: 442-446.

[88] Thompson P A, Harrison P J, Whyte J N C. Influence of irradiance on the fatty acid composition of phytoplankton [J]. J Phycol, 1990, 26（2）: 278-288.

[89] Orcutt D M, Patterson G W. Effect of light intensity upon lipid composition of *Nitzschia closterium*（Cylinddrotherca fusiformis）[J]. Lipids, 1974, 9: 1000-1003.

[90] 黄建科, 李元广. 能源微藻规模化培养及光生物反应器研究现状与发展策略 [J]. 生物产业技术, 2011（6）: 16-21.

[91] Zhu J, Rong J, Zong B. Factors in mass cultivation of microalgae for biodiesel [J]. Chinese Journal of Catalysis, 2013, 34: 80-100.

[92] Dortch Q. Effect of growth conditions on the accumulation of internal nitrate, ammonium, amino acids and protein in three marine diatoms [J]. J. Exp. Mar. Biol. Ecol, 1982, 61: 243-254.

[93] Varum K M, Myklestas S. Effects of light, salinity and nutrient limitation on the products of β-1-3-D-glucan and exo-D-glucanase activity in Skeletonema costaturn（Grev.）. Cleve [J]. J. Exp. Mar. Biol. Ecol, 1984, 83: 13-25.

[94] Fabregas J, Abalde J, Herrero C. Biochemical conposition and grewth of the marine microalgae *Dunaliella tertiolecta*（Butcher）with different ammonium nitrogen concentrations as chloride, sulphate, nitrate and carbonate [J]. Aquaculture, 1989, 83: 289-304.

[95] Suen Y, Hubbard J S, Holzer G, et al. Total lipid production of the green alga *Nannochloropsis* sp. QII under different nitrogen regimes [J]. Phy-

col, 1987, 23: 289-296.

[96] Parresh C C, Wangersky P J. Growth and lipid class composition of the marine diatom, *Chaetoceros gracilis*, in laboratory and mass culture turbidostats [J]. J. Plankton Res, 1990, 12: 1011-1021.

[97] Lombardi A T, Wangersky P J. Influence of phosphorus and silicon on lipid class production by the marine diatom *Chaetoceros gracilis* grown in turbidostat cage cultures [J]. Mar. Ecol. Prog. Ser, 1991, 77: 39-47.

[98] Li B, Ou L J, Lü S H. Effects of different kinds of nitrogen on growth and nitrate reductase activity of *Chattonella marina* (Raphidophyceae) [J]. Mar Environ Sci, 2009, 28: 264.

[99] Ding Y C, Gao Q, Liu J Y, et al. Effect of environmental factors on growth of *Chlorella* sp. and optimization of culture conditions for high oil production [J]. Acta Ecol Sin, 2011, 31 (18): 5307-5315.

[100] Li Ying, Lv S H, Xu N, et al. The utilization of *Prorocentrum donghaiense* to four different types of phosphorus [J]. J Ecol Sci, 2005, 24 (4): 314-317.

[101] Richmond A. CRC. Handbook of microalgal mass culture [M]. Florida: CRC Press, 1986.

[102] Ackman R G, Toeher C S, McLachlan J. Marine phytoplankton fatty acids [J]. J. Fish Res. Bd Can, 1968, 25: 1603-1620.

[103] Thompson P A, Guo M, Harrison P J. Effects of variation of temperature I. On the biochemical composition of eight species of marine phytoplankton [J]. J. Phycol, 1992, 28: 481-488.

[104] Aaronson S. Effect of incubation temperature on the macromolecular and lipid content of the phytonagellate *Ochromonas danica* [J]. J. Phycol, 1973, 9: 111-113.

[105] Opute F I. Studies on fat accumulation in *Nitzschia palea Kutz* [J]. Ann. Bot. NS, 1974, 38: 889-892.

[106] Zhu C J, Lee Y K, Chao T M. Effects of temperature and growth phase on lipid and biochemical composition of *Isochrysis galbana* TK1 [J]. J. Appl. Phycol, 1997, 9: 451-457.

[107] Mortenson S H, Borsheim K Y, Rainuzzo J K, et al. Fatty acid and elemental composition of the marine diatom *Chaetoceros gracilis* Schütt. Effects of silicate deprivation, temperature and light intensity [J]. Journal of Experimental Marine Biology and Ecology, 1988, 122 (2): 173-185.

[108] Harwood J L. Fatty acid metabolism [J]. Ann. Rev. Plant Physiol, 1988, 39: 101-138.

[109] Sargent J R, Henderson R J, Tocher D R. The lipids. //Halver J. Fish Nutrition [M]. London: Academic Press, 1989: 153-218.

[110]　Renaud S M, Zhou H C, Parry D L. Effect of temperature on the growth, total lipid content and fatty acid composition of recently isolated tropical microalgae *Isochrysis* sp. , *Nitzschia closterium*, *Nitzschia paleacea* and commercial species *Isochrysis* sp. (clone T. ISO) [J] . J. Appl. Phycol, 1995, 7: 595-602.

[111]　Rodolfi L, Zittelli G, Bassi N, et al. Microalgae for oil: strain selection, induction of lipid synthesis and outdoor mass cultivation in a low-cost photobioreactor [J] . Biotechnol Bioeng, 2009, 102 (1): 100-112.

[112]　Li X, Hu H, Jia Y. Lipid accumulation and nutrient removal properties of a newly isolated freshwater microalga, *Scenedesmus* sp. LX1, growing in secondary effluent [J] . J Biotechnol, 2010, 27 (1): 59-63.

[113]　吕素娟, 张维, 彭小伟, 等. 城市生活废水用于产油微藻培养 [J] . 生物工程学报, 2011, 27 (3): 445-452.

[114]　Wu Y, Sun J M, Sun P H, et al. *Dicrateria zhanjiangensis* Effects of CO_2 concentration on efficiently cultivating and *Dunaliella* sp. in photobioreactor [J] . J Fisheries Chin, 2004, 28 (6): 741-744.

[115]　Watanabe K, Imase M, Sasaki K, et al. Composition of the sheath produced by the green alga *Chlorella sorokiniana* [J] . Lett Appl Microbiol, 2006, 42 (5): 538-543.

[116]　Yoo C, Jun S, Lee J, et al. Selection of microalgae for lipid production under high levels carbon dioxide [J] . Bioresour Technol, 2010, 101: S71-S74.

[117]　Jiang Y, Zhang W, Wang J, et al. Utilization of simulated flue gas for cultivation of *Scenedesmus dimorphus* [J] . Bioresour Technol, 2013, 128: 359-364.

[118]　Sheehan J, Dunahay T, Benemann J, et al. A look back at the U. S. Department of Energy's Aquatic Species Program:biodiesel from algae [R] . Close-out Report. NREL/TP-580-24190, 1998.

[119]　Wang H, Chen L, Zhang W, et al. The contamination and control of biological pollutants in mass cultivation microalgae [J] . Bioresour Technol, 2013, 128: 745-750.

[120]　Rach J, Howe G, Schreier T. Safety of formalin on warmand cool water fish eggs [J] . Aquaculture, 1997, 149: 183-191.

[121]　Moreno-Garrido I, Canavate J. Assessing chemical compounds for controlling predator ciliates in outdoor mass cultures of the green algae *Dunaliella salina* [J] . Aquacult Eng, 2001, 24: 107-114.

[122]　Becher E. Microalgae biotechnology microbiology [M] . Cambridge: Cambridge University Press, 1994.

[123]　Shi J, Podola B, Melkonian M. Removal of nitrogen and phosphorus from wastewater using microalgae immobilized on twin layers: an experimental

study [J] . J Appl Phycol, 2007, 9（5）: 417-423.

[124] Boelee N, Temmink H, Janssen M, et al. Nitrogen and phosphorus removal from municipal wastewater effluent using microalgal biofilms [J] . Water Res, 2011, 45（18）: 5925-5933.

[125] Johnson M, Wen Z. Development of an attached microalgal growth system for biofuel production [J] . Biotechnol Bioproc E, 2010, 85（3）: 525-534.

[126] Liu T, Wang J, Hu Q, et al. Attached cultivation technology of microalgae for efficient biomass feedstock production [J] . Bioresour Technol, 2013, 127: 216-222.

[127] Ozkan A, Kinney K, Katz L, et al. Reduction of water and energy requirement of algae cultivation using an algae biofilm photobioreactor [J] . Bioresour Technol, 2012, 114: 542-548.

[128] Cheng P, Ji B, Gao L, et al. The growth, lipid and hydrocarbon production of *Botryococcus braunii* with attached cultivation [J] . Bioresour Technol, 2013, 138: 95-100.

[129] Fan J, Huang J, Li Y, et al. Sequential heterotrophydilution—photoinduction cultivation for efficient microalgal biomass and lipid production [J] . Bioresour Technol, 2012, 112: 206-211.

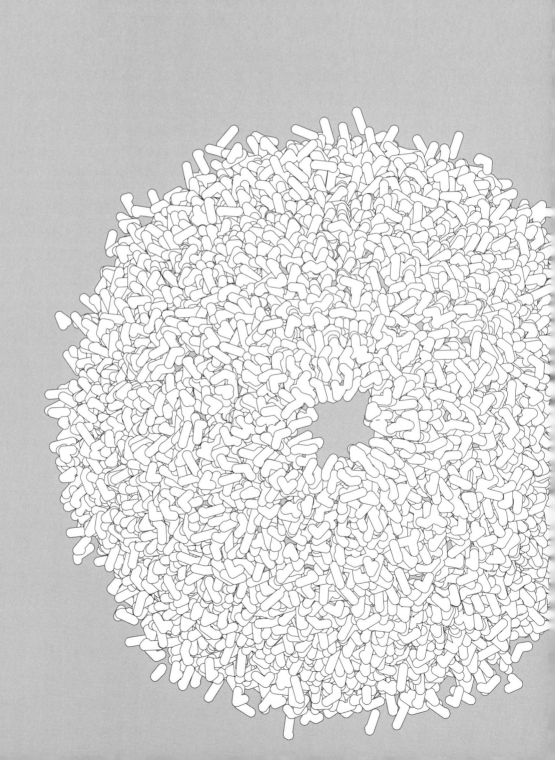

第4章

能源微藻的采收

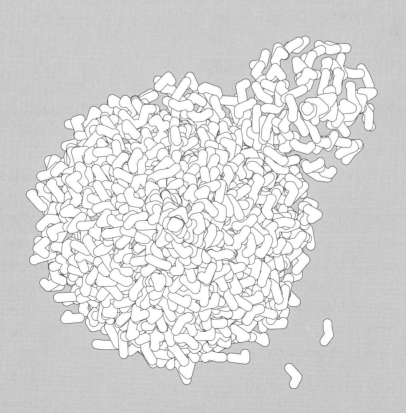

4.1 能源微藻的采收方法

能源微藻用途广泛，但是在产业化过程中仍然面临着成本过高的问题，其中最大的瓶颈就是微藻的采收。由于微藻个体微小（一般在 $3\sim30\mu m$），细胞表面带有负电荷，培养浓度低（通常为 $0.5\sim3.0g/L$）等特点，给采收带来很大困难。随着微藻产业的快速发展，微藻采收在整个产业链中的重要性逐渐凸显。据估算，采收后微藻生物量占藻泥的 $2\%\sim7\%$，该环节可能占整个产业生产成本的 $20\%\sim30\%$[1,2]。根据微藻种类、生物量及培养条件的区别，采收方法也有所不同[3]。目前，应用于微藻采收的方法主要有沉降、离心、过滤、浮选和絮凝法等[1,4]。

4.1.1 沉降法

沉降法是在重力的作用下使微藻沉降采收的方法，沉降效率主要受藻细胞密度影响。该法能够适用于多种微藻采收，适用于对品质要求不高的微藻产业，如微藻生物燃料，而且高度节能[5,6]。但是由于主要依靠微藻密度，且耗时较长，会有微藻变质的状况出现，制约了沉降法的发展[7]。为了加速这一过程，沉降法常与其他方法配合使用，如絮凝法[6,8-10]。

水处理过程中，颗粒沉降符合斯托克斯定律[11]。因此，当摩擦力变得等于净重力时，微藻迅速达到最大下降速度。对于球形藻类如小球藻，一个单细胞的理论沉降速度为 $0.1m/d$[12,13]。斯托克斯定律仅适用于球形微藻，而大多数微藻在形态上更复杂，因此实际沉降速率在 $0.4\sim2.2m/d$ 之间[14]。沉降法投资成本和运营成本低，但是沉淀池和水池对土地面积要求相对较高。沉降法还必须考虑局部环境，因为在高温环境中，由于收获过程耗时长，在收获期间大部分生物质将腐化变质[15]。常规沉降系统（例如澄清槽或薄片型沉降槽）可实现最终浓度为 $1\%\sim3\%$，耗能小于 $0.1kW\cdot h/m^3$[16,17]。与其他收获系统相比，不使用湍流或高压保证了微藻结构在内部（叶绿体）和外部（细胞壁）的完整性，并发挥了低能量需求的优势[11,18]。因此，收获的细胞可广泛用于制备各种的终产物，而不用担心化学品带来的污染。当需要更高的固体浓度时，可以采用沉降作为预浓缩步骤，结合其他技术如凝结-絮凝，溶解气浮（DAF）和离心法等[19]。*Ettlia texensis* 的絮凝沉积模型已被建立，用于预测收获微藻到一定浓度时所需的时间；

该模型预测，使用 1m 高的槽和 0.26g（干重）/L 的起始浓度藻液，达到终浓度 5.2g（干重）/L 需要 25h[20]。然而，对于大多数微藻，因为其特殊生化组成的影响和收获期耗时太长，无添加化学品的沉降是不切实际的。富含脂肪的细胞可能变得更有浮力，因此更不易于沉降。

4.1.2 离心法

离心分离是借助离心机旋转产生的离心力而进行物料分离的分离技术，是应用最为广泛的生物分离方法，也是目前微藻采收的常用方法之一。离心法是一种快速的采收方法，然而若要对规模化养殖微藻进行藻/水高通量分离，则前期离心设备的购买安装需较大资金投入，同时操作过程能耗也较大。离心法的收率取决于离心力大小（转速）、藻细胞沉降特性（细胞大小）、藻液在离心机内停留时间及沉降距离等因素[6]。

研究表明，适用于微藻生物质采收的离心机主要有管式离心机、碟片式离心机和卧式螺旋离心机三大类，见图 4-1。

(a) 管式离心机　　　　(b) 碟片式离心机　　　　(c) 卧式螺旋离心机

图 4-1　三种常见的离心机

其中，管式离心机 [图 4-1(a)] 适用于低生物质浓度和细胞直径较小的微藻，生物质回收率高，去水效果好，常用于实验室范围的生物质采收处理，然而管式离心机由于处理量受到仪器限制且能耗较高，故在工业生产中应用较少；卧式螺旋离心机 [图 4-1(c)] 适用于生物质浓度较高或藻细胞较大的情况；在微藻的培养过程中，一般的悬浮固体颗粒浓度较低，而细胞直径一般为 3～30μm，因此碟片式离心机 [图 4-1(b)] 在工业生产中是最常用的[6]。

1991 年，Chisti 等[21] 对离心分离法用于微藻生物量的采收进行了系统的阐述。Heasman 等对 9 种微藻进行沉降离心分离采收，通过控制流量来控制藻液在离心机中停留的时间，研究表明，生物量的回收率与微藻的沉降特性、藻液的停留时间及沉降的深度有关，在合适的条件下，微藻回收率可达 95%[22]。Sim 等[23] 将 0.04%（干重）藻液离心浓缩到 4%，平均能耗 1.3kW·h/m³。为了使后续干燥效率提高，在收集微藻时应将干重提高至 20% 以上，提高至 22% 则需要消耗 8kW·h/m³[4]。因此，该方法有利于高附加值微藻产品制取，低附加值产品则没有显著的经济效益[24]。

表 4-1 计算出了得到 1L 微藻油所需要的理论藻液体积和消耗能源，收集效率为 28.5%，离心时间 12h[25]。可见随着藻液浓度加大以及微藻油脂浓度提升，能耗会降低，在 500mg/L 以及油脂占干重 65% 时，仅需要 2.7m³ 和 0.80kW 就能制取 1L 微藻油。

表 4-1 1L 微藻油所需要的理论藻液体积和消耗能源

| 油脂含量 /% | 藻液浓度/(mg/L) | | | | | | | | | | | | | | | | | | | |
| | 50 | | 100 | | 150 | | 200 | | 250 | | 300 | | 350 | | 400 | | 450 | | 500 | |
	藻液体积 /m³	能源消耗 /kW	藻液体积 /m³	能源消耗 /kW	藻液体积 /m³	能源消耗 /kW	藻液体积 /m³	能源消耗 /kW	藻液体积 /m³	能源消耗 /kW	藻液体积 /m³	能源消耗 /kW	藻液体积 /m³	能源消耗 /kW	藻液体积 /m³	能源消耗 /kW	藻液体积 /m³	能源消耗 /kW	藻液体积 /m³	能源消耗 /kW
10	172.8	51.78	86.4	25.89	57.6	17.26	43.2	12.94	34.6	10.36	28.8	8.63	24.7	7.40	21.6	6.47	19.2	5.75	17.3	5.18
15	115.2	34.52	57.6	17.26	38.4	11.51	28.8	8.63	23.0	6.90	19.2	5.75	16.5	4.93	14.4	4.31	12.8	3.84	11.5	3.45
20	86.4	25.89	43.2	12.94	28.8	8.63	21.6	6.47	17.3	5.18	14.4	4.31	12.3	3.70	10.8	3.24	9.6	2.88	8.6	2.59
25	69.1	20.71	34.6	10.36	23.0	6.90	17.3	5.18	13.8	4.14	11.5	3.45	9.9	2.96	8.6	2.59	7.7	2.30	6.9	2.07
30	57.6	17.26	28.8	8.63	19.2	5.75	14.4	4.31	11.5	3.45	9.6	2.88	8.2	2.47	7.2	2.16	6.4	1.92	5.8	1.73
35	49.4	14.79	24.7	7.40	16.5	4.93	12.3	3.70	9.9	2.96	8.2	2.47	7.1	2.11	6.2	1.85	5.5	1.64	4.9	1.48
40	43.2	12.94	21.6	6.47	14.4	4.31	10.8	3.24	8.6	2.59	7.2	2.16	6.2	1.85	5.4	1.62	4.8	1.44	4.3	1.29
45	38.4	11.51	19.2	5.75	12.8	3.84	9.6	2.88	7.7	2.30	6.4	1.92	5.5	1.64	4.8	1.44	4.3	1.28	3.8	1.15
50	34.6	10.36	17.3	5.18	11.5	3.45	8.6	2.59	6.9	2.07	5.8	1.73	4.9	1.48	4.3	1.29	3.8	1.15	3.5	1.04
55	31.4	9.41	15.7	4.71	10.5	3.14	7.9	2.35	6.3	1.88	5.2	1.57	4.5	1.34	3.9	1.18	3.5	1.05	3.1	0.94
60	28.8	8.63	14.4	4.31	9.6	2.88	7.2	2.16	5.8	1.73	4.8	1.44	4.1	1.23	3.6	1.08	3.2	0.96	2.9	0.86
65	26.6	7.97	13.3	3.98	8.9	2.66	6.6	1.99	5.3	1.59	4.4	1.33	3.8	1.14	3.3	1.00	3.0	0.89	2.7	0.80

　　1）离心法的优势

　　① 处理速度快，对藻细胞损伤较小，可应用于高价值产物的处理，如 DHA、EPA 等；

　　② 生物质回收率高（＞90%），在目前研究的微藻生物质采收方法中，离心法具有最高的可靠性以及效率；

　　③ 去水效果好，离心可有效去除藻液中绝大部分的自由水，使悬浮固体颗粒浓度达到 200g/L 左右[6]；

　　④ 适用范围广，可广泛应用于各种形状、浓度、尺寸的微藻菌株。

　　2）离心法主要的缺点

　　① 成本高，离心设备昂贵，且处理量受到仪器大小以及数量的限制；

　　② 能耗高，由于含水量直接影响后续工艺的能耗以及处理效果，离心法通常可用于絮凝采收后进一步降低含水量，从而降低能耗。

4.1.3　过滤法

　　过滤法是常用的固液分离法，利用压力或吸力的作用，将培养液排到膜的另一侧，而藻细胞被截留下来。影响过滤最主要的因素是微藻细胞的大小：细胞较大（较长）或以群体形式存在的微藻可以被截留下来，而个体较小的微藻却容易堵塞滤膜的孔径，使滤膜失效。利用过滤法收获微藻细胞可以达到 20%～90% 的细胞回收率以及 50～180g/L 的悬浮固体颗粒浓度[26]。

　　过滤法由于过滤器的不同可以分为不同的类型，目前主要有压力过滤器、真空过滤器、微膜过滤器和振荡过滤器几种过滤器。压力过滤器和真空过滤器效率较高，通常达到 80%～90% 的生物质采收率，常应用于微藻大规模生产过程中的生物质采收；微膜过滤器可用于藻细胞极易受到破坏的藻液的生物质采收，然而微膜过滤法存在滤膜本身的成本过高和滤孔直径较小容易发生滤孔堵塞等问题；振荡过滤器在大规模生产中也是一种常用的采收方法，去水效果介于絮凝法和离心法之间，悬浮固体颗粒浓度达到 60g/L 左右[27]。

　　微膜过滤器近期研究较多，基本结构见图 4-2。

　　早在 1999 年，N. Rossignol 等[29] 利用微滤和超滤膜过滤收集商业微藻，结果显示使用聚丙烯腈（PAN，40000）过滤牡蛎海氏藻（*Haslea ostrearia*）和中肋骨条藻（*Skeletonema costatum*），过滤通量在 15L/(m² · h) 和 60L/(m² · h) 之间。

　　J. B. Castaing[30] 使用 0.2μm 的微滤膜过滤 30000 个/mL 的三角异帽藻（*H. triquetra*）悬浮液，98% 的微藻、87% 的固体悬浮物和 98% 的浑浊物被过

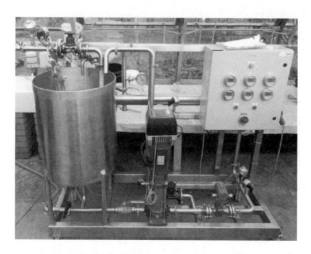

图 4-2　小试规模切向流微滤系统用于收获微藻[28]

滤，膜可以清洗再利用恢复其分离性能。Lisendra Marbelia[31] 利用聚丙烯腈膜过滤 8 种微藻，可过滤性能为褐指藻（*Phaeodactylum*）＞栅藻（*Scenedesmus*）＝小球藻（*Chlorella*）＝ *Diacronema* ＝扁藻（*Tetraselmis*）＝衣藻（*Chlamydomonas*）＞等鞭金藻（*Isochrysis*）＞假鱼腥藻（*Pseudanabaena*）。这些差异是由微藻形状、大小、细胞壁的坚硬程度决定的，非球形、个体较大和细胞壁坚硬的微藻更容易被过滤。这是因为这类微藻过滤残渣相对较少，对过滤膜的污染程度较低。

Ekkachai Kanchanatip[32] 利用 400B（孔径 10～40nm）和 400HB（孔径 20～80nm）的超滤膜（PVDF 活性层固定在多元酯层上）过滤极大节旋藻（*A. maxima*），密度分别为 10g/L 和 40g/L。以初始流量为 143L/（m² · h），当密度从 10g/L 上升至 40g/L，过滤能力逐步下降。30min 以后 10g/L 密度的初始液过滤量降低了 63%，而相对的 40g/L 则降低了 86%。这是因为密度越大，微藻细胞越容易在膜表面凝结成块。将密度 10g/L 提升 1 倍需要 360min，而相对的 40g/L 则需要 780min。所以为了保持过滤能力，每隔 30min 要反冲一次。

Matthieu Frappart[33] 利用强亲水性的、分子截留量为 4000 聚丙烯腈膜分离筒柱藻（*Cylindrotheca fusiformis*）和中肋骨条藻（*S. costatum*）。1bar（10⁵Pa）压力和 25℃下，在使用旋转模块和切线膜系统分别过滤 2.4×10⁶ 个/L 初始筒柱藻（*Cylindrotheca fusiformis*），在 20min 后通量迅速降低；40min 后旋转模块的通量和 80min 后切线膜系统的通量维持在 67L/（m² · h）和 41L/（m² · h）。相同条件下过滤初始密度为 0.5×10⁶ 个/mL 中肋骨条藻（*S. costatum*），旋转模块的通量和切线膜系统的通量分别维持在 99L/（m² · h）和 58L/（m² · h）。可见旋转模块方法过滤效果较好。

　　Javier Pavez 等[34] 研究发现，使用超滤膜分离过滤微拟球藻（*Nannochloropsis gaditana*）和小球藻（*Chlorella sorokiniana*），使用管式膜（X-flow，NORIT，荷兰）的孔径为 30nm，外径和内径分别为 5mm 和 0.35mm。当微拟球藻（*Nannochloropsis gaditana*）和小球藻（*Chlorella sorokiniana*）初始藻液密度为 2g/L 和 0.85g/L 时，将膜的过滤压力控制为 10min 后提高 25%，最大的通量可以达到 $50 \sim 70 L/(m^2 \cdot h)$，流速可达到 $1.5 \sim 2m/s$。最终 *Nannochloropsis gaditana* 浓度可以达到 *Chlorella sorokiniana* 浓度的 2 倍，分别为 45g/L 和 23g/L，浓缩因数分别为 21 和 27。浓度低于 5g/L 时，由于浓度太低，所需过滤时间较长，能耗较高。*Nannochloropsis gaditana* 和 *Chlorella sorokiniana* 达到 45g/L 和 23g/L 浓度的能源消耗分别为 $0.57kW \cdot h/m^3$ 和 $0.49kW \cdot h/m^3$。

　　Taewoon Hwang 等[35] 制备了能够一定程度上抵抗污染的聚偏二氟乙烯（PVDF）并且植入了亲水的聚乙二醇聚乙烯亚胺（PEI）粒子的超滤膜，分子截断量为 30000，孔径大小为 $15 \sim 20nm$，而纯 PVDF 膜孔径为 $19 \sim 23nm$。过滤小球藻（*Chlorella* sp.）KR-1，干重 $1.2 \sim 1.4g/L$，藻液流量为 $96L/(m^2 \cdot h)$。膜面积为 305mm×305mm，微藻回收率接近 94%，而回收水接近 100%，体现出了良好的过滤收集效果。

　　应用过滤法进行微藻生物质采收的主要优点是：

　　① 效率较高，应用真空过滤器或者压力过滤器通常可达到 80%～90% 的生物质回收率，且悬浮固体颗粒浓度达到 180g/L 左右，去水效果仅次于离心法；

　　② 相对离心法而言，过滤法的设备投入和能耗较低，过滤法的设备投资成本约为每公顷 9884 美元，处理 $1m^3$ 藻液耗能 $0.5 \sim 5.9 kW \cdot h$[27]；

　　③ 在细胞密度较低的情况下分离速度快。

　　然而，过滤法对细胞直径较小的微藻菌株并不适用，并且在大规模生产中易发生滤孔堵塞等问题，需对滤网进行周期性清洗或要求过滤仪配备具有自洁功能[26]。并且使用膜过滤藻液的浓度过低，可能还需要再次离心以降低干燥能耗[25]。

4.1.4　浮选法

　　浮选又称为气浮，基本原理是：通过向水体导入气泡，形成气、液、固三相混合流，使其黏附于絮粒上形成"气泡-絮粒"聚集体，从而大幅度地降低絮粒整体密度，并借气泡上升的浮力使絮粒体上浮，由此实现固液快速分离的一种新型技术[36]。在相同条件下，浮选法比沉降法更有效率[37]，微藻浮到液体表面而不是沉降到液体底部。气浮法采收微藻前应先对微藻藻液进行预处理，使其富集浓缩，然后再通过气浮法使浓缩的微藻大颗粒上浮，从而实现分离。因此气浮法可以克服微藻采收过程中微藻细胞小、培养浓度低以及不易沉降等难题。气浮整个过程包括溶气、释气、碰撞与黏附、气浮分离。

（1）溶气

溶气过程是气体溶解在流体的一个气液传质过程，是气浮采收技术的一个首要条件，只有良好的溶气效果才能释放出大量的微气泡，从而提高气浮效果。气体溶解于液体后产生一个分压，表示其重新解吸成气体的能力[38]。当液体中溶解的气体所产生的分压与其在气相中的分压相等时，溶气达到一个气体溶解与解吸的动态平衡。由此可知，气体溶解于液体中主要取决于气体在气相中的压力。当气相中的压力大于其在液相中的分压时，气体就是继续溶解，直到两个压力相等而达到平衡。溶气过程中的气体传递机理主要有以下几种。

① 双膜理论　双膜理论是 1923 年由 Lewis & Whitman 提出，即在气液接触自由界面附近存在着气膜和液膜，在溶气过程中，气体由于分子热运动和涡流扩散方式由气相中通过气液两膜传递到液相中。

② 溶质渗透理论　溶质渗透理论是 1935 年由 Higbie 提出，假设气体在气相主体中由于紊流旋涡扩散作用传递到气液界面，然后在极短的时间里向液相主体中进行不稳定分子扩散，其他旋涡取代原来位于界面的旋涡。

③ 表面更新理论　表面更新理论是 1951 年由 Dankwerts 在溶质渗透理论的基础上修正而来，假定表面单元的暴露时间不同，气体的传递速率主要由表面单元的暴露时间决定。

综上所述，溶气过程中，要增加气体的传递速率，则需减小液膜的厚度（双膜理论）、缩短气液接触时间（溶质渗透理论）、提高表面更新速率（表面更新理论）[38]。

（2）释气

释气是溶气的逆过程，溶气水在瞬间的减压消能作用下，使溶解的气体释放出来，形成大量的微气泡。气浮过程是通过微气泡与絮体吸附，使絮体密度小于水，从而上浮的一个固液分离过程。因此可知，产生微气泡的量和大小适中都是影响浮选效率的重要因素。如果说提高溶气效率是在"量"方面的提升，那么释气性能是提高气浮效率在"质"方面的追求[38]。

（3）碰撞和黏附

气泡与微藻絮体（或细胞）黏附主要由于其表面都存在一定的疏水位点、比表面积较大以及较大的自由界面能，促使絮体与气泡相互黏附来降低自由能。气泡与絮体黏附必须经过以下 3 个步骤：

① 气泡与絮体相互碰撞，使彼此外围的水化膜减薄到临界值；

② 水化膜破裂后，形成临界直径的气液固三相接触位点；

③ 继而扩展形成稳定的接触湿周。要使气泡与絮体黏附更加牢固，尽可能地增加絮体的疏水作用位点，即增加细胞表面的疏水性[38]。

（4）气浮分离

气浮法采收微藻过程中，微藻絮体与气泡吸附，使絮体的相对密度小于水，从而上浮，实现微藻的采收。因此，气浮的效率受絮体上浮速度的影响。气泡-絮粒共聚体在上浮过程中主要受到浮力、重力和阻力三个作用力。

气浮分离法由于其流程和设备简单、条件温和、操作方便、采收效率高、可连续处理、对细胞损伤小等优点，用于微藻采收具有很大的发展空间。同时，气浮法受气泡尺寸、细胞表面性质、溶液化学条件、气浮环境等因素的影响，所以根据不同的藻类将选择不同的气浮方法[38]。传统浮选法可分为分散气浮选法（DiAF）、溶解气浮选法（DAF）、电凝浮选法（ECF）、改性浮选法等几类。

4.1.4.1　分散气浮选法（DiAF）

该法是通过在系统中引入机械搅拌器或者将气体通过多孔媒介[39]。分散气浮选法比溶解气浮选法能量强度较小，但是由于 $700\sim1500\mu m$ 的平均气泡直径制约了收集效率，因为气泡直径越小，收集效率越高[40]。为了减小气泡直径，可以加入表面活性剂，但是对于用于食用或者动物饲料的微藻产业，添加任何化学物质都将留存于微藻生物质中；不过对于海水微藻浮选，分散气浮选法则有很大优势，因为高盐度降低了气泡直径，增加了收集效率[41,42]。分散气浮选法所需能耗较小、设备成本较低并且易于放大，示意见图 4-3。

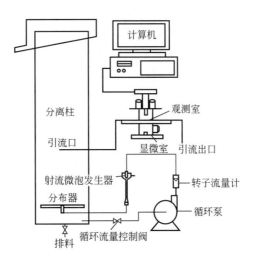

图 4-3　分散气浮选法微藻气浮装置示意[43]

张海阳等[44] 以小球藻为研究对象，采用 f/2 培养基，在 25℃ 条件下通入过滤的新鲜空气，培养至稳定期。小球藻细胞的平均粒径为 $3\mu m$ 左右；通过离心、烘干测得细胞干重为 $0.78g/L$，藻液 pH 值为 9.25。纯矿物机械搅拌式浮选机采收小球藻细胞。取 150mL 一定浓度的藻液倒入浮选槽，用 HCl 或 NaOH(1mol/L) 调节到预先设置的 pH 值，加入一定量的阳离子捕收剂十二胺，并调节搅拌转速，在相应的浮选时间内进行刮泡采收。正交实验分析结果显示，在置信水平 $(1-\alpha)$ 为 95% 时，搅拌转速、藻液浓度、捕收剂用量 3 个因素对采收率均表现出显著影响，而 pH 值和浮选时间为不显著。影响程度排序为捕收剂用量 > 搅拌转速 > 藻液浓度 > pH 值 > 浮选时间。采收率最高可达 98.35%，采收率随捕收剂和搅拌转速的增加，均呈现先快速增加后趋于平缓的变化趋势，小球藻藻液浓度越大，采收率越高。十二胺能显著增加小球藻细胞表面疏水性，从而提高藻细胞的可浮性。综合考虑采收率和采收成本，在不稀释藻液和不调节藻液 pH 值的情况下，搅拌转速为 1200r/min、捕收剂用量为 30mg/L，浮选时间为 3min 时，为利用泡沫浮选法采收小球藻细胞的最优条件。

H. Agnes Kurniawati 等[45] 使用生物表面活性剂（皂荚苷，作为捕集剂）和壳聚糖（作为絮凝剂），使用 DiAF 法进行小球藻（Chlorella vulgaris）和斜生栅藻（Scenedesmus obliquus）收集。皂荚苷是一种良好的起沫剂，单独使用对微藻的收集效率不高，但是在使用 20mg/L 的皂荚苷，再加入 5mg/L 的壳聚糖，微藻收集效率大于 93%。

4.1.4.2 溶解气浮选法（DAF）

溶解气浮选法（DAF）中一部分分离得到的水是加压循环使用的，在 $400\sim650kPa$ 下，能够产生质量分数为 5%～15% 的气泡，当水恢复到大气压时，多余气体将被排出[46,47]。产生的气泡直径为 $10\sim100\mu m$，比分散气浮选法的气泡小得多，增强了收集效率[48]。同样，有很多空气（未成气泡）附加在微藻细胞表面，这些亲水成核粒子也提高了收集效率[40]。溶解气浮选法因为较高的收集效率，用途比分散气浮选法更广，同时也能够进行大规模生产应用，示意见图 4-4。但相对来说，溶解气浮选法能源消耗较高，为 $7.6kW \cdot h/m^3$[49,50]。这是因为溶解气体的效率不高，举例来说，在 400kPa 下，气体在水中的溶解率仅仅为 $5.6mL/L$[46]。

曾文炉[36,51] 等将钝顶螺旋藻（Spirulina platensis）倒入气浮分离塔，再自塔底通入经空气饱和的溶气水。实验开始后每隔一定时间自距离液面下方 5cm 处的取样口用注射器取出一定体积的藻液测定其光吸收值，计算采收率。为保证溶气水充分为空气所饱和，在实验设定的溶气压力下，维持气体的溶解时间在 24h 左右。气浮采收效率随着细胞质量浓度的降低，也即随着气固比的提高而上

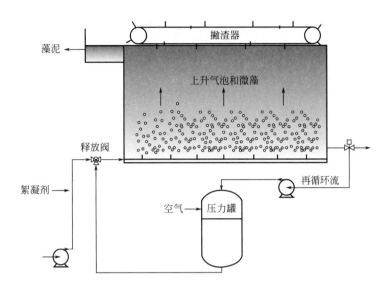

图 4-4　溶解气浮与絮凝法收集微藻示意[12]

升。可见，在微藻细胞的气浮采收过程中，为达到一定的采收速度和效率，必须保证有一适宜的气固比。高径比较大的气浮塔更有利于细胞的采收。气浮采收率随着气固比与溶气压力的增加以及溶气时间的延长而提高。此外还可看出，藻液浓度低，采收率较高，这也正是其作为一种新型固液分离技术的特性和优越性所在。

李秀辰等[52]对小球藻 *Chlorococcum* sp. 和金藻 *Dicrateria zhanjiannsis* 的回流式、气液加压气浮采收工艺进行了研究，通过单因子和综合因子试验，探讨了微藻液位高度、藻液流量、溶气压力和气体流量对微藻采收效果的影响。结果表明：微藻液位高度对小球藻和金藻采收效果的影响最显著；当微藻液位高度、藻液流量、溶气压力或气体流量分别为 1.2m、400L/h、0.6MPa 或 120L/h 时，微藻可获得较好的采收效果；小球藻 Ⅰ、小球藻 Ⅱ 和金藻的最大采收率分别为 60.3%、68.1% 和 65.4%。试验结果显示，在不改变藻液 pH 值和不添加絮凝剂的条件下，利用回流式、连续加压气浮技术对微藻进行采收，采收效果优于传统气浮采收。

4.1.4.3　电凝浮选法（ECF）

电凝浮选法（ECF）可以分为 4 阶段过程：反应性阳极溶解产生凝结剂；这些凝结剂与微藻相互作用以使悬浮液不稳定；不稳定的颗粒形成絮凝物；在电极处形成的气泡附着在絮凝物上并使它们浮起[16,53,54]。通过溶解铝或铁的电极形成凝结剂，分别生产 Al^{3+} 和 Fe^{3+}，铝电流效率更高[55]。水的裂解形成氢气和氧气气泡，气泡直径在 $22\sim50\mu m$ 之间[56]。絮凝剂在任何时间的溶解量与电流密度相关，达到一定收集级别的时间也与电流密度相关[57,58]。

Pirwitz 等[59] 研究了电解铝絮凝盐生杜氏藻（*Dunaliella salina*）的效果。当电流密度为 $17mA/cm^2$，电解时间为 $5\sim10min$ 时，可获得最佳絮凝效率（95％以上）。刘洋等发现在电压为 5V、氯化钠浓度为 18.75g/L、搅拌速率为 200r/min、电极板宽度为 3cm、电极材料为铝电极时，眼点拟微绿球藻（*Nannochloropis oculata*）的采收率为 100％。Uduman 等利用电解法处理绿球藻（*Chlorococcum sp.*），采收效率可达 98％。

尽管高的电流密度加快了浮选的速率，但同时也加大了成本投入。ECF 的优点在于不需要添加金属盐，避免了引入硫离子和氯离子。额外地，ECF 在大的 pH 值范围内（4～10，pH 值越小效果越好）都能形成凝结剂，如果想要产生更多的气泡以加速浮选过程，还可以与 DiAF 法联用（图 4-5）[53,57]。利用 ECF 收集淡水微藻能耗较低，而海水微藻则由于消耗能量过多而不切实际。虽然可以通过使用极性交换来避免操作期间在电极上形成氧化物膜（降低了能量效率），但仍限制 ECF 的应用[54]。而 ECF 的最主要缺点是具有健康和安全隐患的 H_2 气体排放和电解[40]。

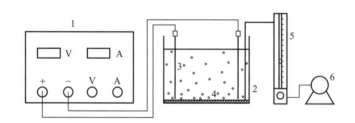

图 4-5　ECF 与 DiAF 法联用收集微藻装置示意[57]

1—直流电源；　2—电絮凝容器；　3—铝电极；　4—气体分布器；　5—转子流量计；　6—空气泵

4.1.4.4　改性浮选法

该法可分为微型浮选、PosiDAF、臭氧浮选、压载浮选和其他提高效率方法。

（1）微型浮选

微型浮选利用 DiAF 与射流振荡耦合，制作出能有效去除胶体粒子的微型气泡云[48]。射流泵是利用射流紊流扩散作用来传递能量和质量的液体机械和混合反应设备[38]。射流振荡利用附壁效应将空气流转变为振荡流并提供额外的力帮助气泡从喷头分离[50]。这些微泡比通过传统 DiAF 产生的微泡小一个数量级[60]。Hanotu 等发现，所产生的气泡大约是分布器孔隙尺寸的 2 倍，而常规 DiAF 所产生的气泡大约是分布器孔隙尺寸的 28 倍。虽然与使用 DAF 方法相比能够产生相同范围的气泡，但对于微藻分离所需能量更少，成本更低[50]。

（2）PosiDAF

PosiDAF 是将化学物质加入饱和体系的气泡修饰技术，当由于压力降低而形成气泡时，它们涂覆在这些化学物质上[61]。该技术已经显示了使用聚合物或表面活性剂改变气泡表面电荷的潜力[62]。PosiDAF 具有额外的优点，通过减少凝结剂需求和去除絮凝罐来降低操作成本，并且是现有 DAF 技术的简单改进[63,64]。聚合物可用于 PosiDAF 操作中，聚合物的桥接能力提高了收集效率。当然，收集效率还受微藻种类的制约。

（3）臭氧浮选

Cheng 等[65] 在使用 DiAF 氧气曝气的对照试验中，没有发生浮选收获，但通过使用臭氧，实现了分离。该方法仍然产生 2%～7%的残渣，但是增强了气泡-细胞相互作用并使细胞裂解，这对接下来的油脂提取是十分有利的[66]。尽管使用臭氧有极大的优势，但与用于浮选工艺使用环境空气相比，使用臭氧仍存在显著的额外成本。

（4）压载浮选

压载浮选是将小颗粒的低密度微球加入溶液中并掺入絮凝物中，这有效地降低了絮凝物的密度并使它们浮动，然后可以使用水力旋流器回收微球并重复使用[47,67]。实际上，去除饱和器，同时添加两个泵和用于回收的水力旋流器，能量使用将大大减少[47]。这种方法也可与 DAF 方法耦合（BDAF），能够收集高达 96%的直链藻（*Melosira*）和 94%的小球藻，凝结剂需求比使用 DAF 更少[47]，与 DAF 方法相比可减少 95%的凝结剂用量。这种压载浮选方法还显示出与 DAF 相比具有类似的收集效率，能量需求则降低 60%～80%，并且产生更浓缩的微藻产品[66]。

（5）其他提高效率方法

为了提高微藻的收集效率，可以以多种不同的方式产生微泡。这些方法包括使用旋转盘将大气空气沿轴向下注入液体，称为空化空气浮选[40]。或者，可以使用喷射微泡发生器产生较小的气泡而避免 DAF 法的经济缺点[68]。使用喷射浮选具有高生产率和高效率，并且还需要低能量消耗和低维护费用[40]。另一种潜在的收获方法是诱导空气浮选（IAF），其已经用于从水中除去油滴。它通过用基于叶轮的系统引入空气来工作，这避免了对鼓风机或压缩机的需要。虽然 IAF 产生比 DAF 较大的气泡，但它需要相对较小的空间，并允许溶解更多空气，大于 DAF 法溶解空气的能力[46]，而且现在开发了一些方法来改善 DAF 效率。这些方法包括用于将空气吸入再循环水中的气体抽吸喷嘴，这具有将投资成本、维护成本和能量需求降低到 IAF 水平以下的效果。类似地，使用液体与气体逆流移动的柱浮选也是一种替代方案[40]。与收获相关的其他问题也被大量地研究，例如，可以在真空下进行浮选以收获稀释的培养物而不伤害微藻细胞，这种方法在液相和气相之间产生大的接触表面[42]，但是成本可能会提高。

4.1.5 絮凝法

微藻细胞絮凝而形成小的聚集体，可提高沉降、离心、过滤、气浮等方法的采收效果。微藻细胞的絮凝根据不同的作用机理可以分为以下几种。

4.1.5.1 化学絮凝

（1）无机絮凝

针对不同藻种选择絮凝剂的一般原则为：a. 价格便宜；b. 对藻体无致死作用；c. 絮凝效率高及残留对后处理无影响[69]。大多数金属离子，如 Fe^{3+}、Al^{3+}、Mg^{2+}、Zn^{2+} 等，均可用于微藻絮凝采收。这些金属离子可吸附在微藻细胞表面，通过电中和作用消除细胞间的静电斥力，获得絮凝采收的效果。阳离子电荷中和示意见图 4-6。而且在特定 pH 值条件下，他们可形成金属离子氢氧化物等难溶物，进一步通过吸附架桥和网捕作用实现微藻细胞的絮凝采收[70]。

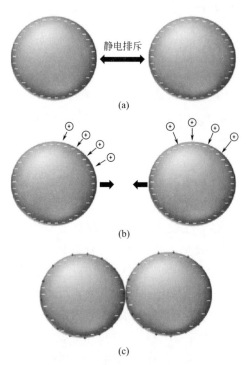

图 4-6　阳离子电荷中和示意[12]

Kim 等[71] 研究了 $FeCl_3$ 对裂殖壶菌（*Aurantiochytrium* sp. KRS101）的絮凝效果。$FeCl_3$ 浓度为 0.5g/L、0.75g/L 和 1.0g/L 时絮凝效率可分别达到 81.9%、90.3% 和 98.8%，絮凝效果显著。此外，Kim 等[72] 还研究了 $FeCl_3$ 和 $Fe_2(SO_4)_3$ 对小球藻（*Chlorella* sp. KR-1）的絮凝效果。在 $FeCl_3$ 和 $Fe_2(SO_4)_3$ 的作用下，可将小球藻密度从 1.7g/L 浓缩到 20g/L；其中当 $FeCl_3$ 浓度为 560mg/L、$Fe_2(SO_4)_3$ 浓度为 960mg/L 时，絮凝效率可达 100%。

Pirwitz 等[59] 研究了 $Fe_2(SO_4)_3$、$FeCl_3$、$FeSO_4$、$Al_2(SO_4)_3$、$AlCl_3$ 等对盐生杜氏藻（*Dunaliella* sp.）的絮凝效果。除了 $FeSO_4$ 外，其他金属盐在 0.5mmol/L 浓度下，絮凝效率可达到 80%；在 1mmol/L 浓度下，絮凝效率可达到 90%。Papazi 等[73] 还指出，Al^{3+} 对小球藻的絮凝效果优于 Fe^{3+}。

Raoqiong Che 等[74] 在单针藻（*Monoraphidium* sp. FXY-10）藻液中加入 Fe^{3+}。Fe^{3+} 虽然是 *Monoraphidium* sp. FXY-10 重要的生长元素，但是影响油脂的累积。缺 Fe^{3+} 的情况下，细胞生物量会降低，但是油脂含量会升高；适当的 Fe^{3+} 能够提高油脂得率；过量的 Fe^{3+} 虽然降低了油脂得率，但是有利于沉降。当初始 Fe^{3+} 浓度从 0 增加到 150μmol/L，细胞干重从 1.11g/L 增加到 1.42g/L；当 Fe^{3+} 浓度继续增加到 200μmol/L，细胞干重快速地降低到 1.17g/L。在没有 Fe^{3+} 的时候，胞内油脂含量最大，为 43.67%；当 Fe^{3+} 浓度为 50μmol/L 时，油脂得率最高，为 10.71mg/(L·d)；当 100μmol/L Fe^{3+} 时，生物量最大，为 28.47mg/(L·d)。当初始 Fe^{3+} 浓度从 0 增加到 150μmol/L，12h 沉降效率从 64.17% 增加到 87.37%；当 Fe^{3+} 浓度继续增加到 200μmol/L，沉降效率达到最大值，为 90.74%。当 Fe^{3+} 浓度为 50μmol/L 和 100μmol/L，Fe^{3+} 消耗率达到 100%；而为 150μmol/L 和 200μmol/L 时，消耗率分别为 84.52% 和 41.88%。

Tawan Chatsungnoen 和 Yusuf Chisti[75] 利用氯化铁和硫酸铝作为絮凝剂，考察了对小球藻（*Chlorella vulgaris*）、小索囊藻（*Choricystis minor*）、梭形筒柱藻（*Cylindrotheca fusiformis*）、新绿藻（*Neochloris* sp.）、微拟球藻（*Nannochloropsis salina*）的采收状况。62min 内，最大采收率可达到 95%，硫酸铝的絮凝效果要优于氯化铁。使用 250mg/L 氯化铁和 275mg/L 硫酸铝，95% 以上的微藻（初始浓度 1.0g/L）可以被絮凝收集。*Nannochloropsis salina* 初始浓度为 0.5g/L 时，使用 229mg/L 硫酸铝，148min 内微藻收集率达到 85% 以上[76]。Das 等[77] 使用氯化铁（72～96mg/L）来絮凝收集 *Scenedesmus* sp.（530mg/L），发现降低 pH 值提高了絮凝收集效率，当 pH 值为 1.0 时絮凝收集率达到 90%。

王鹰燕[78] 考察了氯化铁、氯化铝、硫酸铝、硫酸锌和生石灰 5 种常用的絮凝剂对小球藻的采收情况，得出了以下结果：

① 用氯化铁絮凝小球藻，添加剂量在 $50\sim175mg/L$ 范围内，小球藻的采收效率与絮凝剂的添加剂量呈正相关，在添加剂量大于 $150mg/L$，采收效率随静置时间的延长逐渐趋缓，增加趋势不明显，静置 $30min$，采收效率达 92%。

② 用氯化铝絮凝小球藻，添加剂量在 $50\sim175mg/L$。当添加剂量 $>125mg/L$，在短时间内絮凝变化明显，小球藻的采收效率增加趋势趋向平缓，添加 $125mg/L$ 的氯化铝，静置 $30min$，小球藻采收效率达 94%。

③ 用硫酸铝絮凝小球藻，添加剂量在 $50\sim175mg/L$。低浓度絮凝剂的絮凝作用效果较差，高浓度絮凝剂的效果相对很明显。添加 $150mg/L$ 的硫酸铝，静置 $30min$，小球藻的采收效率达 88.06%。

④ 用硫酸锌絮凝小球藻，添加剂量在 $100\sim350mg/L$。硫酸锌的添加剂量明显多于氯化铁、氯化铝和硫酸铝。在添加 $300mg/L$ 硫酸锌，静置 $90min$，小球藻的采收效率达 89.10%。

⑤ 用 $450mg/L$ 的生石灰采收小球藻，静置 $60min$，采收效率达 91.36%。

(2) 高分子絮凝

高分子絮凝是高分子絮凝剂通过网捕、吸附架桥等作用，实现微藻絮凝采收的方法。高分子絮凝剂分无机高分子絮凝剂和有机高分子絮凝剂两类。目前无机高分子絮凝剂应用较为广泛，包括 PAM、聚合硫酸铁、聚合硫酸铝、聚合硫酸铝铁、聚合氯化铝、聚合氯化铝铁等[70,79,80]。有机高分子絮凝剂则包括壳聚糖、聚丙烯酸聚合物、阳离子淀粉、纤维素等[81]。

1）无机高分子絮凝剂

Wu 等[82] 比较了聚丙烯酰胺（PAM）、$Al_2(SO_4)_3$、$NaOH$、HNO_3 等对两种栅藻（Scene-desmus sp. 和 Scenedesmus obliquus）的絮凝效果。PAM 对两种栅藻的絮凝效率均接近 100%，絮凝效果明显优于无机金属盐絮凝剂，但絮凝 Scenedesmus sp. 时，PAM 的最佳剂量为 $30mg/L$，而絮凝 Scenedesmus obliquus 时，其最佳剂量为 $120mg/L$。

丁进锋等[83] 进行了聚合氯化铝（PAC）絮凝小球藻的动力学研究。PAC 絮凝小球藻时不符合一级动力学方程，但可用二级动力学模型进行拟合，当 PAC 浓度从 $49.5mg/L$ 增加到 $123.5mg/L$ 时，PAC 对小球藻的絮凝效率显著提高；而当 PAC 浓度从 $123.5mg/L$ 增加到 $147.8mg/L$ 时，其对小球藻的絮凝效率无显著性提高。

另外，Koenig 等[84] 比较了 5 种不同的 PAM 对威氏海链藻（Conticribra weissflogii）的絮凝效果。随着絮凝剂所带电荷量的增长，絮凝效果逐渐下降，这是由于絮凝剂所带电荷量越多，高聚物链延伸越困难，从而减少了细胞间的横向联系。影响无机高分子絮凝剂絮凝效果的因素有很多，如絮凝剂所带电荷的多少、分子量的大小、浓度的高低、藻细胞密度的大小、pH 值的高低等都会通过改变吸附架桥或/和吸附电中和作用来影响絮凝效果[85]。

徐淑惠等[86]利用均匀设计的方法研究了微藻悬浮液的 pH 值、PAC 用量、PAM 用量、搅拌速度和搅拌时间对微藻悬浮液预处理效果的影响，初步确定较优的试验条件；在此基础上，利用单因素试验的方法，研究了搅拌速度以及搅拌时间对浓缩比的影响，确定最佳的试验条件为：微藻悬浮液的 pH 值为 10.0，PAC 的用量为 0.25mg/L，PAM 的用量为 5mg/L，添加絮凝剂时的搅拌速度为 300r/min，搅拌时间为 2.0min，此时上层液体浊度为 1.87NTU。

2）有机高分子絮凝剂

有机高分子絮凝剂的作用机理主要为吸附架桥作用。因藻细胞带负电的表面特性，高效的高分子絮凝剂必须为阳离子型的[81]。阴离子及非离子型的高分子絮凝剂单独使用时不能使微藻发生有效絮凝[87]。除架桥作用外，阳离子型高分子絮凝剂还可能局部逆转藻细胞表面的电负性，使其某些部位带负电而另一些部位带正电；从而使不同的藻细胞能直接通过静电引力结合在一起，形成所谓的静电互补聚集（electrostatic patch aggregation）[88]。

下面介绍几种常见的有机高分子絮凝剂。

① 壳聚糖。壳聚糖是一种无毒、可生物降解并可用于微藻采收的有机高分子絮凝剂，它与微藻中部分化学物质的结构类似，故对微藻的下游处理无不良影响，因此壳聚糖无需分离便可与微藻一同应用于食品工业、生物医药和生物柴油等领域。实际应用中，藻细胞密度、离子强度、pH 值，絮凝剂与藻液的混合程度等因素都会影响絮凝效率。通常壳聚糖对淡水藻的絮凝沉降作用优于盐水藻，当体系中盐度超过 5g/L 时，絮凝效率会受到显著抑制。同时，壳聚糖对淡水藻的最适絮凝 pH 值要高于盐水藻[69,89]。

杨旭瑞等[90]使用小型跑道池对 1 株耐碳酸氢钠的产油链带藻 NMX451 进行开放式培养，用壳聚糖辅以化学品对藻细胞进行絮凝采收。用稀盐酸调节待絮凝的藻液 pH 值至 7.0，使用明矾（Al^{3+}）和硫酸锌（Zn^{2+}）辅助絮凝，絮凝效率分别达到 63.2% 和 85.5%，而用硫酸铜（Cu^{2+}）能将壳聚糖的絮凝效率提高到 100%。用稀盐酸把藻液 pH 值分别调至 6.0、7.0、8.0，然后在这 3 种 pH 值的藻液中分别加入壳聚糖至 50mg/L 和不同浓度的硫酸铜。壳聚糖在 pH＝8.0 的条件下，需要 125μmol/L 的 $CuSO_4$ 才能达到 95.4% 的絮凝效率，当 $CuSO_4$ 浓度为 62.5μmol/L 时，絮凝效率只有 67.7%。继续降低 $CuSO_4$ 浓度，测试 pH 值在 6.0 和 7.0 时的絮凝效率：降至 18.75μmol/L，絮凝效率依然在 90% 以上；降至 12.5μmol/L 时，两种 pH 值藻液的絮凝效率都降到 85% 以下。18.75μmol/L 硫酸铜时，pH 值用盐酸调至 7.0 继续比较壳聚糖浓度的影响。壳聚糖浓度在 7.5mg/L 以上时，絮凝效率都接近 100%，但是当壳聚糖浓度低至 5mg/L 时，絮凝效率下降至 70% 以下。

Ahmad 等[91] 优化了壳聚糖絮凝小球藻（*Chlorella* sp.）的工艺。当壳聚糖剂量为 $10\mu g/mL$ 时，即可达到最大絮凝效率（99.3%）；当剂量$>20\mu g/mL$ 时，絮凝效率反而下降，这是由于壳聚糖处于过饱和状态，阳离子电荷增多，导致小球藻细胞处于再稳定状态，从而使絮凝效率下降[92]。该研究同时也对混合搅拌时间及混合时的转速等影响絮凝效率的因素进行了分析，发现当混合搅拌时间为 20min 时，絮凝效率可达到 99.0%，之后即使时间增加，絮凝效率也不再增加，这可能与壳聚糖与微藻细胞形成的键比较牢固有关。当混合时的转速为 150r/min 时，絮凝效率为 99.3%，然而当继续增大转速时，絮凝效率却出现了下降，这是由于转速较大时会破坏壳聚糖，使微藻细胞处于再稳定状态，从而降低了絮凝效率。

② 聚丙烯酰胺。聚丙烯酰胺分子量在 400 万～2000 万之间，具有阳性基团（—$CONH_2$）。该基团既是亲水基团，又是吸附基团，所以能对微藻产生吸附电中和及架桥作用。除桥连作用外，聚丙烯酰胺还有包络作用。发生桥连和包络的高分子能形成三维网状结构，通过卷扫网捕作用使微藻沉降分离。

③ 聚丙烯酸聚合物。Campo 等[93] 利用在 2.0～2.5mm 直径范围的聚丙烯酸聚合物，聚合物吸收水能力达到在 148g H_2O/g，使得莱茵衣藻的体积浓缩因子为 60。

④ 阳离子淀粉。阳离子淀粉是在淀粉骨架中引入季氨基团，这样就使得淀粉呈正电性。又因淀粉分子固有的聚合结构，使阳离子淀粉具有电性中和及吸附架桥的双重作用[94]。阳离子淀粉和壳聚糖一样，也具有无毒、无污染、可生物降解的特点。与壳聚糖比较而言，阳离子淀粉原料价格更低，更容易获得。最为显著的是其季胺基团不受 pH 值的影响，从而使其可在很宽的 pH 值范围内适用[88,95]。

由此可知，相对于无机金属盐絮凝而言，高分子絮凝具有更高的絮凝效率，但其成本也会较高。此外，尽管聚合物易于被介质中的盐中和，但是不清楚其如何从生物质中分离，这些都会给微藻的下游加工处理带来很多问题，所以当务之急是寻找一种絮凝效率高、成本低、无毒害的絮凝剂。

3）新兴的絮凝剂

除了以上常见的化学絮凝药剂外，一些新兴的絮凝剂也不断出现。Chen[96] 等利用氨水絮凝微藻，絮凝效率可达 99%，同时后续还可以利用氨作为再次培养微藻的 N 源。通过扫描电镜实验（SEM）发现，在加入氨水后，微藻细胞表面结构发生变化，可能氨与细胞表面的一些官能团发生反应，从而使细胞絮凝。

化学絮凝研究较早、工艺成熟，但是存在的问题是操作过程中成本高，而且金属离子和高聚合物在水中残留极难降解，对环境易造成二次污染。此外，高

pH 值培养液上清液需经过处理后才能继续用于微藻培养，不适合大规模应用[97]。

4.1.5.2　生物絮凝

为了实现对微藻采收的目的，人们利用生物体本身或其代谢产生的黏性物质经由网捕或架桥作用使藻细胞相互聚集。这种絮凝方法称为生物絮凝。由于其采收微藻的高效性，生物絮凝逐渐成为微藻絮凝采收的研究热点之一[70]。生物絮凝可分为以下几类。

（1）微生物剂絮凝微藻

细菌、真菌和放线菌等微生物均能产生具有絮凝效果的胞外聚合物[98]。在微藻采收过程中，微生物絮凝法的应用方式主要有以下几种：

① 投加絮凝微生物的混合培养液；

② 菌-藻混合培养；

③ 絮凝微生物的胞外抽取液作为絮凝剂；

④ 分离纯化后的胞外提取物作为絮凝剂；

⑤ 直接投加絮凝微生物细胞作为絮凝剂[81]。

微藻与细菌相互作用研究由来已久[99]，早在 2003 年意大利 Rodolfi 等发现在大规模培养微拟球藻（*Nannochloropsis* sp.）的后期出现藻细胞絮凝现象，通过透射电子显微镜（TEM）确定了该絮凝由细菌及其菌体碎片诱导[100]。中国学者从地下水中分离出隶属于假单胞菌目的新型细菌 HW001，菌体与海洋微拟球藻（*N. oceanica* IMET1）细胞数目比为 30∶1 时，共培养 3d 藻细胞絮凝率超过 90%；此外，该细菌对扁藻（*Tetraselmis suecica*）和蓝藻（*Synechococcus* WH8007）絮凝效果明显[101]。在该研究的基础上，美国学者从被污染的 HW001 培养液中分离得到一株芽孢杆菌 RP1137，该菌体与海洋微拟球藻 IMET1 数目比为 1∶1 时，在 30s 内对该藻细胞絮凝率达 95%，而且受温度和盐度影响不大；但是 pH 值适用范围较窄（pH＝9～10），另外絮凝过程需要 Ca^{2+} 和 Mg^{2+} 协助[102]。Al-Hothaly 等[103] 研究了烟曲霉菌对布朗葡萄藻（*Botryococcus braunii*）絮凝效果。当烟曲霉菌的剂量为布朗葡萄藻（*B. braunii*）藻液的 1/40 时，絮凝效率最高，达到 96%～97%；并且发现烟曲霉菌絮凝 250L 藻液的效果与离心法基本相同，表明烟曲霉菌在 *B. braunii* 大规模絮凝过程中十分有前景，值得关注。此外，通过对烟曲霉菌絮凝得到的微藻进行化学成分分析，发现在絮凝前后微藻中的化学成分及含量基本没变，表明烟曲霉菌大规模絮凝（*B. braunii*）具有可行性。细菌跟颗石藻（*Pleurochrysis carterae*）共培养亦能诱导该藻细胞絮凝，Lee 等将假单胞菌（*P. stutzeri*）和芽孢杆菌（*Bacillus cereus*）等细菌同颗石藻在含有乙酸、葡萄糖和甘油（0.1g/L）的有机碳培养基中共培养 24h，能絮凝 90%的藻细胞，由于无需金属离子协助，絮凝过程对藻细胞活性无影响，且采收后的培养液可重复利用[104]。此外，当细菌与海链藻（*Thalassiosira weissflogii*）共培养 96h 后通过黏附作用可显著诱导藻细胞絮凝[105]。

小球藻（*C. vulgaris* UMN235）在含有 20g/L 葡萄糖和 108 个/L 黑曲霉（*Aspergillus* sp.）孢子培养基中共培养 2d 后全部被囊括在菌丝球中，并且能有效去除污水中的氮和磷[106]。当小球藻（*C. vulgaris*）（6.9×10^9 个细胞/L）与黑曲霉（*A. niger* Ted S-OSU）孢子共培养 3d 后，藻细胞絮凝率超过 60%；而且二者在异养培养的条件下，总脂肪酸含量显著提高且其组成适于生物柴油炼制[107]。Xueqian Lei 等[108] 将小球藻（*C. vulgaris*）与海洋卡盾藻（*C. marina* L03）混合培养制备生物絮凝剂，200mL 微藻培养液接种 *C. marina* L03，再加入 5mmol/L CaCl₂，实验证明 20mg/L 絮凝剂可以收集 92.7% 的 *C. vulgaris*。对絮凝剂进行分析可知，它含有 31.6%（质量比）的总糖和 0.2%（质量比）的蛋白。

Fathurrahman Lananan 等[109] 以自絮凝的纤维藻（*Ankistrodesmus* sp.）作为絮凝剂加入小球藻（*Chlorella* sp.），最佳 pH 值范围为 6.0~7.0。*Ankistrodesmus* sp. 按照 50%（体积比）接种到 *Chlorella* sp. 培养基中，在 pH＝7.10 时，最大去除率达到 82%，而微藻回收率为 78%。

Siti Hajar Abdul Hamid 等[110] 使用辣木（*Moringa oleifera*，MO）种子粉末作为絮凝剂收集 *Chlorella* sp.。使用 MO 种子粉末的凝结率显示随着凝结剂剂量（10~50mg/L）增加而增加，然而，MO 种子粉末剂量超过 30mg/L，生物质回收百分比则下降。对于两种 MO 衍生物，各种剂量下的生物质回收率超过 100%，使用 MO 种子粉末收获的微藻生物质在剂量为 20mg/L 时比初始浓度高 1.65 倍；剂量为 30mg/L 时微藻比初始浓度高 1.59 倍。作为对照，明矾剂量为 50mg/L 具有最高的 87.7% 的生物质回收率。

在污水处理中微生物絮凝法的作用机理主要有氢键等作用下的吸附架桥模式和两性电解质的电中和模式[111]，而其在微藻絮凝采收过程中的作用机理尚不清楚，推测该过程可能涉及微生物絮凝物质中羟基和羧基等引起的静电吸附作用，或该官能团结合微藻细胞而增强的架桥作用[112]。虽然微生物絮凝法在絮凝效率、成本等方面都较为理想，但很多真菌、细菌等微生物都是人类病原菌，这给微藻在食品、药品、保健品等领域应用时的后续加工处理都带来了巨大风险[97]。

（2）细胞自发絮凝

微藻细胞自絮凝现象由来已久，早在 1988 年，Sukenik 等[113] 在户外开放培养和实验室封闭培养过程中均发现了藻细胞自絮凝的现象。但直到最近藻细胞自絮凝机制才被揭示：在培养过程中由于微藻自身合成的糖苷或多糖等絮凝活性物质分泌到细胞表面，与周围藻细胞相互作用，从而引发了细胞自絮凝现象[114,115]。研究还发现，在藻细胞培养过程中，改变 N、P、Ca^{2+} 等培养基成分或 pH 值、温度、光照等生长条件会影响藻细胞的自絮凝效率[114-116]。

微藻细胞自絮凝是微藻培养过程中合成絮凝物质（糖苷[117] 或多糖[114,115]）并分泌到细胞壁上，该物质能黏附邻近藻细胞进而引发絮凝现象；且培养基营养成分（如 N/P 比例）或生长条件如温度、pH 值、光照强度等自然变化会影响藻细胞絮凝[118]；自絮凝微藻亦能絮凝游离微藻[116]。Schenk 等报道了自絮凝骨条藻（*Skeletonema*）能絮凝采收微拟球藻（*Nannochloropsis*）[119]；此外，镰形纤维藻（*Ankistrodesmus falcatus*）、斜生栅藻（*S. obliquus*）和扁藻（*T. suecica*）也被发现具有自絮凝性状[120]。

Liu 等[121] 以雪绿球藻（*Chlorococcum nivale*）、椭圆绿球藻（*Chlorococcum ellipsoideum*）和栅藻（*Scenedesmus* sp.）为自絮凝微藻，小球藻（*Chlorella zofigiensis*）和普通小球藻（*Chlorella vulgaris*）为目标微藻，研究了目标微藻和自絮凝微藻按一定比例混合后，通过降低 pH 值来实现微藻絮凝。*Scenedesmus* sp.（1.15g/L）和 *Chlorella vulgaris*（0.71g/L）混合时，通过降低 pH 值可达到 90% 以上的絮凝效率。通过数据分析及 Zeta 电位的测定，该絮凝机制是 *Chlorococcum nivale*、*Chlorococcum ellipsoideum* 和 *Scenedesmus* sp. 的等电点为 4.0，和目标微藻混合后其等电点在 2.0～3.0 之间，而在 pH 值从 5.0 下降到 1.5 的过程中，自絮凝微藻的表面电荷从负电荷变为正电荷，从而吸引表面仍为负电荷的目标微藻，进而达到絮凝的目的[122]。

R. M. Knuckey 等对 *Thalassiosira pseudonana* 进行多种絮凝方法的比较评价，结果表明，仅用 NaOH 使藻液 pH 值调控至 6.0～10.0 即有藻体絮凝，当培养液 pH 值达 10.0 时，絮凝效率为（97±2）%，而且形成的藻团体积大、沉降快[89]。

Leticia Pérez 等[123] 利用 HCl 和 NaOH 调节 pH 值，测试了 pH=2～6 和 pH=8～12 时，中肋骨条藻（*Skeletonema costatum*）和纤细角毛藻（*Chaetoceros gracilis*）的收集效果。分析显示更大的絮凝效率在高 pH 值下达到；而最低 pH 值可达到最大藻类生物量收集，约 60%。在 pH 值为 11、11.5 和 12 的环境下，全部微藻能够有效地絮凝。在 pH=11.5 的情况下仅需要 1h，对于 pH=12 需要几乎 2h，在 pH=11 的情况下需要约 3.5h。Wan 等[124] 证明了当培养基的 pH 值调节至 10 时，95% 的微绿球藻被收集。同时，Chen[125] 等通过加入 NaOH 在调节 pH=11.5 时，栅藻（*Scenedesmus* sp.）收集率接近 100%。

随着微藻分子生物学研究越来越多，多种微藻的基因操作方法也日益成熟，为构建转基因絮凝微藻奠定了基础。在微藻中过表达微藻自絮凝物质的合成基因，或者其他微生物的絮凝基因等，可构建转基因絮凝微藻。同微生物絮凝剂和微生物与微藻共培养絮凝采收微藻的技术相比，自絮凝微藻具有采收效率高、操作简单、生物安全以及成本能耗低等优点，但转基因自絮凝微藻的过程繁冗，稳定性有待提高、成本高昂。但这为今后微藻采收提供了一种有前景的解决方法，值得关注。

4.1.5.3 电絮凝

（1）电解絮凝

电解絮凝也可称为电凝浮选法（ECF），是利用电极将微藻溶液电解，阳极产生的金属离子可通过吸附、电中和等作用絮凝微藻，同时阴极产生的气体（如 H_2 和 O_2）可使微藻絮凝体上浮，进而加快微藻采收的过程。

与化学法相比，电解絮凝"絮凝剂"用量要少很多，电解絮凝法不用另外加入絮凝药剂，采收后不会残留 SO_4^{2-} 或 Cl^- 等阴离子。具有絮凝效率高、适宜 pH 值范围广、适用大多数藻类、集絮凝气浮于一体等优点[4]。但是该方法最大缺点是需要定期更换电极，另外，金属离子仍然会残留在回收后的微藻培养液及微藻生物质内，不利于培养液的循环再利用及微藻的后续加工，进而增加了生产成本。虽然与化学法相比，物理法絮凝"绿"色环保些，但效率低、能耗大、成本高，不适用于微藻的规模化应用。

（2）电场絮凝

利用外加电场的物理絮凝法也是常用的藻体采收技术[126,127]，示意见图 4-7。

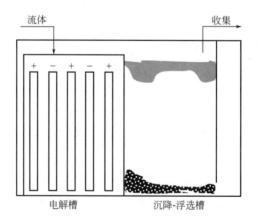

图 4-7 电场介导藻体絮凝采收示意[132]

在水溶液介质中，藻细胞呈电负性，易向外加电场中的正极移动，一旦藻细胞到达正极即发生电中和作用，继而产生絮凝行为。同时，藻液中的水在电极附

近发生解离产生 O_2（正极）和 H_2（负极），大量气泡带动絮凝藻团浮于水体表层，便于采收[128,129]。电场介导藻体絮凝兼具絮凝和气浮过程，无需在培养液中添加化学絮凝剂，特别适用于药用或食用级活性物质藻体的采收。该方法对绿藻（*Scenedesmus acutus*、*Chlorellavulgaris*、*Closterium* sp.、*Cryptomonas* sp.、*Staurastrum* sp.、*Botryococcus braunii*）、蓝绿藻（*Coelosphaerium* sp.、*Aphanizomenon* sp.）和硅藻（*Asterionella* sp.、*Cyclotella* sp.、*Melosira* sp.）等都有较高的絮凝效率[128,130]，且电势差、电极表面积和正负电极间距等因素对总能耗有显著影响。

Poelman 等[131] 利用电场絮凝的方法处理 100L 藻培养液，处理 35min 藻细胞采收效率可达得到 $80\%\sim95\%$，降低电压会影响藻细胞的采收效率，但是会节省能量消耗；减少电极表面积或增大两极间的距离同样可以节省能耗，但是都是以降低采收效率为代价的。因此，该方法虽有良好的采收效果，但是由于仪器设备技术要求比较高，能耗大，而受限制[132]。

4.1.6　其他方法

（1）磁选法

利用磁性粒子絮凝微藻的机制是微藻细胞和磁性粒子间的静电作用。磁性粒子絮凝微藻后便可用磁选法将磁性物质与微藻分离，示意见图 4-8。由于磁选方法具有操作简单、能耗低、成本低、效率高等优点，现已被广泛应用于多个领域[133]。

由外部磁场驱动，三价铁（Fe_2O_3）磁性纳米颗粒诱导细胞附着到可以容易地从培养液中去除的颗粒上。已经报道使用 Fe_3O_4 纳米颗粒的收获效率高达 95%，Fe_3O_4 纳米颗粒在 pH=4 下对于布朗葡萄藻具有最大吸附能力，为 55.9g（藻粉干重）/g（纳米颗粒），而对于小球藻在 pH=7 下则为 5.83g（藻粉干重）/g（纳米颗粒）[134]。

王婷[136] 合成了功能化磁性纳米聚合絮凝剂——富氨基 PAMAM 树枝状高分子修饰的 Fe_3O_4 MNPs（Fe_3O_4@PAMAM）用于磁性收获高产油藻小球藻 HQ。结果表明，在 Fe_3O_4 纳米颗粒表面修饰富氨基正电 PAMAM 枝状聚合物能有效提高对小球藻 HQ 的收获效率，相比小分子氨基酸，PAMAM 高分子的修饰更加有利于对小球藻 HQ 的吸附作用。并且 Fe_3O_4@PAMAM 的收获效率与 Fe_3O_4 MNPs 表面 PAMAM 高分子的包覆厚度成正比。G3-dMNPs（即第 3 代 Fe_3O_4@PAMAM）与小球藻 HQ 的吸附符合 Langmuir 吸附模型，最大吸附量为 16.1g/g，相比 Fe_3O_4 MNPs 有很大幅度的提高。G3-dMNPs 的收获效率随

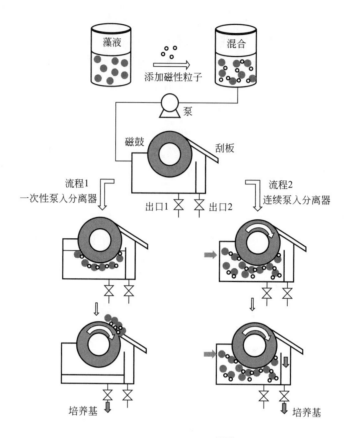

图 4-8　磁选过程示意[135]

pH 值变化不明显，能在较宽的范围内维持较高的收获效率。

Hu 等[137] 研究了磁性粒子分批絮凝和连续絮凝椭圆小球藻（*C. ellip-soidea*）的影响因素。在分批絮凝过程中，主要影响因素是磁性粒子的剂量和絮凝时间，磁性粒子剂量在 0.5～2g/L 时，40s 即可达到 95％以上的絮凝效率，而当剂量过大时，由于磁性粒子间的布朗运动增加，导致其与藻细胞结合的能力降低，致使絮凝效率下降；在连续絮凝过程中，当磁性粒子剂量为 250mg/L、流速小于 100mL/min 时，絮凝效率可以超过 95％。

Xu 等[134] 用磁性粒子 Fe_3O_4 对布朗葡萄藻（*B. braunii*）和椭圆小球藻（*C. ellipsoidea*）进行了磁性絮凝，在 1min 内絮凝效率超过了 98％，絮凝效果显著。对于椭圆小球藻磁性粒子复合物，可通过磁选机分离出该复合物，然后通过加入适量酸性溶液，磁性粒子便会溶解，微过滤后便可分离出藻细胞，再向溶有磁性粒子的溶液中加碱性物质进行中和，磁性粒子便会重新形成，从而实现磁性离子的循环再利用。

Hu 等[138] 证实来自磁性粒子絮凝微藻的循环培养基没有对海生微拟绿球藻（*Nannochloropsis maritima*）的培养产生不利影响；Lee 等[139] 也发现使用经过调节 pH 值后的培养基对小球藻（*Chlorella* sp. KR-1）的生长没有产生明显的抑制作用；这都表明磁性絮凝后的培养基可以循环使用。

85%～95%的磁性材料可以通过使用旋转磁鼓回收，并且可以在该过程中再循环和再使用。然而，由于额外的混合需要使用压缩机和剪切研磨机将纳米颗粒与絮凝物分离，使用磁性絮凝剂需要额外的能量消耗，另一个缺点是分离效率只能在小于 0.6L/h 的流速下维持[140]。二氧化硅和聚阳离子聚合物涂覆的颗粒在较低颗粒负载下能提高分离效率，但是这些复合材料可能增加相关成本[141,142]。

磁性粒子絮凝与其他絮凝法相比，具有廉价高效的特点，而且对微藻的下游处理比化学絮凝简单很多，且毒性低，该方法最大的优点在于分离简单，絮凝材料易回收，培养基可重复使用。但回收磁性粒子与分离过程会用到酸碱调节 pH 值，在微藻大规模采收过程中酸碱费用无疑也是一笔不小的开支，这将限制该法的大规模推广和应用，然而可以利用烟道气中的二氧化碳来调节 pH 值，这不仅降低了采收成本，而且减少了污染物的排放[143]。

（2）超声絮凝

微藻可利用超声进行絮凝采收。在超声处理微藻时，藻细胞趋于超声波节点而相互聚集沉降；该法虽电耗高（345kW/d），但对浓度为 108 个/mL 单胞藻 *Monodus subterraneus* 的絮凝率可达 90%。相对于化学絮凝法没有二次污染，但是局限于操作环境，而且耗能大（1～9kW·h/kg），不适于大规模应用[97,144]。

Bosma 等[144] 主要通过利用微藻细胞的电介质性质，使用超声作为微藻收获的有效技术；超声波迫使细胞朝着驻波的结节移动、絮凝和沉积，示意见图 4-9。在实验室实验，分离效率高达 92%。在 4～6L/d 的流速下浓度因子可以高至 11。这种处理能力由于扩大规模而显著降低，因此在较大规模上不可用。然而，这种技术的好处是它是多用途的，因为它不仅可以通过创建

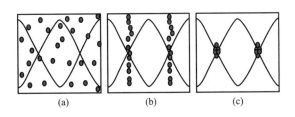

图 4-9　超声波法采收微藻的原理示意

驻波用来收获微藻，还可以在较低的频率和较高的压力振幅条件下引发空化以裂解细胞，从而以不同密度来分离组分。超声絮凝还可以增加紫菜菌的类胡萝卜素产量，类胡萝卜素具有极高的市场价值[145]。然而，超声絮凝能量消耗仍然高于其他物理分离技术，如离心法和膜过滤法，并且收集到的微藻浓度因子较低。

（3）真空气举

Barrut等[146]利用真空气举法采收微藻，能耗小于$0.2kW \cdot h/kg$（湿重）。其工作原理是：通过空压机向气举柱内柱中注入空气，同时，由于真空泵的抽真空作用，加速微藻细胞与空气的混合流上升到柱顶，利用抽真空将微藻细胞收集到采收罐中，从而实现微藻采收，示意见图4-10。气举法应用于微藻采收处理效率较高，能耗较低，适用于大多数藻类，是一种较为理想的能源微藻采收方法。

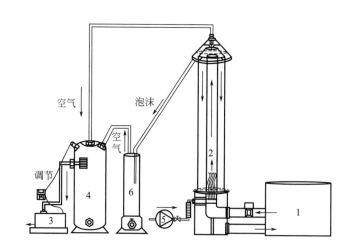

图4-10　微藻真空气举法采收装置[147]

1—藻液缓冲罐；　2—真空气举柱；　3—真空泵；　4—真空罐；　5—进气泵；　6—采收罐

（4）正向渗透技术

正向渗透是利用正向渗透膜内外盐度差异而实现脱水的一种固液分离技术。Buckwalter等[147]通过人工配制不同盐度的海水，利用正向渗透膜方法采收海水环境下的微藻，平均脱水速率为$2L/(m^2 \cdot h)$，可脱去$65\% \sim 85\%$的水。利用正向渗透技术进行能源微藻脱水处理，无需在藻液中加入其他化学药剂，对藻细胞无污染，并且处理能耗低；但是在脱水过程中要防止杂质对膜的污染，影响膜的循环使用。

4.2　能源微藻的干燥方法

　　干燥通常指利用热能使物料中的湿分汽化，并将产生的蒸汽排除的过程。其本质为被除去的湿分从固相转移到气相，固相为被干燥的物料，气相为干燥介质。干燥技术的机理涉及传热学、传质学、流体力学、工程热力学、物料学、机械学等学科，是一个典型的多学科交叉技术领域[148]。

4.2.1　冷冻干燥

　　冷冻干燥又称升华干燥。将含水物料冷冻到冰点以下，使水转变为冰，然后在较高真空下将冰转变为蒸汽而除去的干燥方法。冷冻干燥机见图 4-11。

图 4-11　冷冻干燥机

　　物料可先在冷冻装置内冷冻，再进行干燥。但也可直接在干燥室内经迅速抽成真空而冷冻。升华生成的水蒸气借冷凝器除去。升华过程中所需的汽化热量，一般用热辐射供给。

冷冻干燥主要优点是：

① 干燥后的物料保持原来的化学组成和物理性质（如多孔结构、胶体性质等）；

② 热量消耗比其它干燥方法少。

缺点是费用较高，不能广泛采用。

4.2.2 喷雾干燥

喷雾干燥工艺是采用雾化器将料液分散为雾滴，在雾化过程中，将液态物料分散成雾滴组成的有很高比表面积的料雾，而后用热空气干燥雾滴以获得粉状产品的一种干燥方法。

喷雾干燥设备见图 4-12。

图 4-12　喷雾干燥设备

（1）喷雾干燥的优点

1）干燥时间短

液料经雾化器雾化后，比表面积增大，雾滴在干燥室内与热空气进行充分接触，雾滴内部的水分更容易向外部迁移，传热率较高，干燥时间仅为 5～35s。

2）物料的营养成分不被破坏

在喷雾干燥过程中，虽然热风的温度较高，但在与雾滴接触时，其大部分的热量用于带走雾滴表面及内部的水分，物料温度比周围热空气的湿球温度低，因此，产品的营养成分基本不被破坏，产品能保持良好的色泽和风味。

3）产品质量好、污染小

喷雾干燥系统是密闭的，基本无其它杂质混入，因此，产品的质量较高，污染较小，纯度较高。

4）生产过程方便易控

喷雾干燥工艺可将含水率在 60％以上的液体在瞬间干燥成粉状产品，与传统的蒸发、浓缩等工艺相比，工艺流程缩短，整个干燥过程是自动化操作，保持了产品的质量稳定[149]。

（2）影响藻粉品质的主要操作参数[150]

1）喷头转速

在进料速度不变的条件下，提高雾化喷头的转速可以减小料雾中雾滴的平均粒度，同时也提高了藻粉的松密度。

2）藻液含固率

含固率增加，藻粉的颗粒尺寸也增加，在一定的干燥温度和进料速度下热效率提高，使干燥产品的含水量降低；但含固量过大使黏度加大，雾的颗粒过大，会产生粘壁现象。

3）进料速度

进料速度过大，会产生粗颗粒并使粗藻粉密度增大，同时可能产生粘壁现象，因此应根据蒸发量的大小做具体调整。

4）干燥塔空气流速

空气流体可控制藻液料雾在干燥室内的停留时间，适当延长停留时间，可更多地排出水分。降低气流速度有利于藻粉的分离与回收，但流速过低时若不适当提高进口温度，则不能保证干燥质量。

5）进口温度

在空气流速一定时，进口温度较高，使蒸发能力提高，同时干燥室的热空气利用率提高；但蒸发速度过高会使藻粉产生碎片状结构，因而容积密度降低。

6）出口温度

从藻粉的质量要求来看，控制出口温度尤为重要。在其他条件不变的条件下，提高出口温度会降低产品的含水量。应根据藻粉的加工、包装性质和流动性的要求来确定出口温度。降低出口温度还可以提高热效率，但不能低于露点温度。

4.2.3 烘干

(1) 盘式干燥

盘式干燥器又称圆盘干燥器，系一种多层固定圆盘、转耙搅拌、立式连续干燥装置，属传导干燥为主的接触干燥器类。该装置是在固定床传导干燥器以及耙式等搅拌型干燥器的基础上不断改进发展而成的[151]，结构见图 4-13。

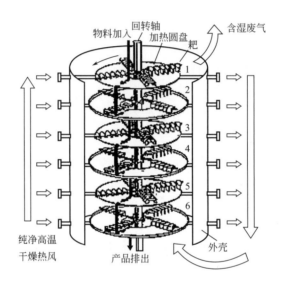

图 4-13 盘式旋转干燥机结构

湿物料经给料机加至板式干燥器内顶层的小圆盘中央。随着传动轴的转动，加至圆盘中央的物料被搅拌臂上的耙叶布匀的同时向圆盘外缘移动。若干圈后，物料落至第二层大圆盘的外缘处。物料在耙叶的推动下在大圆盘上由外向里移动又落至第三层小圆盘上。物料在圆盘面上移动时不断地得到搅拌和翻动，自上而下一层一层地被圆盘夹层内的干燥介质加热而得以干燥，最终在干燥器底部获得合格的成品。

盘式干燥器有以下优点：

① 物料机械输送，连续生产，处理量可调；

② 干燥效率高，一般总干燥传热系数可达 $60\sim130kcal/(m^2 \cdot h \cdot ℃)$，干燥平均速率为 $7\sim25kg\ H_2O/(m^2 \cdot h)$；

③ 立式安装，保温完善，热源和废热利用率高，蒸发每千克水仅需 $1.1\sim1.4kg$ 蒸汽；

④ 占地面积小，结构紧凑，设备安装简单；

⑤ 废气或蒸汽的排放速度低；

⑥ 加热圆盘数量及主轴转速可调，物料在干燥器内停留时间可根据工艺要求自由选定；

⑦ 设备部件标准通用化。

（2）穿流式干燥器

穿流式干燥器结构见图 4-14。

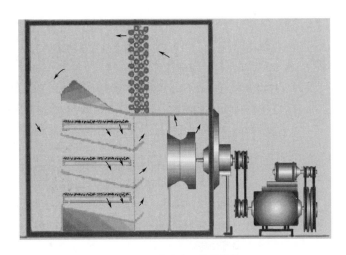

图 4-14　穿流式干燥器结构

将物料铺在多孔的浅盘（或网）上，气流垂直地穿过物料层，两层物料之间设置倾斜的挡板，以防从一层物料中吹出的湿空气再吹入另一层。空气通过小孔的速度为 $0.3\sim1.2\mathrm{m/s}$。穿流式干燥器适用于通气性好的颗粒状物料，其干燥速率通常为并流时的 $8\sim10$ 倍。

Pohndorf 等[152] 将具有 4mm 厚度的螺旋藻（*Spirulina* sp.）生物质样品置于托盘中，样品密度为 $4\mathrm{kg/m^2}$，干燥空气温度为 55℃，空气速度为 2.5m/s。干燥测定总时间在 (210 ± 5) min 内，最终含水量约为 8.3%（占湿基生物质）。

Oliveira E G 等[153] 在穿流式干燥机进行 *Spirulina platensis* 干燥实验，湿样品厚度 3～7mm，密度为 $4\mathrm{kg/m^3}$，含水率 (75.7 ± 0.2)%，干燥空气温度在 50～70℃ 的范围内，空气速度为 2.5m/s。最优干燥条件为在 (210 ± 5) min 内，样品厚度 3.7mm，干燥空气温度为 55℃，最终含水量可达约 10%（占湿基生物质）。

4.2.4　晒干

晒干，即将微藻放在阳光下，使表面及内部干燥。晒干完全依靠太阳能，不需要额外能耗，但是对占地面积有要求；而且受太阳能利用效率低的影响，耗时较长，干燥不充分。

参考文献

［1］ 郭锁莲，赵心清，白凤武，微藻采收方法的研究进展［J］，微生物学通报，2015，42（4）：721-728.

［2］ Kumar A, Ergas S, Yuan X, et al. Enhanced CO_2 fixation and biofuel production via microalgae: recent developments and future directions［J］. Trends in Biotechnology, 2010, 28（7）: 371-380.

［3］ Jankowska E, Sahu A K, Oleskowicz-Popiel P. Biogas from microalgae: Review on microalgae's cultivation, harvesting and pretreatment for anaerobic digestion［J］. Renewable and Sustainable Energy Reviews, 2016, 75: 692-709.

［4］ 张海阳，匡亚莉，林喆.能源微藻采收技术研究进展［J］.化工进展，2013，32（09）：2092-2098.

［5］ Rawat I, Kumar R R, Mutanda T, et al. Dual role of microalgae: Phycoremediation of domestic wastewater and biomass production for sustainable biofuels production［J］. Applied Energy, 2011, 88（10）: 3411-3424.

［6］ Molina Grima E, Belarbi E H, Acién Fernández F G, et al. Recovery of microalgal biomass and metabolites: process options and economics［J］. Biotechnology Advances, 2003, 20（7-8）: 491-515.

［7］ Christenson L, Sims R. Production and harvesting of microalgae for wastewater treatment, biofuels, and bioproducts［J］. Biotechnology Advances, 2011, 29（6）: 686-702.

［8］ Chen C Y, Yeh K L, Aisyah R, et al. Cultivation, photobioreactor design and harvesting of microalgae for biodiesel production: A critical review［J］. Bioresource Technology, 2011, 102（1）: 71-81.

［9］ Pragya N, Pandey K K, Sahoo P K. A review on harvesting, oil extraction and biofuels production technologies from microalgae［J］. Renewable and Sustainable Energy Reviews, 2013, 24: 159-171.

［10］ Show K Y, Lee D J. Algal Biomass Harvesting, Biofuels from Algae. Amsterdam: Elsevier, 2014: 85-110.

［11］ Shelef G S, Sukenik A, Green M. Microalgae Harvesting and Processing: A Literature Review［J］. Algae, 1984, 8（3）: 237-244.

［12］ Gerardo M L, Van Den Hende S, Vervaeren H, et al. Harvesting of microalgae within a biorefinery approach: A review of the developments and case studies from pilot-plants [J] . Algal Research, 2015, 11: 248-262.

[13]　Milledge J J, Heaven S. A review of the harvesting of micro-algae for biofuel production [J] . Reviews in Environmental Science and Bio/Technology, 2013, 12 (2): 165-178.

[14]　Peperzak L, Colijn F, Koeman R, et al. Phytoplankton sinking rates in the Rhine region of freshwater influence [J] . Journal of Plankton Research, 2003, 25 (4): 365-383.

[15]　Greenwell H C, Laurens L M L, Shields R J, et al. Placing microalgae on the biofuels priority list: a review of the technological challenges [J] . Journal of the Royal Society Interface, 2010, 7 (46): 703-726.

[16]　Uduman N, Qi Y, Danquah M K, et al. Dewatering of microalgal cultures: A major bottleneck to algae-based fuels [J] . Journal of Renewable and Sustainable Energy, 2010, 2 (1): 1-15.

[17]　Yahi H, Elmaleh S, Coma J. Algal flocculation-sedimentation by pH Increase in a continuous reactor [J] . Water Science and Technology, 1994, 30 (8): 259-267.

[18]　Schlesinger A, Eisenstadt D, Bar-Gil A, et al. Inexpensive non-toxic flocculation of microalgae contradicts theories; overcoming a major hurdle to bulk algal production [J] . Biotechnology Advances, 2012, 30 (5): 1023-1030.

[19]　Collet P, Hélias A, Lardon L, et al. Life-cycle assessment of microalgae culture coupled to biogas production [J] . Bioresource Technology, 2011, 102 (1): 207-214.

[20]　Salim S, Gilissen L, Rinzema A, et al. Modeling microalgal flocculation and sedimentation [J] . Bioresource Technology, 2013, 144: 602-607.

[21]　Chisti Y, Moo-Young M. Fermentation Technology, Bioprocessing, Scale-up and Manufacture [J] . Biotechnology: The Science and the Business [C] . New York: Harwood Academic Publishers, 1991: 167-209.

[22]　M Heasman, J Diemar, W O'connor, et al. Development of extended shelf-life microalgae concentrate diets harvested by centrifugation for bivalve molluscs-a summary [J] . Aquaculture Research, 2000, 31 (8-9): 637-659.

[23]　Sim T S, Goh A, Becker E W. Comparison of centrifugation, dissolved air flotation and drum filtration techniques for harvesting sewage-grown algae [J] . Biomass, 1988, 16 (1): 51-62.

[24]　Pienkos P T, Darzins A. The promise and challenges of microalgal-derived biofuels [J] . Biofuels Bioproducts & Biorefining-Biofpr, 2009, 3 (4): 431-440.

[25]　Dassey A J, Theegala C S. Harvesting economics and strategies using centrifugation for cost effective separation of microalgae cells for biodiesel applications [J]. Bioresource Technology, 2013, 128: 241-245.

[26]　沈英，赵云，李麒龙. 微藻生物质采收方法的经济性和效率研究进展 [J]. 湖北农业科学，2012, 51（22）: 4982-4984, 4991.

[27]　H M F. Experiences and strategies in the recovery of biomass from mass cultures of microalgae [J]. Algae biomass, 1980: 547-551.

[28]　Gerardo M L, Oatleyradcliffe D L, Lovitt R W. Minimizing the energy requirement of dewatering scenedesmus sp. by microfiltration: performance, costs, and feasibility [J]. Environmental Science & Technology, 2013, 48（1）: 845.

[29]　Rossignol N, Vandanjon L, Jaouen P, et al. Membrane technology for the continuous separation microalgae/culture medium: compared performances of cross-flow microfiltration and ultrafiltration [J]. Aquacultural Engineering, 1999, 20（3）: 191-208.

[30]　Castaing J B, Massé A, Pontié M, et al. Investigating submerged ultrafiltration（UF）and microfiltration（MF）membranes for seawater pre-treatment dedicated to total removal of undesirable micro-algae [J]. Desalination, 2010, 253（1-3）: 71-77.

[31]　Marbelia L, Mulier M, Vandamme D, et al. Polyacrylonitrile membranes for microalgae filtration: Influence of porosity, surface charge and microalgae species on membrane fouling [J]. Algal Research, 2016, 19: 128-137.

[32]　Kanchanatip E, Su B R, Tulaphol S, et al. Fouling characterization and control for harvesting microalgae Arthrospira（Spirulina）maxima using a submerged, disc-type ultrafiltration membrane [J]. Bioresource Technology, 2016, 209: 23-30.

[33]　Frappart M, Massé A, Jaffrin M Y, et al. Influence of hydrodynamics in tangential and dynamic ultrafiltration systems for microalgae separation [J]. Desalination, 2011, 265（1-3）: 279-283.

[34]　Pavez J, Cabrera F, Azócar L, et al. Ultrafiltration of non-axenic microalgae cultures: Energetic requirements and filtration performance [J]. Algal Research, 2015, 10: 121-127.

[35]　Hwang T, Kotte M R, Han J I, et al. Microalgae recovery by ultrafiltration using novel fouling-resistant PVDF membranes with in situ PEGylated polyethyleneimine particles [J]. Water Research, 2015, 73: 181-192.

[36]　曾文炉，李浩然，丛威，等. 微藻细胞的气浮法采收 [J]. 海洋通报，2002, 21（03）: 55-61.

[37]　Laamanen C A, Ross G M, Scott J A. Flotation harvesting of microalgae [J]. Renewable and Sustainable Energy Reviews, 2016, 58: 75-86.

［38］ 张海阳. 基于射流流场的微藻混凝共聚气浮采收基础研究 ［D］. 北京：中国矿业大学，2013.

［39］ Uduman N, Qi Y, Danquah M K, et al. Dewatering of microalgal cultures: A major bottleneck to algae-based fuels ［J］. Journal of Renewable and Sustainable Energy, 2010, 2（1）: 1-15.

［40］ Rubio J, Souza M L, Smith R W. Overview of flotation as a wastewater treatment technique ［J］. Minerals Engineering, 2002, 15（3）: 139-155.

［41］ Draaisma R B, Wijffels R H, Slegers P M, et al. Food commodities from microalgae ［J］. Current Opinion in Biotechnology, 2013, 24（2）: 169-177.

［42］ Barrut B, Blancheton J P, Muller-Feuga A, et al. Separation efficiency of a vacuum gas lift for microalgae harvesting ［J］. Bioresource Technology, 2013, 128: 235-240.

［43］ 林喆，匡亚莉，张海阳. 射流发泡与小球藻的批次气浮采收 ［J］. 中国矿业大学学报，2012, 41（5）: 839-843.

［44］ 张海阳，刘春华，匡亚莉，等. 基于泡沫浮选的能源微藻采收实验研究 ［J］. 可再生能源，2016, 34（2）: 268-273.

［45］ Kurniawati H A, Ismadji S, Liu J C. Microalgae harvesting by flotation using natural saponin and chitosan ［J］. Bioresource Technology, 2014, 166: 429-434.

［46］ Jameson G J. Hydrophobicity and floc density in induced-air flotation for water treatment1 ［J］. Colloids and Surfaces A: Physicochemical and Engineering Aspects, 1999, 151（1-2）: 269-281.

［47］ Jarvis P, Buckingham P, Holden B, et al. Low energy ballasted flotation ［J］. Water Research, 2009, 43（14）: 3427-3434.

［48］ Cassell E A, Kaufman K M, Matuevic E. The effects of bubble size on microflotation ［J］. Water Research, 1975, 9（12）: 1017-1024.

［49］ Wiley P E, Brenneman K J, Jacobson A E. Improved Algal Harvesting Using Suspended Air Flotation ［J］. Water Environment Research, 2009, 81（7）: 702-708.

［50］ Hanotu J, Bandulasena H C H, Zimmerman W B. Microflotation performance for algal separation ［J］. Biotechnology and Bioengineering, 2012, 109（7）: 1663-1673.

［51］ 曾文炉，李宝华，李浩然，等. 微藻细胞的连续泡沫分离法采收 ［J］. 化工学报，2002, 53（9）: 918-923.

［52］ 李秀辰，牟晨晓，母刚，等. 海洋微藻的加压气浮采收工艺研究 ［J］. 大连海洋大学学报，2012, 27（4）: 355-359.

［53］ Gao S, Du M, Tian J, et al. Effects of chloride ions on electro-coagulation-flotation process with aluminum electrodes for algae removal ［J］. Journal of Hazardous Materials, 2010, 182（1-3）: 827-834.

[54] Kim J, Ryu B G, Kim B K, et al. Continuous microalgae recovery using e-lectrolysis with polarity exchange [J] . Bioresource Technology, 2012, 111: 268-275.

[55] Zongo I, Maiga A H, Wéthé J, et al. Electrocoagulation for the treatment of textile wastewaters with Al or Fe electrodes: Compared variations of COD levels, turbidity and absorbance [J] . Journal of Hazardous Materials, 2009, 169（1-3）: 70-76.

[56] Phoochinda W, White D A, Briscoe B J. Comparison between the removal of live and dead algae using froth flotation [J] . Journal of Water Supply Research and Technology-Aqua, 2005, 54（2）: 115-125.

[57] Xu L, Wang F, Li H Z, et al. Development of an efficient electroflocculation technology integrated with dispersed-air flotation for harvesting microalgae [J] . Journal of Chemical Technology and Biotechnology, 2010, 85（11）: 1504-1507.

[58] Gao S, Yang J, Tian J, et al. Electro-coagulation-flotation process for algae removal [J] . Journal of Hazardous Materials, 2010, 177（1-3）: 336-343.

[59] Pirwitz K, Rihko-Struckmann L, Sundmacher K. Comparison of flocculation methods for harvesting Dunaliella [J] . Bioresource Technology, 2015, 196: 145-152.

[60] William B Z, Vaclav T, Simon B, et al. Microbubble Generation [J] . Recent Patents on Engineering, 2008, 2（1）: 1-8.

[61] Henderson R K, Parsons S A, Jefferson B. The Potential for Using Bubble Modification Chemicals in Dissolved Air Flotation for Algae Removal [J] . Separation Science and Technology, 2009, 44（9）: 1923-1940.

[62] Yap R K L, Whittaker M, Diao M, et al. Hydrophobically-associating cationic polymers as micro-bubble surface modifiers in dissolved air flotation for cyanobacteria cell separation [J] . Water Research, 2014, 61: 253-262.

[63] Henderson R K, Parsons S A, Jefferson B. Surfactants as bubble surface modifiers in the flotation of algae: Dissolved air flotation that utilizes a chemically modified bubble surface [J] . Environmental Science & Technology, 2008, 42（13）: 4883-4888.

[64] Henderson R K, Parsons S A, Jefferson B. Polymers as bubble surface modifiers in the flotation of algae [J] . Environmental Technology, 2010, 31（7）: 781-790.

[65] Cheng Y L, Juang Y C, Liao G Y, et al. Dispersed ozone flotation of Chlorella vulgaris [J] . Bioresource Technology, 2010, 101（23）: 9092-9096.

[66] Cheng Y L, Juang Y C, Liao G Y, et al. Harvesting of Scenedesmus

obliquus FSP-3 using dispersed ozone flotation [J] . Bioresource Technology, 2011, 102（1）: 82-87.

[67]　Ometto F, Pozza C, Whitton R, et al. The impacts of replacing air bubbles with microspheres for the clarification of algae from low cell-density culture [J] . Water Research, 2014, 53: 168-179.

[68]　Lin Z, Kuang Y, Leng Y. Harvesting Microalgae Biomass by Instant Dissolved Air Flotation at Batch Scale. Application of Chemical Engineering, 2011, 236-238: 146-150.

[69]　张芳, 程丽华, 徐新华, 等. 能源微藻采收及油脂提取技术 [J] . 化学进展, 2012, 24（10）: 2062-2072.

[70]　马志欣, 尚春琼, 胡小丽, 等. 微藻絮凝采收的研究进展 [J] . 基因组学与应用生物学, 2016, 35（4）: 942-948.

[71]　Kim K, Shin H, Moon M, et al. Evaluation of various harvesting methods for high-density microalgae, Aurantiochytrium sp. KRS101 [J] . Bioresource Technology, 2015, 198: 828-835.

[72]　Kim D Y, Oh Y K, Park J Y, et al. An integrated process for microalgae harvesting and cell disruption by the use of ferric ions [J] . Bioresource Technology, 2015, 191: 469-474.

[73]　Papazi A, Makridis P, Divanach P. Harvesting Chlorella minutissima using cell coagulants [J] . Journal of Applied Phycology, 2010, 22（3）: 349-355.

[74]　Che R, Huang L, Yu X. Enhanced biomass production, lipid yield and sedimentation efficiency by iron ion [J] . Bioresource Technology, 2015, 192: 795-798.

[75]　Chatsungnoen T, Chisti Y. Harvesting microalgae by flocculation-sedimentation [J] . Algal Research, 2016, 13: 271-283.

[76]　Chatsungnoen T, Chisti Y. Continuous flocculation-sedimentation for harvesting Nannochloropsis salina biomass [J] . Journal of Biotechnology, 2016, 222: 94-103.

[77]　Das P, Thaher M I, Abdul Hakim M a Q M, et al. Microalgae harvesting by pH adjusted coagulation-flocculation, recycling of the coagulant and the growth media [J] . Bioresource Technology, 2016, 216: 824-829.

[78]　王鹰燕. 小球藻絮凝采收工艺及其上清液循环利用的研究 [D] . 南昌: 南昌大学, 2014.

[79]　Barany S, Szepesszentgyorgyi A. Flocculation of cellular suspensions by polyelectrolytes [J] . Advances in Colloid and Interface Science, 2004, 111（1-2）: 117-129.

[80]　雷国元, 张晓晴, 王丹鹭. 聚合铝盐混凝剂混凝除藻机理与强化除藻措施 [J] . 水资源保护, 2007, 23（5）: 50-54.

［81］ 胡沅胜，刘斌，郝晓地，等. 微藻处理污水中的絮凝分离/采收研究现状与展望［J］. 环境科学学报，2015，35（1）：12-29.

［82］ Wu J, Liu J, Lin L, et al. Evaluation of several flocculants for flocculating microalgae［J］. Bioresource Technology, 2015, 197: 495-501.

［83］ 丁进锋，赵凤敏，曹有福，等. 聚合氯化铝絮凝小球藻的动力学研究［J］. 农业机械学报，2015（3）：203-207.

［84］ Koenig R B, Sales R, Roselet F, et al. Harvesting of the marine microalga Conticribra weissflogii (*Bacillariophyceae*) by cationic polymeric flocculants［J］. Biomass & Bioenergy, 2014, 68: 1-6.

［85］ Chisti Y. Biodiesel from microalgae［J］. Biotechnology Advances, 2007, 25（3）: 294-306.

［86］ 徐淑惠，都丽红，王士勇，等. 微藻采收预处理过程的试验研究［J］. 过滤与分离，2015，25（4）：14-18.

［87］ Chen C Y, Yeh K L, Aisyah R, et al. Cultivation, photobioreactor design and harvesting of microalgae for biodiesel production: A critical review［J］. Bioresource Technology, 2011, 102（1）: 71-81.

［88］ Vandamme D, Foubert I, Muylaert K. Flocculation as a low-cost method for harvesting microalgae for bulk biomass production［J］. Trends in Biotechnology, 2013, 31（4）: 233-239.

［89］ Knuckey R M, Brown M R, Robert R, et al. Production of microalgal concentrates by flocculation and their assessment as aquaculture feeds［J］. Aquacultural Engineering, 2006, 35（3）: 300-313.

［90］ 杨旭瑞，方仙桃，徐旭东. 一株耐碳酸氢钠产油绿藻的絮凝收集［J］. 水生生物学报，2013，37（5）：989-992.

［91］ Ahmad A L, Yasin N H M, Derek C J C, et al. Optimization of microalgae coagulation process using chitosan［J］. Chemical Engineering Journal, 2011, 173（3）: 879-882.

［92］ Wu X, Ge X, Wang D, et al. Distinct coagulation mechanism and model between alum and high Al-13-PACl［J］. Colloids and Surfaces a-Physicochemical and Engineering Aspects, 2007, 305（1-3）: 89-96.

［93］ Martin Del Campo J S, Patino R. Harvesting microalgae cultures with superabsorbent polymers: desulfurization of Chlamydomonas reinhardtii for hydrogen production［J］. Biotechnology and Bioengineering, 2013, 110（12）: 3227-3234.

［94］ Anthony R, Sims R. Cationic starch for microalgae and total phosphorus removal from wastewater［J］. Journal of Applied Polymer Science, 2013, 130（4）: 2572-2578.

［95］ Vandamme D, Foubert I, Meesschaert B, et al. Flocculation of microalgae using cationic starch［J］. Journal of Applied Phycology, 2010, 22（4）:

525-530.

[96]　Chen F，Liu Z，Li D，et al. Using ammonia for algae harvesting and as nu-trient in subsequent cultures [J] . Bioresource Technology，2012，121：298-303.

[97]　万春，张晓月，赵心清，等. 利用絮凝进行微藻采收的研究进展 [J] . 生物工程学报，2015，31（2）：161-171.

[98]　Lam M K，Lee K T. Microalgae biofuels：A critical review of issues，prob-lems and the way forward [J] . Biotechnology Advances，2012，30（3）：673-690.

[99]　Amin S A，Parker M S，Armbrust E V. Interactions between Diatoms and Bacteria [J] . Microbiology and Molecular Biology Reviews，2012，76（3）：667-685.

[100]　Rodolfi L，Zittelli G C，Barsanti L，et al. Growth medium recycling in Nan-nochloropsis sp mass cultivation [J] . Biomolecular Engineering，2003，20（4-6）：243-248.

[101]　Wang H，Laughinghouse H D，Anderson M A，et al. Novel bacterial iso-late from permian groundwater，capable of aggregating potential biofuel-producing microalga nannochloropsis oceanica IMET1 [J] . Applied and Environmental Microbiology，2012，78（5）：1445-1453.

[102]　Powell R J，Hill R T. Rapid aggregation of biofuel-producing algae by the Bacterium Bacillus sp Strain RP1137 [J] . Applied and Environmental Mi-crobiology，2013，79（19）：6093-6101.

[103]　Al-Hothaly K A，Adetutu E M，Taha M，et al. Bio-harvesting and pyrolysis of the microalgae Botryococcus braunii [J] . Bioresource Technology，2015，191：117-123.

[104]　Lee A K，Lewis D M，Ashman P J. Microbial flocculation，a potentially low-cost harvesting technique for marine microalgae for the production of biodiesel [J] . Journal of Applied Phycology，2009，21（5）：559-567.

[105]　Gaerdes A，Iversen M H，Grossart H P，et al. Diatom-associated bacteria are required for aggregation of Thalassiosira weissflogii [J] . Isme Jour-nal，2011，5（3）：436-445.

[106]　Zhou W，Cheng Y，Li Y，et al. Novel fungal pelletization-assisted technol-ogy for algae harvesting and wastewater treatment [J] . Applied Bio-chemistry and Biotechnology，2012，167（2）：214-228.

[107]　Zhang J，Hu B. A novel method to harvest microalgae via co-culture of fil-amentous fungi to form cell pellets [J] . Bioresource Technology，2012，114：529-535.

[108]　Lei X，Chen Y，Shao Z，et al. Effective harvesting of the microalgae Chlorella vulgaris via flocculation-flotation with bioflocculant [J] . Biore-

source Technology, 2015, 198: 922-925.

[109] Lananan F, Mohd Yunos F H, Mohd Nasir N, et al. Optimization of biomass harvesting of microalgae, Chlorella sp. utilizing auto-flocculating microalgae, Ankistrodesmus sp. as bio-flocculant [J]. International Biodeterioration & Biodegradation, 2016, 113: 391-396.

[110] Abdul Hamid S H, Lananan F, Din W N S, et al. Harvesting microalgae, Chlorella sp. by bio-flocculation of Moringa oleifera seed derivatives from aquaculture wastewater phytoremediation [J]. International Biodeterioration & Biodegradation, 2014, 95, Part A: 270-275.

[111] Ma F, Duan S, Kong X, et al. Present status and development trend of studies on microbial flocculants [J]. China Water & Wastewater, 2012, 28 (2): 14-17.

[112] Wan C, Zhao X Q, Guo S L, et al. Bioflocculant production from Solibacillus silvestris W01 and its application in cost-effective harvest of marine microalga Nannochloropsis oceanica by flocculation [J]. Bioresource Technology, 2013, 135: 207-212.

[113] Sukenik A, Bilanovic D, Shelef G. Flocculation of microalgae in brackish and sea waters [J]. Biomass, 1988, 15 (3): 187-199.

[114] Guo S L, Zhao X Q, Wan C, et al. Characterization of flocculating agent from the self-flocculating microalga Scenedesmus obliquus AS-6-1 for efficient biomass harvest [J]. Bioresource Technology, 2013, 145: 285-289.

[115] Alam M A, Wan C, Guo S L, et al. Characterization of the flocculating agent from the spontaneously flocculating microalga Chlorella vulgaris JSC-7 [J]. Journal of Bioscience and Bioengineering, 2014, 118 (1): 29-33.

[116] Salim S, Bosma R, Vermue M H, et al. Harvesting of microalgae by bio-flocculation [J]. Journal of Applied Phycology, 2011, 23 (5): 849-855.

[117] Salim S, Kosterink N R, Wacka N D T, et al. Mechanism behind autoflocculation of unicellular green micro algae Ettlia texensis [J]. Journal of Biotechnology, 2014, 174: 34-38.

[118] Sukenik A, Shelef G. Algal autoflocculation—verification and proposed mechanism [J]. Biotechnology and Bioengineering, 1984, 26 (2): 142-147.

[119] Schenk P M, Thomas-Hall S R, Stephens E, et al. Second Generation Biofuels: High-Efficiency Microalgae for Biodiesel Production [J]. Bioenergy Research, 2008, 1 (1): 20-43.

[120] Griffiths M J, Harrison S T L. Lipid productivity as a key characteristic for choosing algal species for biodiesel production [J]. Journal of Applied Phycology, 2009, 21 (5): 493-507.

[121]　Liu J, Tao Y, Wu J, et al. Effective flocculation of target microalgae with self-flocculating microalgae induced by pH decrease [J] . Bioresource Technology, 2014, 167: 367-375.

[122]　Liu J, Zhu Y, Tao Y, et al. Freshwater microalgae harvested via floccula-tion induced by pH decrease [J] . Biotechnology for Biofuels, 2013, 6: 98-109.

[123]　Pérez L, Salgueiro J L, Maceiras R, et al. An effective method for har-vesting of marine microalgae: pH induced flocculation [J] . Biomass and Bioenergy, 2017, 97: 20-26.

[124]　Wan C, Alam M A, Zhao X Q, et al. Current progress and future pros-pect of microalgal biomass harvest using various flocculation technologies [J] . Bioresource Technology, 2015, 184: 251-257.

[125]　Chen L, Wang C, Wang W, et al. Optimal conditions of different floccula-tion methods for harvesting *Scenedesmus* sp. cultivated in an open-pond system [J] . Bioresource Technology, 2013, 133: 9-15.

[126]　Chen G. Electrochemical technologies in wastewater treatment [J] . Separa-tion and Purification Technology, 2004, 38 (1): 11-41.

[127]　Mollah M Y A, Morkovsky P, Gomes J a G, et al. Fundamentals, pres-ent and future perspectives of electrocoagulation [J] . Journal of Hazard-ous Materials, 2004, 114 (1-3): 199-210.

[128]　Poelman E, De Pauw N, Jeurissen B. Potential of electrolytic flocculation for recovery of micro-algae [J] . Resources, Conservation and Recy-cling, 1997, 19 (1): 1-10.

[129]　Aragón A B, Padilla R B, Ros De Ursinos J a F. Experimental study of the recovery of algae cultured in effluents from the anaerobic biological treatment of urban wastewaters [J] . Resources, Conservation and Re-cycling, 1992, 6 (4): 293-302.

[130]　Xu L, Wang F, Li H-Z, et al. Development of an efficient electrofloccula-tion technology integrated with dispersed-air flotation for harvesting mi-croalgae [J] . Journal of Chemical Technology and Biotechnology, 2010, 85 (11): 1504-1507.

[131]　Poelman E, De Pauw N, Jeurissen B. Potential of electrolytic flocculation for recovery of micro-algae [J] . Resources, Conservation and Recy-cling, 1997, 19 (1): 1-10.

[132]　Azarian G H, Mesdaghinia A R, Vaezi F, et al. Algae Removal by Elec-tro-coagulation Process, Application for Treatment of the Effluent from an Industrial Wastewater Treatment Plant [J] . Iranian Journal of Public Health, 2007, 36 (4): 57-64.

[133]　Yavuz C T, Prakash A, Mayo J T, et al. Magnetic separations: From

steel plants to biotechnology [J] . Chemical Engineering Science, 2009, 64 (10) : 2510-2521.

[134]　Xu L, Guo C, Wang F, et al. A simple and rapid harvesting method for microalgae by in situ magnetic separation [J] . Bioresource Technology, 2011, 102 (21) : 10047-10051.

[135]　Ohara T, Kumakura H, Wada H. Magnetic separation using superconducting magnets [J] . Physica C: Superconductivity, 2001, 357-360, 1272-1280.

[136]　王婷. 用于产油藻高效采收的 Fe_3O_4 基磁性纳米材料的制备与机理研究 [D] . 北京: 北京林业大学, 2016.

[137]　Hu Y R, Guo C, Xu L, et al. A magnetic separator for efficient microalgae harvesting [J] . Bioresource Technology, 2014, 158: 388-391.

[138]　Hu Y R, Wang F, Wang S K, et al. Efficient harvesting of marine microalgae Nannochloropsis maritima using magnetic nanoparticles [J] . Bioresource Technology, 2013, 138: 387-390.

[139]　Lee K, Lee S Y, Praveenkumar R, et al. Repeated use of stable magnetic flocculant for efficient harvest of oleaginous Chlorella sp. [J] . Bioresource Technology, 2014, 167: 284-290.

[140]　Hu Y R, Guo C, Ling X, et al. A magnetic separator for efficient microalgae harvesting [J] . Bioresource Technology, 2014, 158: 388-391.

[141]　Lim J K, Chieh D C J, Jalak S A, et al. Rapid Magnetophoretic Separation of Microalgae [J] . Small, 2012, 8 (11) : 1683-1692.

[142]　Cerff M, Morweiser M, Dillschneider R, et al. Harvesting fresh water and marine algae by magnetic separation: Screening of separation parameters and high gradient magnetic filtration [J] . Bioresource Technology, 2012, 118: 289-295.

[143]　Wang S K, Stiles A R, Guo C, et al. Harvesting microalgae by magnetic separation: A review [J] . Algal Research-Biomass Biofuels and Bioproducts, 2015, 9: 178-185.

[144]　Bosma R, Van Spronsen W A, Tramper J, et al. Ultrasound, a new separation technique to harvest microalgae [J] . Journal of Applied Phycology, 2003, 15 (2) : 143-153.

[145]　Chen B, Huang J, Wang J, et al. Ultrasound effects on the antioxidative defense systems of Porphyridium cruentum [J] . Colloids and Surfaces B: Biointerfaces, 2008, 61 (1) : 88-92.

[146]　Barrut B, Blancheton J P, Muller-Feuga A, et al. Separation efficiency of a vacuum gas lift for microalgae harvesting [J] . Bioresource Technology, 2013, 128: 235-240.

[147]　Buckwalter P, Embaye T, Gormly S, et al. Dewatering microalgae by for-

ward osmosis [J] . Desalination, 2013, 312: 19-22.

[148] 陈秀峰. 海藻微波裂解与干燥实验研究 [D] . 广州: 华南理工大学, 2012.

[149] 刘琦. 两种微藻喷雾干燥工艺优化及微藻面包的制作 [D] . 大连: 大连海洋大学, 2015.

[150] 董俊德, 吴伯堂, 向文洲, 等. 海水螺旋藻工厂化生产中的喷雾干燥技术 [J] . 中国农业大学学报, 1996, 1 (4) : 40-44.

[151] 王兰生, 赵晋平. 板式干燥器的设计 [J] . 化工设备设计, 1995 (4) : 17-21.

[152] Pohndorf R S, Camara Á S, Larrosa A P Q, et al. Production of lipids from microalgae Spirulina sp. : Influence of drying, cell disruption and extraction methods [J] . Biomass and Bioenergy, 2016, 93: 25-32.

[153] Oliveira E G, Duarte J H, Moraes K, et al. Optimisation of Spirulina platensis convective drying: evaluation of phycocyanin loss and lipid oxidation [J] . International Journal of Food Science and Technology, 2010, 45 (8) : 1572-1578.

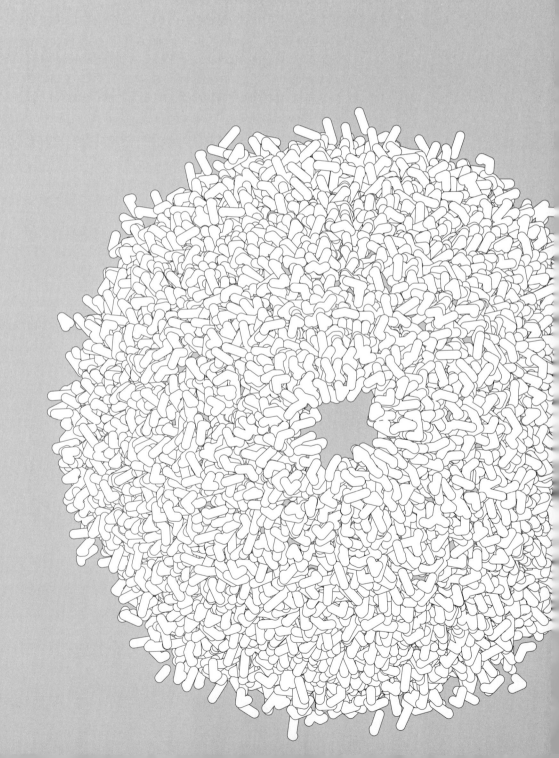

第

5

章

微藻生物能源的炼制

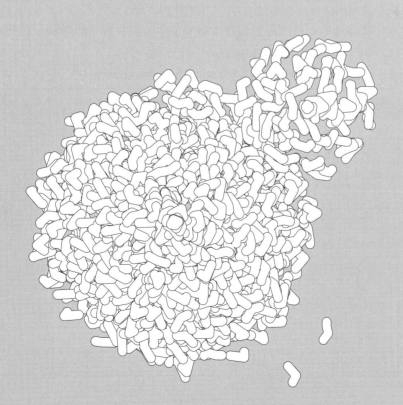

5.1 微藻生物柴油

生物柴油研究始于 19 世纪末，1892 年，德国工程师鲁道夫发明了压缩点火式内燃机，用的燃料有煤油、花生油等，并于 1893 年提出生物柴油的概念。生物柴油较系统的研究始于 20 世纪 50 年代末，70 年代的石油危机之后得到了大力发展。1983 年 G. Quick 将亚麻油、棉籽油进行酯交换甲酯化后，在发动机上做了燃烧试验，此后，由可再生的油脂原料经过反应得到的长链脂肪酸甲酯（FAME）被称为生物柴油（biodiesel）。

微藻生物柴油是指以微藻油脂为可再生的油脂原料通过酯交换或热化学工艺制成的可代替石化柴油的再生性柴油燃料。在众多生物质能源中，不与人争粮、不与粮争地、不与畜争料、不与农争利的微藻生物柴油吸引了越来越多决策者和研究者的关注。

微藻油脂中的甘油酯和脂肪酸与醇类（如甲醇和乙醇）发生酯交换反应，生成脂肪酸单烷基酯即生物柴油，基本反应式如下：

$$\begin{matrix} CH_2COOR_1 \\ | \\ CH_2COOR_2 \\ | \\ CH_2COOR_3 \end{matrix} + 3CH_3OH \longrightarrow \begin{matrix} CH_2OH \\ | \\ CH_2OH \\ | \\ CH_2OH \end{matrix} + R_1COOCH_3 + R_2COOCH_3 + R_3COOCH_3$$

微藻油脂和植物油脂制备生物柴油中的脂肪酸甲酯相对含量见表 5-1。

表 5-1 植物油脂和微藻油脂制备生物柴油中的脂肪酸甲酯相对含量[1,2]　　　　　　　单位：%

脂肪酸甲酯名称	棉籽油	大豆油	芝麻油	玉米油	菜籽油	椰子油	棕榈油	小球藻油
12:0						45.0	—	0.30
14:0	0.4	—	—	—	—	13.4	1.0	0.50
16:0	20.4	10.5	8.1	11.8	3.1	7.5	40.1	17.89
18:0	1.4	3.6	4.0	1.3	1.0	1.0	4.1	2.95
20:0	—	0.3	0.4	—	0.5	—	—	5.81
22:0	—	0.2	—	—	0.3	—	—	—
24:0	—	—	—	—	0.5	—	—	—
16:1	0.3							9.21
18:1	15.1	23.5	40.4	30.9	32.3	8.2	43.0	3.94
20:1	—	0.2	0.2	—	6.8			0.27
22:1					32.8			

续表

脂肪酸甲酯名称	棉籽油	大豆油	芝麻油	玉米油	菜籽油	椰子油	棕榈油	小球藻油
18:2	62.4	54.7	46.7	55.2	14.5	8.6	11.0	8.08
20:2	—	—	—	—	0.3	—	—	—
18:3	—	—	—	—	—	—	—	13.94
18:3	—	7.1	0.2	0.8	7.7	—	0.2	30.13

由表 5-1 可知，微藻油和植物油制备的生物柴油组成有一定的区别，表现在各种饱和脂肪酸甲酯和不饱和脂肪酸甲酯的含量上。但是，构成生物柴油的脂肪酸碳原子个数主要为 16 和 18，与构成石化柴油的碳原子个数 15～24 基本一致。

5.1.1　油脂提取

微藻生物柴油的生产首先是要获得微藻油脂，因此微藻油脂提取是微藻生物柴油产业的关键技术，也是微藻生物柴油炼制的首要步骤。微藻油脂提取技术主要包括有机溶剂萃取法、超临界流体萃取和离子液体提取等，这些方法要求藻体为干燥粉末。为了避开浓缩干燥步骤，加快生物柴油生产周期，降低生物柴油生产成本，亚临界水提取、原位萃取及促使微藻油脂分泌至胞外的新方法应运而生，但这些技术还仅限于实验室水平，未达到工业化要求。

5.1.1.1　有机溶剂萃取法

有机溶剂提取法是使用较为传统、普遍应用的微藻油脂提取方法，选用可以溶解油脂的某种有机溶剂，浸湿微藻，使微藻细胞内的油脂萃取出来。该过程属于固液萃取，即利用微藻油脂能够溶解在选定的溶剂中，而使微藻油脂从固相转移到液相的传质过程。其传质过程的推动力主要是油脂在固液两相中的浓度差，借助分子扩散和对流扩散两种扩散方式完成。

一般情况下，对微藻油脂提取所用溶剂的要求是：获得高的提油率，避免对人体的伤害，保证生产操作的安全。较常用的有机溶剂有石油醚、己烷、环己烷、丙酮、甲醇和乙醇等。

一般选用的有机溶剂必须符合以下几点[3]。

1）对微藻油脂有较好的溶解度

溶剂应能够充分、迅速地溶解微藻油脂，且与微藻油脂能以任何比例相互溶解；不溶解或很少溶解微藻中的脂溶性物质，更不能溶解微藻中非油组分。

2）化学性质稳定

溶剂在储藏和运输过程、在提取生产各工序的加热或冷凝过程中不发生分解、聚合等造成溶剂化学成分和性质改变的化学变化，不与微藻种任何组分发生化学反应。对提取设备不应具有腐蚀作用。

3）容易与微藻油脂分离

溶剂能够在较低的温度下从微藻油脂中充分挥发。应具有稳定的及合适的沸点、比热容低、蒸发潜热小、容易回收，且与水不互溶，也不与水形成共沸混合物。

4）安全性能好

无论是溶剂液体、溶剂气体或是溶剂蒸气与水蒸气的混合气体，应对操作人员健康无害。脱除溶剂后的微藻残渣不应带有溶剂的不良气味，不会残留对人体有害的物质。溶剂应该不易燃烧和不易爆炸。

5）溶剂来源广泛

溶剂的供应量应该能满足大规模工业化生产的需求，溶剂的价格便宜且容易获得。

有机溶剂萃取法主要有如下几种。

（1）甲醇-氯仿-水混合提取

目前，最常用的微藻油脂提取方法是 1959 年 Bligh 和 Dyer 提出的甲醇-氯仿-水混合提取体系[4]。该方法基于"相似相溶"原理，藻体与甲醇/氯仿混合溶剂充分接触，极性溶剂甲醇与细胞膜的极性脂结合，从而破坏脂质与蛋白质分子间的氢键和静电作用，使非极性溶剂氯仿进入细胞并溶解胞内疏水的中性脂成分，充分萃取后在体系中加入水，甲醇即溶于水相而与含油脂的氯仿相分层，氯仿挥发后得到粗脂提取物。但氯仿有较大毒性，会对人体产生损害。一些低毒双溶剂体系也尝试用于油脂提取，例如正己烷/异丙醇、DMSO/石油醚、正己烷/乙醇等。刘圣臣等[5] 在反复冻融技术破碎细胞壁后，采用乙醇提取海藻油，冻融 1 次、料液比 3∶1（体积质量比）、乙醇浓度 95%、提取温度 45℃ 的条件下，出油率达 24.28%。相对而言出油率较低。

（2）双溶剂体系萃取

双溶剂的油脂提取率相比单溶剂一般要高些。双溶剂体系萃取（mixing co-solvent extraction）是指由一种极性溶剂与一种非极性溶剂组成单相体系提取藻体油脂，双溶剂体系萃取的油脂提取率相比单溶剂一般要高些。殷海等[6] 研究了采用甲醇和石油醚两种有机溶剂对微藻油脂提取率的影响，结果表明料液比为 15mL/g、提取温度为 45℃、提取时间为 5h 时，加入石油醚的微藻油脂提取率为 58.71%，使用甲醇溶剂后再使用石油醚提取，在同等条件下油脂提取率可达到 77.16%。相比于单种溶剂，采用甲醇和石油醚两种溶剂的提取率有了较大提高。刘群等[7] 以乙醚/石油醚为溶剂提取球等鞭金藻海藻油，发现在料液比 1∶5，乙醚/石油醚体积比 1∶2，提取温度 20℃，提取时间 5h 条件下，油脂得率为(40.8±1.1)%。

为提高油脂提取率，选择合适的溶剂体系及溶剂添加顺序至关重要。在实际应用中，双溶剂体系的选取原则包括：

① 极性溶剂能有效破坏细胞膜脂和膜蛋白间结合力，使细胞膜疏松多孔；

②非极性溶剂的亲疏水性尽可能与细胞内油脂成分的性质接近；

③可结合高温高压或机械破坏细胞膜的方法提高油脂提取率。萃取过程中溶剂添加顺序则需按极性递增原则，如对微拟球藻（*Nannochloropsis*）藻粉依次加入氯仿、甲醇、水，油脂提取率为 21.0%，而按相反顺序添加溶剂（水、甲醇、氯仿），提取率降低为 18.5%[8]。

（3）快速溶剂萃取法

快速溶剂萃取法（accelerated solvent extraction，ASE），是一种在较高温度（50～200℃）和较大压力（10.3～20.6MPa）条件下用溶剂萃取固体或半固体样品的处理方法。该方法用于萃取微藻油脂的原理是：高温高压有助于增加传质速率使溶剂快速渗入藻细胞，同时降低溶剂介电常数使其极性接近油脂，从而提高溶剂的萃取效率。常用溶剂体系有甲醇/氯仿、异丙醇/正己烷等，流程示意见图 5-1。与双溶剂萃取法相比，ASE 法具有作用时间短（5～10min）、溶剂消耗量少、油脂提取率高的优点。如传统的 Folch 方法（氯仿：甲醇＝2：1）对绿藻（*Rhizoclonium hieroglyphicum*）的油脂提取率为 44%～55%，而用等量溶剂在 10.3MPa、120℃时仅提取 5min，油脂提取率即可达到 85%～95%[9]。

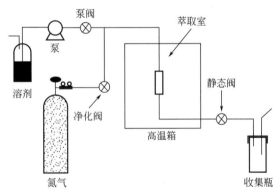

图 5-1　快速溶剂萃取流程

5.1.1.2　超临界流体萃取法

超临界流体萃取（supercritical fluid extraction）是一种新兴的提取技术，它是指超出临界温度和压力时，流体介于气态和液态之间，同时具有气体的扩散传质性能和液体的溶解性能，对藻体油脂的提取效率远高于普通的有机溶剂。超临界流体萃取过程由萃取工序和分离工序组成。在超临界状态下，超临界流体与待分离的物质接触，使其有选择性地把极性大小不同、沸点高低不同和分子量大小不同的成分依次萃取出来。不同压力范围萃取得到的产物不是单一的，通过控制条件可以得到最佳比例的混合成分，然后借助减压、升温的方法使超临界流体变为普通流体，全部或部分析出被萃取物质。

在诸多的超临界溶剂中，CO_2 的特性显著。它合适的临界参数（$T_c=31.06℃$，$p_c=7.39MPa$）便于在室温下和可操作的压力下操作。而且 CO_2 具有无毒、不燃和普遍存在的特性，能够防止加热处理对油脂的分解作用以及传统萃取工艺中残留有机溶剂的化学危害。程霜等[10] 研究发现在萃取压力 25MPa、温度 40℃、时间 2h、CO_2 流量 30kg/h 的条件下，螺旋藻的萃取率可达到 95.3％。超临界 CO_2 萃取系统包括供气系统、超临界 CO_2 发生系统、萃取分离系统和 CO_2 循环回收系统，应用最广泛的超临界 CO_2 流体萃取工艺流程如图 5-2 所示。

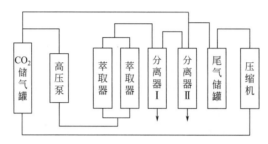

图 5-2　超临界 CO_2 流体萃取工艺流程示意[3]

（1）CO_2 超临界流体的制备

储气罐中的液态 CO_2 按设计程序经高压泵调控压力，同时经过调整温度后获得超临界 CO_2 流体，经注入泵将超临界流体注入萃取器。

（2）CO_2 超临界流体萃取

将待提取的原料加入萃取器中，与超临界 CO_2 流体充分混合，在设定的高压和特定温度下进行萃取。

（3）CO_2 超临界流体分离

流体和油脂的充分混合物进入分离器，可通过改变压力、温度等条件，使混合物在不同条件分离器中进行若干级次的分离。利用超临界流体的溶解能力与其密度的管理通过调节压力和温度，使其有选择地把极性大小不同、沸点高低不同和分子量大小不同的成分依次萃取出来。

（4）CO_2 超临界流体回收

当饱含溶解物的 CO_2 流经分离器时，由于压力下降使得 CO_2 溶解能力下降，与萃取物迅速成为两相（气-液分离）而立即分开，萃取完毕的 CO_2 回输至 CO_2 储气罐，汽化部分经尾气收集器收集，然后经压缩机加压液化回至 CO_2 储气罐，油脂从分离器的底部放出，完成超临界萃取工艺流程。

大量研究发现：超临界 CO_2 能分离不同碳链长度的脂肪酸（酯），却难以分离相同碳数而具有不同饱和度的脂肪酸（酯）；携带剂的使用虽能使 CO_2 萃取能力增强，体系操作压力、能耗、设备的设计压力降低，大大减少设备投资，但用于对脂肪酸（酯）的选择性萃取和分离却不合适，甚至还降低了超临界 CO_2 的选择性，并可能引起产品的质量和安全问题。因涉及温度和压力控制，使得处理工艺能耗高，经济性较差，不适于大宗化学品的提取。利用超临界流体萃取微藻油脂的过程对温度和压力有严格控制，采用该方法的主要限制因素是需具有专门的设备，能供应全套设备的公司有美国 ASI 公司、ISCO 公司及 SFT 公司等，该方法只适合规模化提取[11]。

5.1.1.3　亚临界流体萃取法

亚临界水萃取（subcritical water extraction，SWE）是指水在略低于临界温度时其极性降低，因此具有类似有机溶剂的性质，对油脂的溶解性也大大提高；同时，利用高压使水维持在液态，高温促使水快速进入细胞，使胞内脂质萃取至水相；当体系冷却至室温时，水的极性升高，溶解在水相的油脂与水迅速分层便于收集，流程示意见图 5-3。

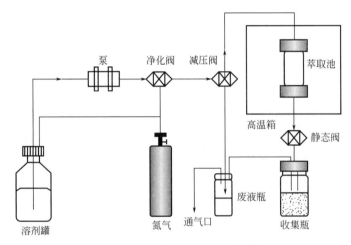

图 5-3　亚临界水萃取流程示意[12]

此外，亚临界乙醇也可用来萃取色素，如萃取雨生红球藻（*Haematococcus pluvialis*）和杜氏盐藻（*Dunaliella salina*）中的胡萝卜素。该方法的优势在于可以对藻液直接处理，在体系中无需加入有机溶剂，但是因温度压力等高能耗步骤的存在，此法工业应用也有所限制。

陈闽等[13]采用亚临界乙醇技术从微拟球藻（*Nannochloropsis* sp.）湿藻中提取油脂，研究影响提取效果工艺参数包括水分含量、溶剂（体积）与藻（干重）比例、提取温度、压力和提取时间。研究结果显示，水分含量、溶剂（体积）与藻（干重）比例和提取温度对提取率有显著影响，而提取时间和压力对提取效率影响不显著。最优化提取条件为：水分含量 10%、溶剂与藻粉比 40:1、提取温度 135℃、压力 1.5MPa、提取时间 50min，提取率可达 90.21%。由于乙醇价格便宜、使用安全并易于回收，因此采用亚临界乙醇技术从湿藻中提取油脂效率高，且较为经济。另外，陈闽等[14]仍以微拟球藻湿藻泥为原料，研究亚临界乙醇、亚临界乙醇-正己烷共溶剂及硫酸辅助亚临界乙醇-正己烷共溶剂三种萃取体系对提取微藻油脂的影响。结果表明，亚临界乙醇-正己烷比亚临界乙醇对湿藻细胞具有更高取油率、溶剂用量低，且加入少量硫酸可进一步提高油脂提取率、降低溶剂用量。对微拟球藻湿藻泥（含水约 70%）优化提取油脂条件为：正己烷/乙醇体积比 3:1，液固比（溶剂/藻细胞干重）7mL/g，加入藻细胞干重 6% 的硫酸、1.5MPa、90℃ 萃取 30min，在此条件下油脂提取率可达 90% 以上。三种萃取体系获得微藻油脂均以甘油三酯为主，脂肪酸主要为 C16:0、C18:1 和 C16:1 酸，其中硫酸辅助亚临界共溶剂萃取微藻油脂中甘油三酯含量最高，约占总脂质的 86% 以上。

5.1.1.4 离子液体提取技术

离子液体（ionic liquids，ILs）又称室温离子液体，由有机阳离子和阴离子组成，阴、阳离子具有许多可能组合，可根据特定要求进行设计。与有机溶剂不同，离子液体同时存在极性区和非极性区，因而对有机物、无机物、生物大分子、气体等都有较好溶解性，在化学反应中被广泛用作反应介质。在萃取分离领域，离子液体由于其液态范围宽、不挥发、结构可调控、对目标物具有一定选择性，被认为是一种可替代传统溶剂的新型绿色溶剂，现已成为研究热点。

5.1.1.5 原位油脂萃取法

原位萃取（milking）是指建立生物相容性有机溶剂与藻液共混的两相体系，使目标产物不断萃取至溶剂相，同时藻细胞仍不断合成产物的模式，使微藻采收与产物提取过程集成，实现产物在线提取和提高产量的双重目标，原理示意见图 5-4。

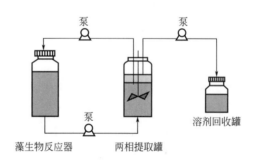

图 5-4　原位萃取流程示意

与传统方法相比，微藻油脂原位萃取具以下优势：
① 常温常压操作；
② 培养与提取同步进行，无需藻体干燥；
③ 解除产物抑制，提高油脂产量[15]。

5.1.1.6 一步法藻油提取技术

Origin Oil 一步法藻油提取技术，采用 Origin Oil 公司 Quantum Fracturing 技术将电磁与 pH 值调节组合在一起，使海藻细胞壁破裂，从而使细胞中油释放出，海藻油上浮到顶部利于撇出和精制，而剩余生物质沉淀到底部，利于进一步加工用作燃料和其他有价值产品。采用单一步骤萃取使油从生物质中分离出，而无需脱水或干燥，对于工业规模生产，可减少能量高达 90%，总能量成本可达 200 美元/t 海藻油[16]。

5.1.1.7 微藻油脂提取强化措施

常用的溶剂萃取油脂提取传质过程的推动力主要是油脂在固液两相中的浓度差，借助分子扩散和对流扩散两种扩散方式完成；另外微藻细胞小，大多具有细胞壁结构，因此对微藻先破壁后提油可强化油脂提取效率。目前主要的微藻油脂破壁提取方法可分为机械破壁和非机械破壁。

（1）机械破壁

机械破壁是通过机械外力作用来破坏细胞壁结构，使细胞破碎的办法。机械破壁方法主要包括研磨法、超声波破碎法、高压均质法等。研磨法主要是将微藻细胞与研磨剂放置一起，经过高速的搅拌或者研磨，达到微藻破壁的效果。Halim 等[17] 发现采用研磨法可使微藻细胞的破碎率达到 17.5％。研磨法是较为经济的破碎方法，但破碎率相对较低。超声波破碎法适合大多数微藻细胞，通过高频率的声波对细胞产生空化作用和机械振动，使细胞壁破碎。破碎的效果与微藻细胞的浓度和种类、破碎时间、超声波输出功率相关。孙利芹等[18] 研究表明破碎时间对紫球藻细胞破碎有较大影响，时间越长，破碎率增大；破碎时间为 10min 时破碎率仅为 45％，而增加至 20min 时，可达到 85％左右，但超过 20min 后破碎率增加不明显。王雪青等[19] 研究了 17 种微藻细胞的超声波破碎效果，经 12min 超声波处理，所有微藻细胞的破碎率均在 90％以上，有的甚至达到了 99％以上。超声波破碎法具有处理时间短、破碎率高、无污染的特点，但由于温度的剧烈上升，会引起产物失去活性，现在还较难大规模应用。高压均质法是利用微藻细胞高压通过工作阀时，突然的减压和高速的撞击使得细胞破裂。高压均质法的破碎效果与微藻种类和细胞壁的组成等有关系密切，尤其对小球藻的破碎效果较好。钟瑞敏等[20] 将 60℃复水的小球藻在 30MPa 压力下均质 2 次，细胞全部破碎。

（2）非机械破壁

非机械破壁主要通过两种途径：一种是在微藻液中添加生物酶或者化学试剂，通过与细胞壁发生反应使得细胞壁溶解，或者通过改变细胞膜通透性，从而将细胞内物质释放到细胞外部；另一种是通过改变细胞外部渗透压等使细胞膨胀，导致细胞破裂，释放细胞内物质。该类方法主要有反复冻融法、渗透法、酸热法、生物酶法等。反复冻融法的原理是利用微藻细胞内外形成冰晶产生膨胀压而导致细胞破碎。孙利芹等[18] 研究表明反复冻融法的破碎率与温度有关，冻融温度越低，细胞破碎率明显增大，−10℃时破碎率仅有 28％，−30℃破碎率能达到 70％左右。渗透法是将微藻细胞放入高渗透的溶液中，利用细胞内外渗透压差异使得细胞破碎。黄雄超[21] 的研究表明，渗透时间延长破碎率也在提高，但是较缓慢，12h 内细胞的破碎率较低，12h 后破碎率达到 42.5％。虽然渗透法能耗低，但是耗时较长。酸热法是用酸对微藻细胞壁进行处理，再经过沸水浴和速冻处理，使得细胞壁酸解破裂的方法。黄雄超在研究中采用盐酸酸热法发现，微藻细胞的破碎率随着反复冻融次数的增加而上升，采用 8mol/L 的 HCl 时可使破碎率达到 60% 左右。生物酶法是利用水解酶溶解破坏微藻细胞壁，达到破碎细胞的效果。生物酶法的细胞破碎率能达到 80% 以上，而且生物酶法较为温和，不会引起胞内物质的变性，对于微藻油脂的提取较为有利，但需投入成本较高，不适合工业化生产。机械与非机械预处理法对于微藻细胞的破碎各有优劣，研磨法没有引入其他物质，但是破碎率较低，超声波破碎法和高压均质法会引起温度升高导致细胞内物质的失活，酸热法和生物酶法虽然破碎率较高，但是引入了其他杂质。另外，由于微藻的种类不同，细胞壁的组成也各有差异，不同的微藻破碎需要采用不同的破碎方法[22]。

5.1.2 微藻生物柴油的制备

生物柴油的制备方法有物理方法、化学方法和生物方法三种。物理法包括直接混合法和微乳液法。化学方法包括高温热裂解法、酯交换法和无催化的超临界法。生物法包括酶催化的酯交换法。其中酯交换法具有工艺简单、操作费用低、制得的产品性质稳定等优点，在工业上具有广泛的应用。

5.1.2.1 物理方法

直接混合法是将天然油脂与石化柴油、有机溶剂或者醇类等按照不同比例直接混合以降低黏度，提高挥发度后作为发动机燃料使用。虽然直接混合法简单易行，但是混合产品极易变质，油的高黏度和难挥发性易导致炭化结焦、燃料油污染等问题，难以长时间应用。

微乳法是将天然油脂与甲醇或乙醇以及特定的表面活性剂以一定的比例混合形成微乳液。天然油脂经乳化处理后，黏度降低，雾化性能提升，有利于燃烧，微乳液是一种热力学温度的胶体分散系，长期放置不会产生分层，但是乳化液的热值和十六烷值较低，容易受到环境条件的改变而引起破乳现象，且存在积炭、结焦及润滑油稀释等问题。

5.1.2.2 化学方法

化学法是将天然油脂进行化学转化，将甘油三酯转化为分子量约为其 1/3 的单链脂肪酸酯，从根本上改善流动性和黏度。目前，生物柴油的工业生产基本上都采用化学法。包括高温裂解法、酯交换法以及超临界法。微藻油脂作为新型的生物柴油原料，与传统油料原料有着明显的区别。栅藻油脂原料的化学成分及基本性质见表 5-2。微藻油脂的游离脂肪酸含量较高，因藻种不同而不同，但其酸价一般分布在 $34 \sim 167 \mathrm{mg/g}$[23]。此外，微藻油脂还含有丰富的极性脂成分，主要是磷脂、糖脂，同时有含量较高的色素、甾醇及其衍生物等[24,25]。一般认为，酸价高于 $5.0 \mathrm{mg/g}$ 的油脂不宜使用直接碱催化[26]。因此常采取酸催化预酯化反应以除去微藻油脂中的游离脂肪酸，待油脂酸价降低至合适水平，随后采用碱催化转酯化的方法。

表 5-2　栅藻油脂原料的化学成分及基本性质

项目	甘油三酯/%	甘油二酯/%	游离脂肪酸/%	中性酯/%	极性酯/%	酸价/(mg/g)
栅藻冻干粉提取物	42.1	4.1	14.7	60.9	37.3	32.2
栅藻烘干粉提取物（105℃,2h）	47.3	2.38	16.2	65.9	32.7	33.9
栅藻烘干粉提取物（60℃,24h）	38.2	3.75	24.1	66.1	32.9	46.6
培养 7d 栅藻提取物	21.3	4.10	27.4	52.8	46.5	53.1
培养 14d 栅藻提取物	61.6	2.21	11.2	75.0	25.0	22.0
商业化藻油	64.7	4.00	10.0	78.7	21.3	20.3

（1）高温裂解法

高温裂解法是指使生物质中的有机高分子在常压、快速加热、超短反应时间的条件下断裂为短链分子，最大限度获得燃料油的过程。高温裂解法生产过程简单，对环境污染小，对原料要求不高，且利用充分。但是所需高温设备较昂贵，生产过程复杂，且产品主要为生物汽油，生物柴油只是其副产品，反应程度很难控制，当裂解混合物中的硫、水、沉淀物等在一定范围内出现时，其灰度、炭渣和浊点就会超出限定值。

（2）酯交换法

酯交换法是指天然油脂和醇在催化剂作用下进行酯交换反应，生成脂肪酸酯（生物柴油）和甘油。目前工业上生产生物柴油应用最广泛的方法是酯交换法。可用于酯交换的低级醇包括甲醇、乙醇、丙醇、丁醇和戊醇。其中最为常用的是甲醇，主要是由于甲醇的价格较低，碳链相对最短、极性很强，能够快速地与脂肪酸甘油酯反应，且碱性催化剂易溶于甲醇。

目前应用最多的化学酯交换法主要有碱催化酯交换法、酸催化酯交换法、酸碱联合催化法、生物酶催化酯交换法和原位转酯化法。

1）碱催化酯交换法

在实际生产中，由于碱催化酯交换反应的速率比酸催化快得多，因此，实际生产中碱催化酯交换法应用较多。醇油的化学计量比 3∶1，但是实际生产过程中为了使反应平衡向脂肪酸酯方向移动，醇通常的用量是过量的。碱催化酯交换法常用的催化剂分为无机碱和有机碱两类。常用的无机碱催化剂有甲醇钠、氢氧化钠、氢氧化钾、碳酸钠和碳酸钾等，其中甲醇钠的催化活性高于氢氧化钠，然而由于氢氧化钠的价格便宜，传统的碱催化酯交换工艺中多使用氢氧化钠作为催化剂。有机碱催化剂主要是指含氮类有机碱。

2）酸催化酯交换法

酸催化酯交换法适用于游离脂肪酸和水的含量较高的油脂。常用的催化剂有浓硫酸、盐酸、苯磺酸和磷酸等，浓硫酸的价格较便宜，资源丰富，是最常用的酸催化剂。酸催化酯交换过程的转化率比较高，但是反应较慢，分离困难且易产生废水、废气和废渣。

3）酸碱联合催化法

虽然碱催化得到了广泛的应用，但是碱催化对于原料的品质要求较高，适合于以精炼油脂为主要原料的生物柴油制备，对于高酸值的油脂就不太适合，因此采用酸碱联合催化法，先用液体酸催化酯化、中和、除水后再用液体碱催化进行酯交换。

陈林等[27]研究表明初始酸价为$17\sim46$mg/g的微藻油脂，经酸催化预酯化反应2h后，酸价可降低至2mg/g以下；随后的碱催化酯化优化条件为，加入占油质量2%的氢氧化钾，醇油物质的量之比12：1，65℃条件下，微藻油脂转化效率最高，接近100%；生物柴油产品中脂肪酸甲酯含量达到96.6%；碱催化30min内可以平衡，总的反应时间在2.5h内。

4）生物酶催化酯交换法

生物酶催化酯交换法是指利用脂肪酶作为催化剂，将油脂与醇进行酯交换反应制备生物柴油的过程。化学酯交换法制备生物柴油所用的催化剂一般存在分离困难、所需量大等问题，采用酶催化可以避免这些问题。酶法生产生物柴油具有适用范围广、提取简单、反应条件温和、醇用量小、产品易回收和无污染等优点，尤其是对原料要求低，可利用餐饮废油脂和工业废油脂等原料，因此，酶法生产生物柴油越来越受到人们的关注。

脂肪酶全称为甘油三酰水解酶，其基本功能是催化甘油酯水解为甘油和脂肪酸。脂肪酶最早应用于油脂工业是催化油脂水解生产脂肪酸[28]。随着非水相酶学研究的深入以及对脂肪酶催化过程的热力学和动力学的研究，发现在一定的反应体系中，利用脂肪酶的催化作用，还可实现油脂与短链醇的酯交换反应，用于制备生物柴油[29]。脂肪酶催化制备生物柴油的反应机理通常认为是多个顺序水解和酯化过程，即在酶催化微水环境中，三甘酯先水解成二甘酯和脂肪酸，然后脂肪酸和短链醇酯化合成脂肪酸烷基酯；二甘酯继续水解成单甘酯和脂肪酸，脂肪酸再与短链醇酯化合成脂肪酸烷基酯；依次进行顺序水解和酯化反应，直到甘油酯完全水解为甘油，产生的脂肪酸完全酯化合成脂肪酸烷基酯。甘油酯与短链醇还可以直接进行酰基转移，因为醇作为酰基受体，除了参与和脂肪酸的酯化过程，同时有可能与水竞争获得甘油酯的酰基，即不经水解步骤直接产生脂肪酸烷基酯和二甘酯[30]。

Li等[31]报道，利用原始小球藻（*Chlorella prototothecoids*）微藻油脂，在固定化假丝酵母（*Candida* sp.99-125）脂肪酶催化下制备生物柴油，油脂转化率达98%，且该微藻油脂中的油脂质量分数达44%～48%（基于细胞干重）。借助基因工程、遗传工程技术及光照培养技术，培养繁衍能力强、油脂含量高、生长周期短的工程微藻，降低微藻生物柴油的生产成本，比用植物油脂生产生物柴油更具有商业竞争力。

酶催化酯交换虽然有很多优点，但是其工艺也还存在着缺点。在酶催化工艺中，需要用到甲醇或乙醇等短链醇类，很容易引起酶失活，降低反应效率，并且酶的价格较昂贵，酶失活后难以重复利用，加大了生产成本，因此这些不足在一定程度上限制了酶催化法的应用。解决酶失活是酶催化工艺中至关重要的一个步骤，一个很有前景的解决方法是以细胞生物催化剂的形式来利用脂肪酶。

5）原位转酯化法

原位转酯化（in situ transesterification）是指冷冻干燥的藻粉在强酸催化剂（如 HCl，H_2SO_4）作用下能与醇（如甲醇）发生转酯反应生成脂肪酸甲酯。原位酯化法省去脂肪酸提取步骤，有效简化了生物柴油的生产工艺。该方法最早报道于动物脂肪组织的直接酯化，后证实可广泛应用于棉籽、葵花籽、真菌和微藻等高含油量生物质中脂肪酸的甲酯化[15]。对微藻原位酯化的研究表明，反应物在密闭容器中加热至 100℃仅需 1h 即可反应完全，在体系中加入正己烷可以实现产物脂肪酸甲酯的一步纯化[32]；若将底物醇与乙醚、甲苯等弱极性溶剂混合，则能通过改变反应介质极性而提高产率[33]。与其他方法不同的是，反应过程中细胞膜极性脂成分也发生酯化导致脂肪酸甲酯收率明显提高，甚至对几乎不含中性脂的蓝藻（*Synechocystis* sp. PCC 6803，*Synechococcus elongatus*），脂肪酸甲酯率也有 7.1％。然而样品含水量对转化效率影响显著，藻水比为 1∶1 时，酯化产率仅为干燥样品的 50％[34]。

由于超临界甲醇兼具萃取剂、溶剂以及反应物多重身份，因此可以在无催化剂、助溶剂情况下直接将含油原料通过原位酯交换工艺制备生物柴油。甲醇在超临界状态下具有高溶解度、高扩散性，能够作为溶剂以及萃取剂有效萃取含油原料油脂。此外，甲醇作为反应物参与酯交换反应。Jazzar 等[35] 分别以干微藻和湿微藻为原料，在超临界甲醇中原位酯交换反应制备生物柴油。研究发现，干湿微藻的饱和甲酯量基本一致，主要是由于饱和甲酯在任何温度时间下都不会发生热裂解。但干藻的多不饱和甲酯在无水存在时，在更低温度就会发生热裂解。任何温度下，干藻产率均高于湿微藻，认为高含水量对超临界酯交换反应有抑制作用，但抑制作用并不明显。因此，在 scMeOH（超临界甲醇）中制备生物柴油可直接以湿微藻为原料。利用两种微藻最优工艺条件为：醇藻比（体积/质量）为 10∶1，反应时间 50min，干湿微藻温度分别为 255℃、265℃。此外，通过 SEM 对比反应前后的微藻，发现原位酯交换工艺能有效打破细胞壁。Bi 等[36] 利用 10～20μm 的干微藻为原料，在亚临界、超临界甲醇中原位酯交换制备生物柴油。研究发现，当温度超过 25℃时，微藻油以及微藻生物质就发生热裂解，导致产率降低。当醇油摩尔比为 75∶1，温度 211.6℃，反应 120min，产率最高，达到 37.5％（质量比）。Reddy 等[37] 利用湿微藻在超临界乙醇中原位酯交换反应制备生物柴油，分别考察温度、醇藻比、反应时间对工艺影响。研究发现当醇藻比 9∶1、温度 265℃并反应 20min，产率可达 67％，发热量可达 43MJ/kg。Patil 等[38] 也选用含水量 90％的湿微藻，采用相同工艺，最优条件为：醇藻比 9∶1、温度 255℃并反应 25min，产率高达 90％。

5.2 燃料乙醇

燃料乙醇指以生物物质为原料通过生物发酵等途径获得的可作为燃料用的乙醇。第一代燃料乙醇的原料采用玉米、甜菜等农作物，该方式是目前燃料乙醇的主要来源，其生产技术与工艺相对成熟（即液化、糖化、发酵、蒸馏、脱水），但也极易导致粮食供应量下降，而出现与人口争夺粮食资源的局面，因此难有可持续性。同时，农作物种植、施肥、喷洒农药等也易发生土壤板结、生态失衡、生物多样性降低等系列问题。依赖占用耕地和消耗淡水换取能源植物发展的生物燃料模式，理论上不可能完全满足未来能源需求，在人口多、人均水土资源少的我国更不现实。第二代燃料乙醇以富含木质纤维素的废弃物水解发酵生产燃料乙醇。农作物秸秆、木材加工废料、树叶、牛粪等纤维生物质原料生产燃料乙醇，虽然在理论上兼具廉价与生物量大的优势，但实际操作中却存在原料存储、运输以及水解成本较高等问题，同时高等植物中木质素多，木质素与纤维素结合牢固，难以降解和发酵，因此在工艺上有别于第一代燃料乙醇，原料首先要进行预处理，即脱去木质素，增加原料的疏松性以增加各种酶与纤维素的接触，提高酶效率。待原料分解为可发酵糖类后，再进入发酵、蒸馏和脱水。该工艺过程需大量纤维素酶参与，因而显著增加了燃料乙醇生产成本。以藻类碳水化合物、脂质为原料制备燃料曾被认为第三代生物燃料。

5.2.1 微藻的碳水化合物

微藻的细胞壁分为内层细胞壁和外层细胞壁，总体可分为胞间层、初生壁和次生壁三部分。外层的细胞壁成分因藻种的不同而形态各异，通常由多糖组成，例如果胶、琼脂和藻酸盐。微藻细胞壁内层主要是纤维素、半纤维素和其他物质。淀粉和多糖都可以转化为微生物发酵产乙醇所需的糖。

微藻中碳水化合物的积累源于微藻吸收二氧化碳进行光合作用，这一生物反应过程即卡尔文循环，通过 ATP/NADPH 将空气中的二氧化碳转化为葡萄糖和其他糖。研究表明，三磷酸甘油不仅是合成三酰基甘油的前体，也用于合成葡萄糖，故微藻油脂和淀粉的合成存在竞争关系。因此，为了提高碳水化合物类微藻生产生物燃料的产量，就必须研究和调控微藻碳水化合物积累、代谢，如增加葡聚糖的积累和减少淀粉的降解。除了细胞质体内的淀粉外，微藻细胞壁上还存在另一个富含碳水化合物的区域。虽然微藻种类不同，其细胞壁成分各异，但是微藻发酵制乙醇的可发酵物质主要是淀粉，微藻淀粉以淀粉粒的形式存在于微藻细胞中，而酵母、运动发酵单胞菌等乙醇发酵微生物是不能直接利用和发酵淀粉为乙醇的，因此淀粉质原料进行乙醇转化需经过表 5-3 所列工艺流程。

表 5-3　淀粉质原料乙醇生产工艺流程[39]

工艺	操作方式	目的
除杂	通过筛选、风选、磁力除铁等方式清除原料中掺杂的泥沙、石块等杂质	防止杂质损坏生产设备
粉碎	通过粉碎机的机械加工,将大块原料粉碎到适当粒度	增加原料的表面积,有利于淀粉颗粒的吸水膨胀、糊化,提高热处理效率,缩短热处理时间。有利于酶与原料中淀粉分子充分接触,促进其尽快、彻底水解,节约酶的使用量。另外,利于原料加水混合后的流动运输
蒸煮糊化	将原料加适当水,在一定温度和/或压力条件下进行处理	使细胞破裂,原料内含的淀粉颗粒因吸水膨胀而被破坏,使淀粉由颗粒转化为溶解状态,以便淀粉酶系统进行水解。另外高温高压蒸煮可杀死原料表面的大量微生物,具有灭菌作用
液化	在适于酶解的温度、pH 值等条件下,通过添加 α-淀粉酶(液化酶)进行	将大分子的淀粉水解为糊精和低聚糖以利于糖化酶的作用,同时可以从一定程度上降低醪液的黏度
糖化	在适于酶解的温度、pH 值等条件下,通过添加 α-1,4 葡萄糖水解酶(糖化酶)进行	将糊精和低聚糖进一步水解成葡萄糖等可发酵糖,作为酵母、运动发酵单胞菌等乙醇发酵的底物
酒母培养及接种	通过逐级扩大规模,在限制杂菌的条件下获得乙醇生产微生物,并按一定比例加入发酵醪中	获得足量的乙醇发酵微生物
发酵	在发酵设备中酵母、运动发酵单胞菌等将糖转化为乙醇和二氧化碳	通过微生物的代谢活动将原料中的底物转化为目标产物——乙醇
蒸馏	通过蒸馏设备,利用发酵成熟的醪液中各组分沸点不同,将各组分分离	将乙醇和挥发性杂质从发酵醪中分离出来,及把粗乙醇和酒醪分开;再将粗乙醇中的杂质进一步分离,提高乙醇的浓度和纯度

　　针对微藻细胞微小的特征，微藻淀粉制备燃料乙醇工艺流程的核心环节可概括为原料的预处理（糊化、液化、糖化）和发酵阶段。

5.2.2　藻体细胞预处理

　　糊化和液化工艺只是将原料中不溶状态的淀粉转变成可溶解状态的淀粉、糊精、低聚糖等，糖化工艺将上述物质进一步转化为酵母、运动发酵单胞菌等可以利用的葡萄糖等可发酵糖，是预处理阶段的关键步骤。糖化工艺根据设备容积、生产规模等因素可分为间歇糖化工艺和连续糖化工艺。根据糖化时期不同又可分为分步糖化发酵（separate hydrolysis and fermentation，SHF）、同步糖化发酵

（simultaneous saccharification and fermentation，SSF）和部分糖化发酵（partial simultaneous saccharification and fermentation，Partial SSF）。

SHF 法的工艺特点是糖化和发酵分别在不同的反应器中进行。当前淀粉质原料发酵生产乙醇普遍采用 SHF 法。但是，糖化后的高浓度葡萄糖对糖化酶的产物抑制作用使其活性下降较快，造成后糖化作用弱，发酵时间延长。SSF 法生产乙醇，糖化和发酵在同一个反应器中进行，设备投资省；另外糖化和发酵同时进行，糖化产生的葡萄糖一经产生就被酵母利用，解除了糖化产物抑制，保持了糖化酶的活性。然而 SSF 法存在的主要问题是糖化和发酵最适宜的温度不一致，一般来说，糖化温度高于 50℃，而发酵温度低于 40℃。为了克服这个问题，研究者提出了非等温同步糖化发酵法以及选育耐热酵母菌等方法来解决这一矛盾。

不同的微藻生物质成分含量不同，预处理方法也不同，目前研究较多的是稀酸预处理、酶法预处理和水热预处理等。

① 稀酸预处理方法是最常用的方法，用 0.1%～3% 硫酸，在 120～130℃ 条件下处理 15～120min[40,41]。研究者针对不同的藻种，改变酸的种类、酸浓度、处理温度、处理时间，以达到更好的预处理效果。

② 酶法预处理是目前普遍应用的一种方法，通常使用 α-淀粉酶、葡萄糖淀粉酶、纤维素酶等[42]，由于酶的价格较高，尚无法达到工业化生产规模。

③ 近年来，利用水热法预处理微藻生物质逐渐成为研究热点。水热法具有不需添加化学试剂、反应条件温和、抑制物生成少等优势[43]。直接利用水热法处理所得到的糖浓度很低，还需要从机理上做进一步研究。通过水热法预处理之后的微藻生物质，再经过酸水解或酶水解，其水解时间大大缩短，糖回收率有显著提高[44]。Okuda 等[45] 利用水热法处理石花菜（Monostroma nitidum Wittrock）和太平洋红翎菜（Solieria pacifica），后续酶解速率提高 10 倍，纤维素酶解率分别达到 79.9% 和 87.8%。从反应条件、环境友好度及成本来看，水热法预处理加酶水解糖化是微藻产醇预处理最有前景的方法之一。

④ 碱预处理方法报道较少，但有研究者做过相关研究。

为了获得更高的糖回收率，研究者们尝试了各种改进方法。Fu 等[46] 将纤维素酶固定在纳米聚丙烯腈纤维膜上水解小球藻，糖回收率可达 62%。Almenara 等[47] 研究发现，小球藻 Chlorella homosphaera 和 Chlorella zofingiensis 经过冷乙醇洗涤，其酶解后的糖浓度大大提高。Zhou 等[48] 在 HCl 水解小球藻（Chlorella）生物质前用离子液体进行预处理，最终的总糖含量可达 88.02%。

5.2.3　发酵

在适宜的温度、pH 值等条件下，酵母菌接入糖化后的醪液，可通过发酵将糖转化为二氧化碳和乙醇。在此发酵过程中，主要的产物是乙醇和二氧化碳，同时伴随着产生醇、醛、酸、酯四大类副产物。副产物的生成直接消耗了原料，降低了原料的乙醇得率。因此发酵过程中重点要通过对工艺条件的控制减少副产物的生成，提高乙醇得率。

理论上每 1kg 葡萄糖产生 0.51kg 乙醇和 0.49kg CO_2。虽然微藻生物质的成分不同，用到的发酵菌种也可能不同，但最常用的菌株为酿酒酵母。另外，运动发酵单胞菌作为发酵菌株，在过去几十年中也得到了大量研究。在微藻生物质的水解产物中，有很多糖类酵母菌无法代谢（如木糖等五碳糖），研究者通过基因工程手段改造发酵菌株，扩展其底物利用面，提高乙醇的发酵产率。Enquist-newman 等[49] 改造酿酒酵母，使其能够代谢褐藻中的藻朊酸盐和甘露醇，乙醇产量可达 37g/L。还有研究者将酿酒酵母中的乙醇代谢基因转入大肠杆菌，得到能够发酵微藻生物质的大肠杆菌工程菌。Kim 等[50] 用重组的大肠杆菌（*Escherichia coli* KO11）发酵 *L. japonica*（海带）海藻生物质，由于水解产物中含有高浓度的甘露醇，重组的大肠杆菌（*Escherichia coli* KO11）能够将这些甘露醇转化为乙醇，每克水解产物可发酵得到 0.4g 乙醇。发酵方式通常包括连续发酵（SSF）和分步发酵（SHF）。前者是将预处理和发酵合并到一起，减少工艺步骤，降低成本；后者则是将预处理和发酵分开，获得更高的产率。Ho[51] 以小球藻（*Chlorella vulgaris* FSP-E）为底物，研究了 SSF 和 SHF 发酵方法的差异，他发现连续发酵方法更适合用酶预处理法，而分步发酵采用酸预处理所得的乙醇产率更高。所以针对不同的微藻生物质、不同的预处理方法，需要采用不同的发酵方式。另外，还有人研究了微藻在黑暗厌氧条件下直接产乙醇，该方法最大的优势就是发酵时间短，但是乙醇产率比酵母发酵低很多[52,53]。

表 5-4 列出了不同研究者的预处理方法和发酵结果。

不同的微藻生物质成分含量差异大，所以没有某一种预处理方法和发酵方式能够使所有的微藻生物质都得到很好的产率。针对特定的藻种，选出经济、高效的预处理和发酵方法，并能够适用于工业化，还需要不懈的探索。

表 5-4　不同藻类生物质的预处理及发酵方式比较 [54]

藻种	预处理方法	葡萄糖产率（糖/生物质）	发酵方式	乙醇产率（乙醇/生物质）
Chlamydomonas reinhardtii UTEX 90（莱茵衣藻）	3% H_2SO_4,110℃,30min	58%	*S. cerevisiae* S288 C（酿酒酵母）,SHF	29.2%
Scenedesmus obliquus（斜生栅藻）	1mol/L H_2SO_4,120℃,30min	28.6%	—	—
Chlorococcum infusionum（水溪绿球藻）	0.75% NaOH,120℃,30min	35%	*S. cerevisiae*（酿酒酵母）	26.13%
Chlorella vulgaris（小球藻）	3% H_2SO_4,110℃,105min	—	*E. coli* SJL2526（大肠杆菌）,SHF	40%

续表

藻种	预处理方法	葡萄糖产率 (糖/生物质)	发酵方式	乙醇产率 (乙醇/生物质)
Schizochytrium sp. (裂壶藻)	水热法＋α-淀粉酶＋葡萄糖水 解酶,24h	19.4%	*E. coli* KO11 (大肠杆菌)SSF	8.9%
Chlorella sp. TIB- A01(小球藻)	2% HCl＋2.5% MgCl$_2$,180℃, 10min	64.21%	*S. cerevisiae* Y01 (酿酒酵母)	29.8%
Chlorococum humi- cola(土生绿球藻)	0.02g 纤维素酶/g 生物质, 40℃,pH=4.8	68.2%	—	—
Chlamydomonas rein- hardtii UTEX 90(莱茵 衣藻)	α-淀 粉 酶 0.005%,90℃, 30min;葡萄糖苷酶（0.2%）, 55℃,30min,pH=4.5	44.7%	*S. cerevisiae* S288C SHF(酿酒酵母)	23.5%

5.2.4 藻类生产燃料乙醇的固有缺陷

藻类燃料乙醇制备并非尽善尽美,也存在很多固有不足与缺陷,主要包括:

① 微藻培养细胞密度低,一般只占水体的 0.1% 左右,培养过程需要大量水体;

② 微藻个体很小,仅有几微米到几十微米,传统离心、过滤等技术都难以经济、有效地收获微藻;

③ 微藻是初级生产力,处于水生态系统的最底层,易被其他生物摄食,在规模培养过程中极易因敌害生物和杂藻入侵导致培养失败。

上述缺陷造成微藻培养过程的低效率和高能耗,也是导致目前藻类燃料生产成本居高不下的重要原因。就大型藻类而言,其化学组分非常复杂,海藻多糖水解后为多种单糖的混合物,糖类多样性决定了开发工艺的复杂性,也限制了海藻燃料乙醇的生产效率,另外大型海藻栽培受风浪和气候影响更大,在管理上也存在诸多不便之处。因此,如何发挥藻类优势并弥补其不足,将决定藻类能源开发的成败[55]。

5.3 其他能源形式

5.3.1 微藻制氢

生物制氢是利用某些微生物代谢过程来生产氢气的一项生物工程技术,相较于传统制氢方法的高耗能、高成本具有明显的优势。生物制氢最早发现在一百年前，当时的科学家发现有微生物可以通过发酵蚁酸钙产生氢气[56]。随后 Stephenson 等在 1931 年首次发现并报道了细菌中存在的发酵产氢关键酶——氢酶[57]。1939 年，德裔芝加哥大学的 Gaffron 在 *Nature* 发表了栅藻（*Scenedesmus obliquus*）能产生氢气的论文。直到 20 世纪 70 年代，全球能源危机爆发后，微生物制氢才逐渐成为研究的热点。

根据微生物的种类以及产氢机理的不同，生物制氢一般可分为三类：第一类为暗发酵产氢，细菌和微生物在厌氧、黑暗条件下，降解有机物的同时产生氢气；第二类为光发酵产氢，光合细菌在厌氧、光照条件下，降解有机物的同时产生氢气；第三类为光解水产氢，微藻在厌氧、光照条件下，直接光解水产生氢气[58]。

暗发酵产氢气、光发酵产氢气以及光解水产氢气的比较如表 5-5 所列。

表 5-5　不同制氢方法的比较

制氢方法	微生物	优点	缺点
暗发酵	产氢细菌	产氢速率高，适合利用碳水化合物为主的多种生物质和废弃物作为底物，不需要光照，产氢气过程无氧气产生，容易实现连续产氢气	理论氢气产率低、发酵尾液污染环境
	微藻	不需要光照，产氢气过程无氧气产生，容易实现连续产氢气，产氢微生物和底物均为微藻	底物利用率低、产氢速率低、理论氢气产率低
光发酵	光合细菌	可利用包括有机酸在内的多种有机物产氢气，理论氢气产率高，产氢气过程无氧气产生	需要光照，产氢速率相对暗发酵较低，发酵尾液污染环境
光解水	微藻	以水为原料，产氢过程简单	需要光照，产氢速率低，产生的氧气可能会抑制产氢气过程

利用产氢细菌进行的异相暗发酵具有产氢速率高、对底物的适应性广、不需要光照可以连续运行等优点，非常适合工业化连续生产。但是，异相暗发酵仍然存在理论氢气产率较低（$4mol\ H_2/mol$ 葡萄糖）以及暗发酵尾液中大量的小分子的有机酸（例如乙酸和丁酸）会对环境产生污染等缺点。利用微藻进行的自相暗发酵具有不需要投入光照、利于连续产氢气、产氢微生物和底物均为微藻细胞自身等优点。但是，自相暗发酵也存在理论氢气产率较低（$4mol\ H_2/mol$ 葡萄糖）以及产氢速率低等缺点。光发酵的理论氢气产率（$4mol\ H_2/mol$ 乙酸，$12mol\ H_2/mol$ 葡萄糖）相对于暗发酵而言较高，但是光发酵产氢速率相对于异相暗发酵而言较低。此外，光发酵还存在需要投入连续的光照、尾液污染环境等问题需要解决。微藻光解水产氢气过程比较简单，底物是水，产物非常清洁。但是，过低的产氢速率以及过程中产生的氧气抑制是微藻光解水产氢气工业应用的瓶颈问题。目前暗发酵产氢气的技术相对成熟，能够利用底物种类较广，有希望实现工

业化运行；光发酵产氢气的效率很高，是一种很有潜力的技术，但是还有很多技术细节问题需要解决；光解水产氢气尚处于实验室理论研究阶段，离大规模应用还比较遥远[58]。

由于利用微藻通过发酵的方式制取氢气有希望实现大规模工业化生产，目前已经成为国内外制氢领域研究的热点。然而，该技术仍然处于初期研究阶段，存在不少关键性的问题需要研究和解决。

① 目前针对微藻暗发酵产氢气的研究主要集中在自相暗发酵。然而，由于微藻的自相暗发酵对底物利用率低，所以大多数自相发酵研究得到的能量转化率低于3%。而通过外加产氢细菌异相暗发酵的模式有希望提高微藻的氢气产率和能量转化效率，但是很少有相关的研究报道。需要通过详细的研究和比较之后选择适合微藻暗发酵产氢气的模式。

② 微藻暗发酵产氢气之后的尾液中含有大量的小分子有机物，例如乙酸、丁酸和乙醇等，不经过处理直接排放会造成能源损失和环境污染。通过光发酵进一步利用暗发酵尾液产氢气有希望大幅度提高能源利用率和降低污染物排放。然而，由于微藻生物质的蛋白质成分通常比稻秆、木薯等生物质成分高，水解和暗发酵过程产生的大量铵离子在尾液中的残留会显著抑制后续的光发酵产氢气。

③ 生物质单纯发酵产氢气的能量转化效率较低。尽管通过暗发酵和光发酵耦合产氧气可以有效地提高氢气产率，但是整体的能量转化效率仍然较低。

光合作用制氢是利用光合细菌或微藻转化太阳能来制取氢气，其中微藻光合制氢是以太阳能为能源，水为原料，通过微藻的光合作用及其特有的产氢酶系把水分解为氢气和氧气。其特点是催化效率高、能量消耗小、生产过程清洁，是目前生物制氢研究领域的热点[59]。

国际上系统研究用微藻通过光合作用裂解水产生氢气开始于20世纪70年代早期[60]。但直到Melis等发现在缺硫条件下培养的绿藻（*Chlamydomonas reinhardtii*）可以以0.02mol/(h·g)（藻的鲜重）的速率连续70h产氢，绿藻的可逆产氢酶制氢技术才有了新的突破。目前，有关微藻产氢的研究主要集中在衣藻（*Chlamydomonas reinhardtii*）上[61-64]。

微藻光水解制氢可以分为两个步骤：第一步，微藻通过PSⅡ（光系统Ⅱ）光合作用裂解水，产生质子和电子；第二步，蓝藻通过固氮酶系，绿藻等通过可逆产氢酶系，还原质子为氢气[65,66]。

微藻产氢有直接生物光解水产氢和间接生物光解水产氢两种基本方式。

1）直接生物光解水产氢

所谓直接生物光解水产氢是指在藻叶绿体上存在一种可逆氢化酶，在特殊条件（厌氧环境或较低pH值）或当光合传递链上的电子过剩时，过多的电子就会传到可逆氢化酶的反应中心，最终催化还原基质中的质子为分子氢；该过程不需要额外的ATP，其能量直接来源于光系统。该方式最大的缺陷是产氢的同时产生的氧气是氢化酶的强抑制剂，降低反应系统中氧气浓度，维持系统持续产氢，对抽气设备要求高，且极为耗能，在实践中较难进行。

　　2）间接生物光解水产氢

　　所谓间接生物光解水产氢是将氧气和氢气的产生过程在时间和（或）空间上分离以避免氧气对氢化酶的抑制，第一阶段在有氧环境中，微藻通过正常的光合作用固定 CO_2，并合成含氢生物质，同时释放出氧气，第二阶段在无氧条件下，细胞物质通过糖酵解和三羧酸循环产生电子，电子最终传递给氢化酶产氢，通常在无硫培养基中进行第二阶段的培养，因为在缺乏硫条件下，光合产氧和 CO_2 固定速率会急剧下降。

　　典型的间接生物光解水产氢工艺分为 3 个步骤：

　　① 在含硫培养基中进行微藻的培养，光合作用形成大量的碳水化合物储存于细胞体内；

　　② 收集正常生长的微藻细胞；

　　③ 在密闭的厌氧反应器中利用无硫培养基进行碳水化合物的分解代谢并产氢。

　　最后一步完成后，微藻生物量将返回到第一步来重复这个循环。

　　利用微藻可逆产氢酶制氢技术实用化还有 4 大技术瓶颈，即优质产氢藻株的筛选（基因工程改造）、高效培养、产氢光生物反应器的构建和制氢系统经济评价研究。可具体化为：高产氢藻株的筛选与构建、微藻室外大规模高密度培养、可逆产氢酶诱导及高表达、光照下生物体持续稳定产氢[59]。因此，真正微藻产氢生产技术的产业化仍需克服很多关键技术环节及解决很多工程技术问题。

5.3.2　微藻制生物油

　　由于利用微藻油脂生产生物柴油实现微藻的脂类组分能源化，对原料脂类含量有较高要求，所得产物性能受脂类组成的影响很大，并存在生产步骤多、过程总体效率较低、能耗高等缺点。人们又研究采用热化学液化的方法将微藻转化为优质的生物油。所谓的生物油（bio oil）是指通过快速加热的方式在隔绝氧气的条件下使组成生物质的高分子聚合物裂解成低分子有机物蒸气，并采用骤冷的方法，将其凝结成液体。它具有原料来源广泛、可再生、便于运输、能量密度较高等特点，是一种潜在的液体燃料和化工原料。

　　生物油（由快速热解木材和微藻制备）与石油的部分典型属性值比较见表 5-6。

　　目前国内外研究者主要采用快速热解液化和直接液化两种热化学转化技术进行以微藻为原料制备生物油的研究。

表 5-6　快速热解木材和微藻制备的生物油和石油的部分典型属性值比较 [67]

项目	典型值		
	生物油		石油
	木材	微藻	
C/%	56.4	62.07	83.0～87.0
H/%	6.2	8.76	10.0～14.0
O/%	37.3	11.24	0.05～1.5
N/%	0.1	9.74	0.01～0.7
密度/(kg/L)	1.2	1.05	0.75～1.0
黏度/Pa·s	0.04～0.20(40℃)	0.10(40℃)	2～1000
高位热值/(MJ/kg)	21	29～45.9	42

5.3.2.1　快速热解液化

　　生物质快速热解液化是在传统热解基础上发展起来的一种技术，它是在隔绝空气条件下，采用超高加热速率（10^2～10^4K/s）、超短产物停留时间（0.2～3s）及适中的裂解温度，使生物质中的有机高聚物分子迅速断裂为短链分子，使焦炭和产物气降到最低限度，从而最大限度获得高产量的生物油的工艺技术。Demao Li 等利用热重分析对微藻热解行为和特性的研究表明，微藻主要的热解区间和最大失重区间的温度均较陆上木质纤维素类生物质低，且热解所需活化能低，微藻热解是制备生物质燃料的良好来源[68]。

　　微藻快速热解制备生物油工艺过程如图 5-5 所示。

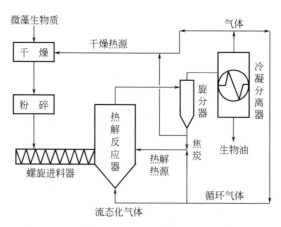

图 5-5　微藻快速热解制备生物油工艺过程示例 [69]

　　研究表明，微藻热解可得到高芳烃含量、高辛烷值的生物油；藻体中脂类（脂肪、脂肪酸及脂肪酸酯）的属性和含量对热解油性质影响不大，但对热解油产率有明显的影响；除所含脂类外，其他藻胞组分（蛋白、多糖等）都可热解转化成生物油。

　　快速热解生产过程在常压下进行，工艺简单、成本低、反应迅速、燃料油收率高、装置容易大型化，是目前最具开发潜力的生物质液化技术之一。但快速热解需要对原料进行干燥和粉碎等预处理，微藻含水率极高（湿藻通常为80%～90%），水的汽化热为 40.8kJ/mol（2260kJ/kg），比热为 4.2kJ/（kg·℃），使水汽化的热量是把等量水升温 100℃ 所需热量的近 5 倍，故该预处理过程会消耗大量的能量，并极大地增加了生产成本，使快速热解技术在以微藻为原料制备生物油方面受到限制。

5.3.2.2　直接液化

　　生物质直接液化又称加压液化，生物质在有合适催化剂、介质存在下，在反应温度 200～400℃、反应压力 5～25MPa、反应时间为 2min 至数小时条件下进行液化。早在 20 世纪 60 年代，美国的 Apell 等在 350℃ 下，使用均相碳酸钠为催化剂，在水和高沸点溶剂（蒽油、甲酚等）混合物中，用 14～24MPa 压力的 CO/H_2 混合气将木片液化，获得了 40%～50% 的液体产物，这就是最早的 PERC 法。

　　Y. Dote 等[70] 在 300℃ 下，以 Na_2CO_3 为催化剂对葡萄球藻（*Botryococcus braunii*）进行高压（10MPa，N_2 加压）液化，所得液态油达干重的 57%～64%，油质与石油相当。T. Minowa 等[71] 采用液化法将含水量为 78.4% 的盐藻（*Dunaliella tortiolecta*）细胞直接转化为油，所得油的产量可达到有机成分的 37%（340℃，60min），品质与日本标准 2 号燃油相当。该实验结果还表明，除所含脂类外，其他藻细胞组分（蛋白、糖类等）都可转化成油，所用参数条件（温度、时间和 Na_2CO_3 加入量）对油产量无明显影响，但温度对油的性质影响很大。Matsui 等[72] 在不同溶剂中考察了催化剂对螺旋藻（*Spirulina*）液化的影响，结果表明，$Fe(CO)_5$-S 催化剂有利于提高螺旋藻的液化产率，适量的水含量有利于提高生物油的产率和品质。Sawayama 等[73] 在温度 300～350℃、压力 2～3MPa、反应时间 0.1～1h、以 Na_2CO_3 为催化剂、无还原气的条件下，比较了不同原料组成对液化产率以及产物品质的影响。实验结果表明，葡萄球藻（*Botryococcusbraunii*）的液体产率和热值均高于橡树木，藻类的液化效果优于木材。Yang 等[74] 对水体中的微囊藻（*Microcystis virid*）进行了高压液化（340℃，20MPa，30min）研究，得到高产率、高品质的液化油，最大油产率为 33%。

　　以水为反应介质的直接液化方法——水热液化（hydrothermal liquefaction，HTL）尤其适合微藻等高水分含量的原料制备生物油，国内外研究者主要采用该技术进行微藻直接液化制备生物油研究[75]。在众多的研究中，以微拟球藻为原料通过水热 HTL 工艺提取粗油脂已成为国内外研究热点。HTL 工艺提取微藻油最佳实验条件如表 5-7 所列。

表 5-7   HTL 工艺提取微藻油最佳实验条件 [76]

微拟球藻成分(质量比)/%	实验条件	粗藻油产油率/%	粗藻油粗油成分(质量比)/%
C:57.8,H:8.0,O:25.7,N:8.6	9%（TS），350℃，60min，20MPa（IP），CH₂Cl₂	35	C:74.7,H:10.6,O:10.4,N:4.3
C:43.3,H:6.0,O:25.1,N:6.4	21%（TS），350℃，60min，3.5MPa（IP）（He），CH₂Cl₂	43	C:76.0,H:10.3,O:9.0,N:3.9
C:43,H:5.97,O:25.8,N:6.3	22%（TS），350℃，60min，Pd/C，0.7MPa（IP）（H₂），CH₂Cl₂	57	C:76.2,H:10.7,O:9.01,N:3.64
C:55.2,H:6.9,O:33.9,N:2.7	20%（TS），350℃，30min，丙酮萃取	46	C:77.2,H:9.01,O:8.71,N:2.75
C:43.7,H:7.7,O:29.1,N:7.5	25%（TS），260℃，60min，丙酮萃取	59	C:74.0,H:10.2,O:9.5,N:5.4

注：TS—混合液中藻所占质量百分比；IP—初始压力。

在目前的研究成果中，以含水微拟球藻为原料，在不同的 HTL 实验条件下，粗藻油的产油率在 34%～57% 之间，粗藻油主要成分为脂肪酸、胺类、含氮杂环化合物、烃类，还含有少量脂类、醇类和酮类化合物，C 含量 75% 左右，H 含量 10% 左右，O 含量 9% 左右，N 含量 3% 左右 [71-79]。

将水热 HTL 工艺得到的粗藻油通过 HRJ（生物基加氢）工艺进一步进行加氢精制，可得到不同组分的生物燃料油。在美国密歇根大学和纽约科技大学进行的研究中，以产油率为 40% 的粗藻油为原料，分别采用多种不同催化剂进行了 HRJ 工艺的加氢精制实验，通过实验结果的对比，发现 Ru/C＋Raney-Ni 作为催化剂的效果最好，可得到相当于粗藻油 77.2% 的生物燃油 [80]。将精制后的生物燃油进一步分馏后得到了以煤油为主的不同组分生物燃料油，如表5-8 所列。

表 5-8   微藻粗油精制获得燃料油组成

类别	燃料油/%	类别	燃料油/%
汽油	15	柴油	8.8
煤油	69.8	其他	6.4

直接液化通常需要通入高压气体，使用溶剂，对设备有一定要求，成本较高等缺点使其应用受到一定限制。但对于含水率高的藻类生物质，使用直接液化技术不需要进行脱水和粉碎等高耗能步骤，反应条件比快速热解要温和，且湿藻的水能提供加氢裂解反应所需的氢，有利于液化反应的发生和短链烃的产生，与快速热解相比能够获得高产率、高热值、黏度相对较小、稳定性更好的生物油。因

此，直接液化将会是微藻热化学转化制备生物油发展的主流方向，极具工业化前景。

5.3.2.3　新型微藻热化学液化制备生物油技术

近年来，微藻热化学液化制备生物油技术受到社会的广泛关注。为了提高微藻制备生物油的转化率，降低生产过程的能耗和成本，国内外研究者尝试利用多种新型液化工艺进行微藻热化学液化制备生物油的实验研究。

（1）超临界液化

生物质超临界液化是将溶剂升温、加压到超临界状态作为反应介质，生物质在其中经过分解、氧化、还原等一系列热化学反应，液化得到生物油和气、固产物的一类特殊的直接液化工艺技术。利用超临界流体作为反应介质，具有高溶解性和高扩散力，可有效控制反应活性和选择性及无毒的特性，使微藻的超临界液化具有反应快速、环境更友好、产物易于分离、液体产率高等优点，符合绿色化学与清洁生产发展方向，将其作为无催化微藻液化制备生物油技术进行深入研究具有重要的实用意义。邹树平[81] 以水作为溶剂，对杜氏盐藻（Dunaliella tortiolecta）进行了亚/超临界水中的直接液化研究。研究结果表明，当以水作溶剂，料液比为 4g 原料/100mL 水、反应温度 340～380℃、反应时间 60min 时，可获得较高的液化率与油产率，最高油产率近 40%。

（2）共液化

生物质与煤、塑料废弃物等物质共液化是将生物质与煤、塑料等物质按一定的比例混合，在溶剂和催化剂存在情况下进行直接液化反应制取液体燃料的工艺技术。液化过程中原料之间存在协同效应，生物质富含氢，在反应过程中可将氢传递给共液化的物质，而本身物理和化学性质发生了很大变化。共液化减缓了反应条件的苛刻度，提高了反应转化率和油产率，改善了产品的质量。共液化对实现煤、塑料废弃物等物质温和液化有重要的意义，并且可充分利用再生能源，缓解能源紧张，还能妥善处理部分固体废弃物，在环保方面具有积极的意义。曹洪涛等[82] 在超临界和亚临界水条件下进行了一系列生物质和塑料单独及共液化实验，油产率最高可达到 60%。研究表明，生物质和塑料在共液化过程中具有协同作用，能够提高反应转化率，提高油产率，减缓反应条件的苛刻度。

（3）热化学催化液化

生物质热催化液化是采用催化剂和液化剂，在常压和中温下实现生物质快速液化，转化为相对分子质量分布广泛的液态混合物的工艺技术。产品不仅可替代传统石油化学品，还可与异氰酸酯合成用途广泛的聚氨酯。该工艺在常压下进行，反应条件温和，设备简单，且原料无需干燥，减少了预处理过程的能耗，十分适用于含水量高的藻类液化。邹树平等[83] 以杜氏盐藻（Dunaliella tortiolecta）为原料、乙二醇为液化介质、浓硫酸为催化剂进行热化学液化反应。结果表明，液化温度、停留时间与催化剂用量及其交互作用对液化都有显著影响。最佳工艺条件为：催化剂用量 2.4%，液化温度 170℃，停留时间 33min，在此条件下液化率达到 97.05%。所得生物油的主要成分为苯并呋喃酮、有机酸甲酯和 $C_{14} \sim C_{18}$ 有机酸羟乙基酯，热值为 28.14MJ/kg，产品含氧量高，需要进一步改性才能高端应用。

（4）微波裂解液化

生物质的微波裂解液化是利用微波辐射热能，在无氧或缺氧条件下切断生物质大分子中的化学键，使之转变为低分子物质，然后快速冷却分别得到气、液、固三种不同状态的混合物的工艺技术，整个反应过程是复杂的化学过程，包含分子键断裂、异构化和小分子聚合等反应。生物质的微波裂解过程只需较短的时间且有选择性，无需高耗能的粉碎等预处理步骤，加热效率和生物油收率较常规加热方式高，是一种极具发展潜力的新型生物质液化技术。万益琴等[84] 在较为成熟的生物质微波裂解技术基础上，以自行制备的小球藻（*Chlorella* sp.）为原料，微波加热热解经干燥的海藻产品，在只消耗少量电能的情况下获得大量生物油，生物油产率相对较高，达到 44.79%。

参考文献

[1] 王存文.生物柴油制备技术及实例 [M].北京：化学工业出版社，2009.

[2] 蒋霞敏，郑亦周.14 种微藻总脂含量和脂肪酸组成研究 [J].水生生物学报，2003（03）：243-247.

[3] 何东平，陈涛.微生物油脂学 [M].北京：化学工业出版社，2006.

[4] Bligh E G, Dyer W J. A rapid method of total lipid extraction and purification [J]. Canadian Journal of Biochemistry & Physiology, 1959, 37（8）：911-917.

[5] 刘圣臣，邹宁，孙杰，等.小球藻中海藻油的提取工艺研究 [J].食品科学，2009，30（8）：120-123.

[6] 殷海，许瑾，王忠铭，等.利用有机溶剂提取微藻油脂的方法探究 [J].化工进展，2015，34（5）：1291-1294.

[7] 刘群，徐中平，刘振华.球等鞭金藻海藻油的提取工艺 [J].中国油脂，2010，35（2）：21-23.

[8] 张芳，程丽华，徐新华，等.能源微藻采收及油脂提取技术 [J].化学进展，2012（10）：2062-2072.

[9] Mulbry W, Kondrad S, Buyer J, et al. Optimization of an Oil Extraction Process for Algae from the Treatment of Manure Effluent [J]. Journal of the American Oil Chemists Society, 2009, 86（9）：909-915.

[10] 程霜，崔庆新，刘敏.螺旋藻油的超临界提取及 GC/MS 分析 [J].食品工业科技，2001（5）：8-10.

[11] 李国强，周士坦，刘帮会，等.微藻中油脂提取方法的研究现状及进展 [J].黑龙江畜牧兽医，2015（11）：53-55.

[12] Herrero M, Cifuentes A, Ibañez E. Sub-and supercritical fluid extraction of functional ingredients from different natural sources: Plants, food-by-prod-

ucts, algae and microalgae: A review［J］. Food Chemistry, 2006, 98
（1）: 136-148.

［13］ Chen M, Chen X, Liu T, et al. Subcritical Ethanol Extraction of Lipid from
Wet Microalgae Paste of *Nannochloropsis* sp.［J］. Journal of Biobased
Materials & Bioenergy, 2011, 5（3）: 385-389.

［14］ 陈闽, 陈晓琳, 刘天中, 等. 不同亚临界溶剂从微拟球藻湿藻泥中提取油脂
［J］. 过程工程学报, 2011, 11（3）: 380-385.

［15］ 张芳, 程丽华, 徐新华, 等. 能源微藻采收及油脂提取技术［J］. 化学进展,
2012（10）: 2062-2072.

［16］ 杜彦山, 刘敏胜, 徐春保, 等. 微藻油脂提取技术进展［J］. 粮食与油脂,
2012, 25（2）: 1-4.

［17］ Halim R, Harun R, Danquah M K, et al. Microalgal cell disruption for biofu-
el development［J］. Applied Energy, 2012, 91（1）: 116-121.

［18］ 孙利芹, 王长海, 江涛. 紫球藻细胞破碎方法研究［J］. 海洋通报, 2004, 23
（4）: 71-74.

［19］ 王雪青, 苗惠, 翟燕. 微藻细胞破碎方法的研究［J］. 天津科技大学学报,
2007, 22（1）: 21-25.

［20］ 钟瑞敏. 酶解小球藻保健饮品工艺研究［J］. 食品科学, 2002, 23（9）:
68-71.

［21］ 黄雄超. 微藻油脂的提取及制备生物柴油的研究［D］. 泉州: 华侨大学, 2012.

［22］ 许皎姣, 顾星海, 童惠英, 等. 微藻油脂的提取技术研究进展［J］. 粮食与食
品工业, 2016, 23（3）: 32-34.

［23］ Krohn B J, Mcneff C V, Yan B, et al. Production of algae-based biodiesel
using the continuous catalytic Mcgyan process［J］. Bioresource Technolo-
gy, 2011, 102（1）: 94-100.

［24］ Hu Q, Sommerfeld M, Jarvis E, et al. Microalgal triacylglycerols as feed-
stocks for biofuel production: perspectives and advances［J］. Plant Jour-
nal for Cell & Molecular Biology, 2008, 54（4）: 621-639.

［25］ Balasubramanian R K, Obbard J P. Heterogeneous catalytic transesterification
of phosphatidylcholine［J］. Bioresource Technology, 2011, 102（2）:
1942-1946.

［26］ Leung D Y C, Wu X, Leung M K H. A review on biodiesel production using
catalyzed transesterification［J］. Applied Energy, 2010, 87（4）:
1083-1095.

［27］ 陈林, 张维, 刘天中, 等. 两步法催化高酸价微藻油脂制备生物柴油［C］//中
国工业生物技术发展高峰论坛. 2011.

［28］ 顾文玲. 脂肪酶油脂水解技术的研究及进展［J］. 西部粮油科技, 1998, 23
（6）: 31-35.

［29］ 袁勤生. 现代酶学［M］. 上海: 华东理工大学出版社, 1998: 363.

［30］ 王昌梅, 张无敌, 陈玉保, 等. 脂肪酶法制备生物柴油的研究现状及展望［J］.
石油化工, 2011, 40（8）: 907-911.

［31］ Li Xiufeng, Xu Han, Wu Qingyu. Large-Scale Biodiesel Pro-duction from
Microalga Chlorella Protothecoids Through Hetero-trophic Cultivation in Bio-
reactors［J］. Biotechnol Bioeng, 2007, 98（4）: 764-771.

[32]　Rodriguezruiz J, Belarbi E H, Garcia Sanchez J L, et al. Rapid simultane-
ous lipid extraction and transesterification for fatty acid analyses. [J] .Bio-
technology Techniques, 1998, 12（9）: 689-691.

[33]　Carvalho A P, Malcata F X. Preparation of fatty acid methyl esters for gas-
chromatographic analysis of marine lipids: insight studies [J] . Journal of
Agricultural & Food Chemistry, 2005, 53（13）: 5049-5059.

[34]　Wahlen B D, Willis R M, Seefeldt L C. Biodiesel production by simultane-
ous extraction and conversion of total lipids from microalgae, cyanobacte-
ria, and wild mixed-cultures. [J] . Bioresource Technology, 2011, 102
（3）: 2724-2730.

[35]　Jazzar S, Olivares-Carrillo P, R í os A P D L, et al. Direct supercritical
methanolysis of wet and dry unwashed marine microalgae（ Nannochlorop-
sis gaditana ）to biodiesel [J] . Applied Energy, 2015, 148: 210-219.

[36]　Bi Z, He B B, Armando G. McDonald. Biodiesel Production from Green Mi-
croalgae Schizochytrium limacinum via in situ Transesterification [J] .Ener-
gy & Fuels, 2015, 29（8）: 5018-5027.

[37]　Reddy H K, Muppaneni T, Patil P D, et al. Direct conversion of wet algae
to crude biodiesel under supercritical ethanol conditions [J] . Fuel, 2014,
115（115）: 720-726.

[38]　Patil P D, Gude V G, Mannarswamy A, et al. Optimization of direct con-
version of wet algae to biodiesel under supercritical methanol conditions
[J] .Bioresource Technology, 2011, 102（1）: 118-122.

[39]　袁振宏. 生物质能高效利用技术 [M] . 北京: 化学工业出版社, 2015.

[40]　Lee S, Oh Y, Kim D, et al. Converting Carbohydrates Extracted from Ma-
rine Algae into Ethanol Using Various Ethanolic Escherichia coli, Strains
[J] . Applied Biochemistry & Biotechnology, 2011, 164（6）: 878-888.

[41]　Nguyen M T, Choi S P, Lee J, et al. Hydrothermal acid pretreatment of
Chlamydomonas reinhardtii biomass for ethanol production. [J] . Journal
of Microbiology & Biotechnology, 2009, 19（2）: 161.

[42]　Choi S P, Nguyen M T, Sang J S. Enzymatic pretreatment of Chlamydo-
monas reinhardtii, biomass for ethanol production [J] . Bioresource Tech-
nology, 2010, 101（14）: 5330-5336.

[43]　Yu Y, Xia L, Wu H. Some Recent Advances in Hydrolysis of Biomass in
Hot-Compressed Water and Its Comparisons with Other Hydrolysis Meth-
ods† [J] . Energy & Fuels, 2008, 22（1）: 46-60.

[44]　余强, 庄新姝, 袁振宏, 等. 木质纤维素类生物质高温液态水预处理技术 [J] .
化工进展, 2010, 29（11）: 2177-2182.

[45]　Okuda K, Oka K, Onda A, et al. Hydrothermal fractional pretreatment of
sea algae and its enhanced enzymatic hydrolysis [J] . Journal of Chemical
Technology & Biotechnology, 2008, 83（6）: 836-841.

[46]　Fu C C, Hung T C, Chen J Y, et al. Hydrolysis of microalgaecell walls for
production of reducing sugar and lipid extraction [J] . Bioresour Technol,
2010, 101（22）: 8750-8754.

[47]　Almenara R M, Da S B E P. Evaluation of Chlorella（ Chlorophyta ）as

Source of Fermentable Sugars via Cell Wall Enzymatic Hydrolysis [J].Enzyme Research, 2011（1）: 405603.

[48]　Zhou N, Zhang Y, Gong X, et al. Ionic liquids-based hydrolysis of Chlorella biomass for fermentable sugars [J]. Bioresource Technology, 2012, 118（8）: 512.

[49]　Enquistnewman M, Faust A M E, Bravo D D, et al. Efficient ethanol production from brown macroalgae sugars by a synthetic yeast platform [J]. Nature, 2014, 505（7482）: 239.

[50]　Kim N J, Li H, Jung K, et al. Ethanol production from marine algal hydrolysates using Escherichia coli KO11. [J]. Bioresource Technology, 2011, 102（16）: 7466-7469.

[51]　Ho S H, Huang S W, Chen C Y, et al. Bioethanol production using carbohydrate-rich microalgae biomass as feedstock. [J]. Bioresource Technology, 2013, 135（10）: 191-198.

[52]　Hirano A, Ueda R, Hirayama S, et al. CO_2, fixation and ethanol production with microalgal photosynthesis and intracellular anaerobic fermentation [J].Energy, 1997, 22（2-3）: 137-142.

[53]　Doan Q C, Moheimani N R, Mastrangelo A J, et al. Microalgal biomass for bioethanol fermentation: Implications for hypersaline systems with an industrial focus [J].Biomass & Bioenergy, 2012, 46（46）: 79-88.

[54]　李谢昆, 周卫征, 郭颖, 等. 微藻生物质制备燃料乙醇关键技术研究进展 [J]. 中国生物工程杂志, 2014, 34（5）: 92-99.

[55]　庞通, 刘建国, 林伟, 等. 藻类生物燃料乙醇制备的研究进展 [J]. 渔业现代化, 2012, 39（5）: 63-71.

[56]　毛宗强. 氢能——21 世纪的理想能源 [M]. 北京: 化学工业出版社, 2005.

[57]　Stephenson M, Stickland L H. Hydrogenase: a bacterial enzyme activating molecular hydrogen: The properties of the enzyme. [J]. Biochemical Journal, 1931, 25（1）: 205.

[58]　夏奡. 微藻生物质暗发酵和光发酵耦合产氢气以及联产甲烷的机理研究 [D]. 杭州: 浙江大学, 2013.

[59]　孟春晓, 高政权, 叶乃好. 微藻制氢的研究进展 [J]. 海洋湖沼通报, 2008（4）: 153-160.

[60]　Benemann, John R. Hydrogen production by microalgae [J]. Journal of Applied Phycology, 2000, 12: 291-300.

[61]　Appel J, R Schulz. Hydrogen metabolism in organisms with oxygenic photosynthesis: hydrogenase asimportant regulatory devices for a proper redox poising [J]. Journal of Photochemistry and Photobiology. B, Biology, 1998, 47: 1-11.

[62]　Das D, Veziroglu T N. Hydrogen production by biological processes: a survey of literature [J]. International Journal of Hydrogen Energy, 2001, 26: 13-28.

[63]　Tamagnini P, Axelsson R, Lindberg P, et al. Hydrogenases and hydrogen metabolism of cyanobacteria [J]. Microbiology and Molecular Biology Reviews: MMBR, 2002, 66: 1-20.

[64]   Vignais P, Billoud B, Meyer J. Classification and phylogeny of hydroge-
        nases [J] FEMS Microbiology Reviews, 2001, 25: 455-501.

[65]   Hansel A, Lindblad P. Towards optimization of cyanobactieria as biotechn-
        ologically relevant producers of molecular hydrogen, a clean and renewable
        energy source [J]. Applied Microbiology and Biotechnology, 1998, 50:
        153-160.

[66]   Zhang L P, Happe T, Mehs A. Biochemical and morphological character-
        ization of sulful-deprived and H_2-producing chlamydomonas reinhardii [J].
        Planta, 2002, 214: 552-561.

[67]   Amin S. Review on biofuel oil and gas production processes from microal-
        gae [J].Energy Conversion & Management, 2009, 50（7）: 1834-1840.

[68]   Li D, Chen L, Zhao J, et al. Evaluation of the pyrolytic and kinetic charac-
        teristics of Enteromorpha prolifera, as a source of renewable bio-fuel from
        the Yellow Sea of China [J]. Chemical Engineering Research & Design,
        2010, 88（5-6）: 647-652.

[69]   张鹏, 田原宇, 乔英云, 等. 利用微藻热化学液化制备生物油的研究进展 [J].
        中外能源, 2010, 15（12）: 29-36.

[70]   Dote Y, Sawayama S, Inoue S, et al. Recovery of liquid fuel from hydro-
        carbon-rich microalgae by thermochemical liquefaction [J]. Fuel, 1994, 73
        （12）: 1855-1857.

[71]   Minowa T, Yokoyama S Y, Kishimoto M, et al. Oil production from algal
        cells of Dunaliella tertiolecta by direct thermochemical liquefaction [J].Fu-
        el, 1995, 74（12）: 1735-1738.

[72]   Matsui T O, Nishihara A, Ueda C, et al. Liquefaction of micro-algae with
        iron catalyst [J]. Fuel, 1997, 76（11）: 1043-1048.

[73]   Sawayama S, Minowa T, Yokoyama S Y. Possibility of renewable energy
        production and CO_2, mitigation by thermochemical liquefaction of microal-
        gae [J]. Fuel & Energy Abstracts, 1999, 42（1）: 33-39.

[74]   Yang Y F, Feng C P, Inamori Y, et al. Analysis of energy conversion
        characteristics in liquefaction of algae [J]. Resources Conservation & Re-
        cycling, 2004, 43（1）: 21-33.

[75]   Aresta M, Dibenedetto A, Carone M, et al. Production of biodiesel from
        macroalgae by supercritical CO_2, extraction and thermochemical liquefac-
        tion [J]. Environmental Chemistry Letters, 2005, 3（3）: 136-139.

[76]   任海涛, 郭放, 杨晓奕. 中国微藻航空煤油制备潜能及 CO_2 减排 [J]. 北京航
        空航天大学学报, 2016, 42（5）: 912-919.

[77]   Brown T M, Duan P, Savage P E. Hydrothermal Liquefaction and Gasifi-
        cation of Nannochloropsis sp. [J]. Energy & Fuels, 2010, 24（6）: 3639-
        3646.

[78]   Toor S S, Reddy H, Deng S, et al. Hydrothermal liquefaction of Spirulina
        and Nannochloropsis salina under subcritical and supercritical water condi-
        tions [J].Biore-source Technology, 2013, 131（3）: 413-419.

[79]   Hao L, Liu Z, Zhang Y, et al. Conversion efficiency and oil quality of low-
        lipid high-protein and high-lipid low-protein microalgae via hydrothermal liq-

uefaction [J] .Bioresource Technology, 2014, 154（2）: 322-329.

[80]　Bai X, Duan P, Xu Y, et al. Hydrothermal catalytic processing of pretrea-
　　　ted algal oil: A catalyst screening study [J] . Fuel, 2014, 120（3）:
　　　141-149.

[81]　邹树平. 微藻热化学液化的实验研究 [D] . 石河子: 石河子大学, 2007.

[82]　曹洪涛, 袁兴中, 曾光明, 等. 超/亚临界水条件下生物质和塑料的共液化
　　　[J] .林产化学与工业, 2009, 29（1）: 95-99.

[83]　Zou S, Wu Y, Yang M, et al. Thermochemical Catalytic Liquefaction of the
　　　Marine Microalgae Dunaliella tertiolecta and Characterization of Bio-oils
　　　[J] .Energy & Fuels, 2009, 23（7）: 3753-3758.

[84]　万益琴, 王应宽, 林向阳, 等. 微波裂解海藻快速制取生物燃油的试验 [J] .
　　　农业工程学报, 2010, 26（1）: 295-300.

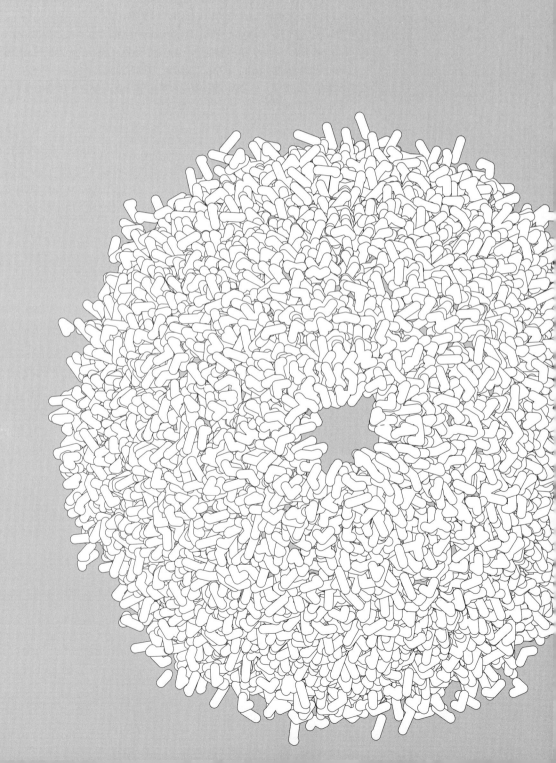

第 6 章

能源微藻的综合利用

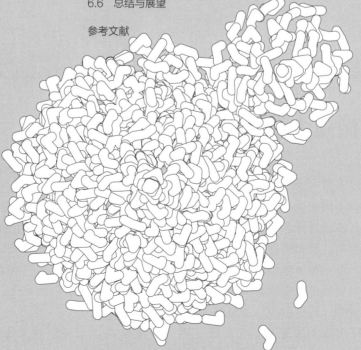

　　微藻种类繁多，是世界上最古老的生物之一。据已有的报道，每年世界能源的消耗量仅为地球上植物转化贮存的能量的 $1/5^{[1]}$，在这些植物中，微藻的作用尤为突出。并且，微藻也是世界上生物质最大的一类生物，它的光合利用效率很高，每年微藻固定的生物质占全球生物质总量的 40% 以上[2]。微藻细胞通过光合作用固定碳源并转化为细胞内的贮存物质，这些天然生物质资源通过生物转化或后加工可形成多种形式的产品。如有些微藻在生长繁殖过程中，细胞能够积累大量的丰富的脂肪酸或在次生代谢过程中会产生烃类物质，是生产生物质燃料的优质材料[3]；有些微藻细胞可合成具有生物活性的多糖、多不饱和脂肪酸、色素、藻胆蛋白等，在食品、化妆品、药品等领域的生产中有广泛的用途。

　　微藻能源是一种绿色、清洁、可再生的第三代优质能源，利用微藻规模化培养生产燃料在品质和环保方面都具有重要意义。然而，目前在应用微藻生产生物质能源的研究中发现还有许多困难和瓶颈问题亟待解决，特别是微藻的规模化培养技术、采收及生物质精炼、生物产品质控等，这些问题不仅使能源微藻的利用与开发进展缓慢，还导致微藻能源生产成本居高不下，微藻能源商业化难以实现。

　　通过偶联微藻天然活性物质的生产、微藻油脂提取后的残渣综合利用、微藻对生产和生活排放的废水废气处理等，以降低微藻生物能源的生产成本，或许具有可行性。

　　综上所述，能源微藻综合利用技术的研究与开发对于快速推进微藻生物能源产业化具有重要意义[4]。本章将对微藻含有的主要天然活性物质的功能及利用、能源微藻残渣的综合利用等进行综合阐述。

6.1 微藻多糖

　　多糖（polysaccharide）是一类具有生物活性的物质，由一个或多个单糖残基以不同比例的 α-糖苷键或 β-糖苷键的形式结合组成的聚合糖高分子碳水化合物。多糖通常含有 7 个或以上的一种或多种单糖，是一类聚合程度不同的物质的混合物。根据多糖中含有单糖的种类数量，可以将其分为同多糖和杂多糖。其中，由一种单糖组成的多糖称为同多糖，如淀粉、纤维素和糖原；由多种不同单糖组成的多糖则称为杂多糖，杂多糖常常与脂类或蛋白质结合，结构复杂，如透明质酸、阿拉伯胶、黄原胶、硫酸软骨素等[5]。

　　多糖不溶于水，无甜味，不会形成结晶，无还原性和变旋现象，可以水解为单糖。越来越多的多糖类天然化合物被提取分离出来，它们广泛存在于动植物和微生物中，以植物中提取的水溶性多糖最为突出。多糖不仅可以作为食物中能量和纤维素的来源，提供生物体基础代谢物质，而且在医学、病理学、药学的研究中也具有十分重要的地位。多糖对生物体的免疫调节作用有影响，研究表明它对于感染、肿瘤、炎症和一些自身免疫性疾病有预防和治疗作用[6]。

不同于蛋白质和氨基酸，多糖的结构与功能的关系至今尚不十分明确。多糖分子上的功能团比较多，目前对于它们的结构和合成途径的认识还不够多，缺乏规律性的科学总结。多糖在生物体合成过程中产生的异构体数目对比单体的数目和种类呈几何级数的增加，十分复杂。可以说对于多糖的研究还处在起步阶段，多糖的结构测定方法还未有标准，因此对它的检测也很难实现自动化和微量化。随着研究的关注度提升，多糖生理活性的针对性开发也逐渐增多。

6.1.1　多糖的结构与功能

6.1.1.1　多糖的结构

多糖的结构分类与蛋白质类似，也包括一级结构和高级结构。构成多糖的基本单元一般为葡聚糖，研究表明高级结构对生物生理功能的影响比一级结构更显著。多糖分子链内和链外的氢键是决定高级结构的重要因素。多糖的二级结构是以氢键为主要二级键的多糖主链之间形成的规则构象；三级结构以二级结构为基础，使二级结构在有序空间产生规律性的空间构象；四级结构以二级结构为基础，形成非共价键聚集体。多糖的生物活性主要取决于它们的结构，但是目前多糖的结构与功能的相关规律性尚不明确。不同物种产生的多糖的生理活性大不相同，例如从大型海藻中提取的昆布多糖化学结构虽然与香菇多糖相似，但在抗肿瘤活性方面却不同，昆布多糖抗肿瘤活性较香菇多糖不显著。亦有一些报道称多糖分子的支链与生物抗肿瘤活性有着密切的相关性，多糖分子的空间构型因为支链而不同，支链的分支度、长度和取代位置对多糖的生理活性有较大影响[7-12]。

6.1.1.2　多糖的生物学功能

多糖具有多种生物学功能，参与和调节细胞的物质代谢及生理活动。研究发现，多糖的生理活性功能主要包括免疫调节、抗肿瘤、降血脂、抗氧化等。其中，多糖的免疫调节的生物学功能最为突出，也是它其他生理功能的基础。医学研究表明免疫系统紊乱不仅会产生多种免疫性疾病，而且与人体衰老导致的多发病如肿瘤、高血压、糖尿病甚至精神病的发生均有密切关系。因此，寻找具有良好免疫调节作用的生物活性物质是当代医药学及营养学的需求，是人类攻克衰老与疾病的共同研究课题。多糖及其缀合物可以介导免疫细胞间信息的传递和感受，激活免疫细胞，提高生物体的免疫功能，且无毒副作用；还可以调节细胞的转化、分裂、再生等过程，同时也是细胞表面对各种抗原和药物的受体；对肿瘤的治疗比手术、化疗和放疗都表现出优越性，是免疫疾病治疗的好材料[13-15]。

6.1.2　多糖的来源

早期研究者在微生物和细菌的代谢产物中发现了胞壁酰二肽、厌氧棒状杆菌菌苗及溶血性链球菌制剂等具有免疫调节作用的活性物质，但经实验发现细菌中的这些物质抗原性强，不利于使用。高等植物和藻类中也含有丰富多样的多糖类免疫活性物质，并且植物和藻类来源的多糖没有细胞毒性，质量稳定，合成性强。因此，从高等植物和藻类中开发多糖已经成为一种趋势，目前有过百种多糖类化合物被发现并验证了它们的免疫调节活性[16]。

6.1.3　微藻多糖及其功能特性

6.1.3.1　微藻多糖的特征

微藻种类繁多，特性也千差万别，不同种类的微藻多糖化合物结构与功能不尽相同，后期提取转化得到的产品也存在差异。微藻多糖既可以存在于细胞内，也可以分泌于细胞外，研究较多的是胞内的可溶性多糖。微藻多糖一般为酸性杂多糖，其单糖组成较为复杂，多带有硫酸化修饰，既有 α-糖苷键，又含有 β-糖苷键，多数含有支链，因此，分子量大，结构多样化。微藻杂多糖依据单糖组成、分子量、糖苷键连接方式及修饰基团等来进行分类[17]。

6.1.3.2　微藻多糖的生物活性与功能

根据前述，微藻多糖结构的多样化导致它具有不同的生理活性。目前，微藻多糖的活性与功能研究主要集中于调节免疫活性、抗肿瘤、抗病毒、抗氧化、调节血脂血糖、抗辐射等生理过程，这些生理活性主要是基于调控免疫反应的基础来实现的。

（1）微藻多糖的免疫调节功能

免疫系统是生物体内具有免疫功能的复杂系统，它由免疫活性分子、免疫细胞、免疫组织和器官组成，包括机体器官（胸腺、脾脏、淋巴结）、细胞（吞噬细胞、淋巴细胞）及分子（补体、抗体、溶菌酶、淋巴因子）等。免疫系统失常往往会导致疾病的发生，因此，研究者提出或可以通过调节机体的免疫功能来预防和治疗疾病。多糖对生物体的免疫调节作用主要是通过激活巨噬细胞、网状内皮系统、淋巴细胞、补体等一种或几种方式和途径完成[18]。

　　研究表明，来源于微藻的不同种类的多糖均可以不同程度地通过调节免疫系统使机体产生相应的免疫反应。例如，雨生红球藻细胞胞外多糖在一定的浓度下就有明显的刺激免疫系统的活性，它能激发腹腔巨噬细胞所产生的 TNF-α 的含量，并增加环氧化酶和一氧化氮合成酶基因的表达；通过小鼠实验发现紫球藻多糖使其脾脏淋巴细胞和腹腔巨噬细胞增殖，对吞噬中性红细胞、释放一氧化氮的机体活动均有显著影响[19]；不同藻类的多糖具有不同程度的抗炎和免疫活性，如小球藻多糖表现出的都是免疫抑制的作用，而三角褐指藻多糖则表现出激发免疫的活性，多糖结构、糖链电荷密度、带电基团的位置、糖链的单糖组成等都是多糖具有生物活性的基础，小球藻和三角褐指藻之所以具有免疫活性，是因为它们的多糖的结构与内源性细胞膜硫酸化氨基葡聚糖相似；从红藻细胞中提取的多糖在体外实验中明显能抑制人体多核型白细胞的趋药性，阻碍多核型白细胞向内皮细胞的附着，而在体内实验中该多糖可以抑制由强刺激物引起的红斑炎症，这两个实验都表现出了该多糖有抑制炎症的效果；实验发现，等鞭金藻的多糖可以促进巨噬细胞增殖活性高效表达；杜氏盐藻的多糖有显著的促脾淋巴细胞增殖活性[20-23]。

　　（2）微藻多糖的抗肿瘤活性

　　许多种类的微藻多糖具有明显的抗肿瘤活性。例如，有报道称紫球藻、小球藻、纤细角毛藻、塔胞藻、叉鞭金藻、盐藻、绿色巴夫藻的多糖对小鼠腹腔巨噬细胞吞噬中性红细胞、增殖以及一氧化氮的产生等指标有影响；研究还发现钝顶螺旋藻多糖可以刺激小鼠体内自然杀伤肿瘤细胞的活性，从而起到抗肿瘤作用；等鞭金藻粗多糖也有显著的抗肿瘤作用。还有一些种类的微藻多糖自身不具有明显的抗肿瘤效果，但经结构修饰或与其他物质结合后得到的多糖衍生物或多糖复合物抗肿瘤活性明显增强。例如，螺旋藻多糖对肿瘤细胞无毒害作用，经硫酸酯化修饰后人肝癌细胞株的抑制率可高达 50%；经硫酸化作用的海藻多糖在一定浓度下对哺乳动物细胞的生长具有抑制作用，其中最为明显的是它对 T 细胞淋巴瘤有超过 80% 的抑制率。综上所述，微藻多糖的结构不同，其抗肿瘤机制也不尽相同，主要分为通过调节免疫系统发挥抗肿瘤作用和通过直接作用抑制肿瘤细胞两种，微藻多糖在抗肿瘤细胞活性过程中一般两种调节或作用机制相辅相成，但侧重点不同[24-27]。

　　（3）微藻多糖的抗病毒活性

　　近年来微藻多糖用于抗病毒活性的研究在生理学方面也是热点之一，微藻多糖的抗病毒活性主要表现为对病毒的直接抑制作用。研究者通过对埃及干燥土壤中的蓝藻的研究，发现这些微藻中含有的多糖对狂犬病病毒和疱疹病毒有不同程度的抑制，而且在一定的剂量范围内没有表现出对寄主细胞的毒害作用；钝顶螺旋藻多糖作用于病毒复制周期的各个阶段中，均对病毒的吸附过程有明显的影响，当该多糖浓度提高后显著抑制病毒的糖蛋白基因表达；从蓝藻细胞中提取的一类多糖具有抗 HIV 病毒的活性，将其硫酸化后抗病毒活性大幅提高；盐藻多糖具有良好的抗流感病毒的作用，在一定浓度时能有效减弱病毒的致病作用，并显著降低病毒感染小鼠的死亡率，此外研究发现盐藻多糖对狗肾细胞的感染病毒前后的处理表现出不同的细胞病变效果，这可能与盐藻多糖和细胞的作用机制有关；紫球藻胞外多糖对呼吸道病毒具有强烈的抑制活性，但对宿主细胞的毒副作用很小，并且紫球藻多糖在体内（大鼠和兔子）和体外（细胞培养）实验中都有较好的抵抗病毒的活性，例如单纯的疱疹病毒；另一类红藻多糖在体外实验中作用于水痘及带状疱疹病毒时也得到了相似的结果[28-31]。

（4）微藻多糖的抗氧化活性

造成生物机体衰老的原因是多方面的，其中最主要的原因之一是机体的抗氧化能力不足以抵抗自由基损害和氧化而造成的。一般认为最有效的天然抗氧化剂都是从高等植物、菌类和藻类中提取获得。微藻的抗氧化性一直是研究的热点之一，具有很高的利用价值。微藻胞外粗多糖去蛋白化后分别经过超声波降解和热处理得到两种多糖化合物，实验发现这些化合物都具有清除自由基及抑制亚油酸氧化的能力；利用微波将分子量较大的紫球藻多糖糖链降解成分子量逐渐减小的 3 条糖链并进行理化性质和抗氧化能力的测定，发现糖链中硫酸基团含量随着分子量的减小而呈上升趋势，抗氧化能力也逐步提高，未经降解的紫球藻多糖没有明显的抗氧化活性；小球藻多糖的抗氧化活性因不同的酶降解后表现出差别，这可能是因为酶切位点不同造成小球藻多糖降解产物在结构上存在差异，从而使它们的生化组成和抗氧化能力不同；螺旋藻多糖能降低果蝇脂褐质及老龄鼠过氧化脂质生成，从而达到抗衰老作用，延长果蝇平均寿命。微藻多糖的抗氧化、抗衰老作用机制尚不明确，有些研究认为其可能是以刺激免疫系统为基础，达到清除或减少对细胞有毒害作用的物质的目的，从而起到抗氧化、抗衰老作用[32,33]。

（5）微藻多糖调节血脂和血糖的功能

微藻多糖调节血脂和血糖尽管还处在研发前期，但这类产品有较大的市场和应用价值，因此备受关注。喂食大鼠红藻多糖或含有多糖的藻粉，发现其具有明显的降血脂和降胆固醇作用，能显著地影响大鼠的体重、肝重、血浆甘油三酯含量和粪便中性固醇与胆汁酸的含量等指标，也可减少低密度脂蛋白水平；研究发现螺旋藻多糖对四氧嘧啶诱导的大鼠高血糖和高血脂有一定的治疗效果，它可以通过减缓自由基对胰岛 β 细胞的破坏间接刺激大鼠产生胰岛素，清除大鼠体内自由基；目前市场上以膳食纤维类产品为主，主张其具有降低血脂和胆固醇的作用，但研究发现一些微藻种类提取的多糖比膳食纤维在调节血脂、血压和血糖方面的功效更显著，是一种新的具有更广阔的应用前景和市场价值的资源[34-38]。

（6）微藻多糖的抗辐射活性

微藻多糖的抗辐射活性相对其他生物活性研究得较少，也相对起步较晚，但却是较为新颖的研究方向。微藻种类和生存环境的差异可能是导致不同微藻多糖抗辐射能力不同的主要原因之一。有研究发现，利用紫外照射南极冰藻后，该藻可产生大量多糖和色素等化合物来吸收和抵御辐射伤害，保护细胞的正常生长，这一研究对生态保护及生物机体保护有深远的意义，具体的作用机制有待进一步研究[39]。

除上述微藻多糖的生物活性研究外，还有一些研究人员对微藻多糖抵抗溃疡的作用、骨髓造血功能的增强作用、抗凝血活性、抗菌和抗炎作用等进行了探索。

6.1.4   微藻多糖的应用及展望

微藻多糖的生物学功能的相关研究日趋增多，其产品具有较大的应用前景。化工合成的抗癌的化疗药物活性位点并不具有专一性，在杀死癌细胞的同时也同样损伤正常细胞，副作用大，对患者免疫系统的损害明显导致引发其他症状。天然的多糖化合物则被应用在治疗免疫疾病和对抗肿瘤的同时，可以恢复由化疗所导致的免疫功能损伤，效果温和良好；人体随着年龄的增大，免疫功能日益下降，或引起生理功能紊乱，例如胸腺萎缩、T细胞损耗，导致机体衰老，特别是随着发展，竞争压力的增加，现在越来越多的年轻人出现早衰问题，多糖类化合物可以增强人体的免疫功能，从而有抗老延寿的作用。微藻多糖产品被制作成各种功能性食品、免疫调节药物等，为人类的健康长寿做出突出的贡献。

微藻多糖资源的开发尚存在许多瓶颈问题，微藻多糖类化合物的结构测定方法及合成代谢的研究都有一定难度，分离提取困难，天然含量还不够高，含有多糖的微藻规模化培养技术还有待突破，生产微藻多糖的质量标准不易控制。目前已知的可用于多糖开发生产潜力的微藻种类较少，有螺旋藻、小球藻、紫球藻等，其他微藻的多糖研究报道较少；微藻多糖结构的检测研究还不够深入，报道多为一级结构的研究，构效关系也不都十分明确；微藻不同种类的多糖的生物活性研究缺乏系统的动物实验评价；微藻规模化培养或发酵生产多糖化合物的技术还刚起步，许多技术需要突破，质量标准也不易控制。

随着对微藻经济资源的重视，相关技术的发展突破，微藻多糖将会得到更大程度的开发。首先，要加大力度发现更多可以产多糖的微藻种类，并加强对这些微藻多糖物质的结构和活性的研究，拓展微藻多糖的应用领域，加快微藻多糖产业化的进程。其次，对已有研究的微藻多糖要运用更先进的生物技术探索，将它转化为更容易被生物体吸收利用的形式，提高甚至拓展其生物生理活性，达到更好的研究开发和应用目的。微藻多糖及寡糖可广泛应用于功能食品、医药、饲料添加剂、生物农药和生物肥料等领域。将微藻多糖的开发结合到能源微藻的开发利用中，尝试不同的结合方式，例如在能源微藻中开发可以同时产多糖的种类，或者将能源微藻与可产多糖的微藻共培养等，提升其经济附加值，推动和加快微藻资源的开发和经济的发展[40,41]。

6.2 多不饱和脂肪酸

多不饱和脂肪酸（polyunsaturated fatty acids，PUFAs）是指含两个或两个以上双键且碳链长度在 18～22 个碳原子之间的直链脂肪酸。多不饱和脂肪酸是人体的必需脂肪酸，对人类健康有着特殊的作用。多不饱和脂肪酸对血压调节、炎症反应以及信号转导有重要作用，从而有效防止多种心血管疾病和炎症的发生；多不饱和脂肪酸是大脑皮质形成、发育及发挥功能不可或缺的物质基础；多不饱和脂肪酸往往含有多个不饱和键，能够产生活性氧分子，具有良好的免疫调节功能，可以提高肿瘤细胞对治疗药物的敏感性，促进肿瘤细胞的死亡。其中一些超长链的多不饱和脂肪酸人体不能自身合成，需要通过日常饮食补充。一些微藻可以积累大量的高附加值的超长链多不饱和脂肪酸，如花生四烯酸（arachidomic acid，AA）、二十碳五烯酸（eicosapentaenoic acid，EPA）、二十二碳六烯酸（docosahexaenoic acid，DHA）和三酰甘油，具有极高的开发利用价值。目前，对微藻多不饱和脂肪酸的研究中报道较多的是 DHA 和 EPA，下面以 DHA 为主要例子来介绍微藻多不饱和脂肪酸的研究进展。

6.2.1 多不饱和脂肪酸的种类

根据碳链长度的不同，脂肪酸可以分为短链脂肪酸（short chain fatty acids，SCFA）、中链脂肪酸（midchain fatty acids，MCFA）和长链脂肪酸（long chain fatty acids，LCFA）；脂肪酸根据碳链上的碳氢键亦可分为饱和脂肪酸（saturated fatty acids，SFA）、单不饱和脂肪酸（mono unsaturated fatty acids，MUFA）和多不饱和脂肪酸（polyunsaturated fatty acids，PUFA）。长链多不饱和脂肪酸是人体的必需脂肪酸，分为两类，即 Omega-6（ω-6）脂肪酸，如双高-γ-亚麻酸（DGLA，C20:3，$\Delta^{8,11,14}$）和花生四烯酸（ARA，C20:4，$\Delta^{5,8,11,14}$）；另一类是 Omega-3（ω-3）脂肪酸，如二十碳五烯酸（EPA，C20:5，$\Delta^{5,8,11,14,17}$）和二十二碳六烯酸（DHA，C22:6，$\Delta^{4,7,10,13,16,19}$）[42]。

6.2.2 多不饱和脂肪酸的来源

动物、植物、真菌及藻类的细胞中都含有多不饱和脂肪酸，脂肪酸的种类和含量因不同物种或者是不同个体亦不同。其中，以长链的多不饱和脂肪酸在营养及保健功效上最为突出。近年来，又以超长链的多不饱和脂肪酸的研究备受关注。微藻是超长链多不饱和脂肪酸的重要来源，高等植物本身并不能合成超长链多不饱和脂肪酸，许多研究者尝试通过转基因技术使其合成该类物质，但效果不显著，并且实现高等植物的大规模高密度种植较为困难。

6.2.3　微藻多不饱和脂肪酸

目前研究较多的微藻多不饱和脂肪酸有 ARA、EPA 和 DHA。藻类细胞的亚油酸和 α-亚麻酸含量较低，而除了螺旋藻属的个别种类（例如钝顶螺旋藻）含有丰富的 γ-亚麻酸外，其他藻类的含量也不高或者没有。一些微藻，特别是海洋微藻富含二十碳以上的超长链的多不饱和脂肪酸，具有其他物种无法取代的优势[43]。

6.2.3.1　微藻多不饱和脂肪酸合成途径

脂肪酸的合成主要分为脂肪酸的从头合成、碳链的延伸、不饱和脂肪酸的形成三个阶段。底物在脂肪酸合成酶（FAS）作用下先生成软脂酸或硬脂酸，再在一系列脂肪酸去饱和酶和脂肪酸链延长酶的作用下生成超长链多不饱和脂肪酸，如二十碳五烯酸（EPA）、二十二碳六烯酸（DHA）等。

FAS 为 II 型脂肪酸合成酶复合体，由酰基载体蛋白（ACP）、丙二酸单酰辅酶 A-ACP 转移酶（MCAT）、β-酮脂酰-ACP 合成酶（KAS I、KAS II、KAS III）、β-酮脂酰-ACP 还原酶（KAR）、β-羟脂酰-ACP 脱水酶（HAD）和烯脂酰-ACP 还原酶（EAR）等部分构成。

碳链的延伸从乙酰辅酶 A 开始，乙酰辅酶 A 在乙酰辅酶 A 羧化酶（ACCase）的催化下生成丙二酰辅酶 A；接着依次在酶（MCAT、KAS、KAR、HAD、EAR）的作用下生成丁酰-ACP，结束第一轮反应。在之后的反应中，丁酰-ACP 与另一分子的丙二酰-ACP 结合，重复第一轮中的反应，循环 6～7 次，最终形成 C16:0-ACP 或 C18:0-ACP。大部分的藻类和真核微生物主要通过 FAS 途径形成多不饱和脂肪酸，以 C18:0（硬脂酸）为底物，主要依靠去饱和酶和延长酶使碳链的延长和脱氢交替进行。在大部分微藻中，经过脂肪酸的从头合成生成 C18:0-ACP，接着在 Δ^9 脂肪酸去饱和酶、酰基-ACP 硫酯酶的催化下脱去 ACP，生成油酸（OA,C18:1）；油酸在 Δ^{12} 去饱和酶作用下生成亚油酸（LA,C18:2）。从这里开始，又可以细分为 ω-3 途径和 ω-6 途径。在 ω-6 途径中，一般情况下，LA 在脂肪酸去饱和酶、脂肪酸延长酶的催化下依次生成 GLA、DGLA、ARA、ADA。在 ω-3 途径中，要先在 Δ^{15} 去饱和酶的作用下将 LA 氧化成 ALA，再通过酶的依次作用，依次生成 SDA、ETA、EPA、DPA、DHA。

有研究发现，在长链多不饱和脂肪酸合成的过程中，ω-3 途径和 ω-6 途径中均发现了替补途径。ω-6 途径中，从亚油酸到双高 γ-亚麻酸的合成过程，可以依次通过 Δ^9 延长酶、Δ^8 去饱和酶的作用，生成中间产物二十碳二烯酸（EDA，C20:2）。ω-3 途径中，从 α-亚麻酸 ALA 到二十碳四烯酸 ETA 的合成过程，也可以通过 Δ^9 延长酶、Δ^8 去饱和酶的作用，生成中间产物二十碳四烯酸（ETrA，

$C20:3)^{[43-48]}$。

6.2.3.2 微藻二十二碳六烯酸

目前，微藻多不饱和脂肪酸中最被大众所熟知的是超长链的多不饱和脂肪酸，其中 DHA 的产品已经有了很好的市场。DHA 是一种 ω-3 系列的长链多不饱和脂肪酸，低温下仍然能保持较高的流动性。DHA 是对健康有益的一类特殊脂肪酸，它是大脑灰质与视网膜的重要组分，并且能有效预防心血管疾病和癌症，人类母乳中含有 DHA，而成人却无法自身合成 DHA，必须由食物来提供。过去以深海鱼类（如鲑鱼、鲭鱼）、磷虾为提取 DHA 的主要资源，现在研究发现海洋藻类也含有丰富的 DHA。对一些海洋微藻的生化组成、脂肪酸含量及 DHA 的品质的研究显示，海洋微藻的 DHA 含量为干重的 1%～5%，但也有一些特殊种类 DHA 的含量可以超过核桃和亚麻籽。虽然海洋微藻的 DHA 含量远低于海洋动物，然而品质上差别不大，因此，海洋微藻可以作为 DHA 品质优良、用之不竭的来源。科学界与商业界出于资源不足与环保的需求也逐渐转向关注海洋微藻作为生产 DHA 的替代资源。

从微藻中提取 DHA 相较于深海鱼类有许多的优势：第一，微藻 DHA 的生产可依托人工咸水湖等培养，对于现在海洋重金属污染，人工环境保持纯净无污染具有可操作性；第二，微藻生长周期短，细胞结构简单，易于分子研究与改造，能使细胞中积累 DHA 而不积累 EPA，分离简单，纯度高；第三，没有鱼腥味，使用者接受度高；第四，对于特殊人群，如素食者，微藻 DHA 可食用。

微藻 DHA 可以增进脑细胞的发育，特别是胎儿脑部的早期发育对 DHA 的需求量很高。DHA 是体内细胞膜和神经传导系统的主要成分，人类仅有孕妇自身含有 DHA，但在怀孕后期会逐渐减少，如果补充不充分，易导致产前抑郁症，同时影响胎儿的智商；DHA 可以促进视网膜细胞的功能，提升视力；DHA 能有效延缓脑部功能退化，预防老年痴呆，并且可降低血液中三酰甘油、胆固醇及预防血栓的形成。

微藻中含有许多种多不饱和脂肪酸，但成功实现商业化大规模培养生产的只有 DHA。在发达国家，孕妇、哺乳期妈妈和婴儿食品中，普遍添加提取自微藻的 DHA。成立于 1985 年的美国 Market 公司利用专利微藻隐甲藻（*Cryptheco-dinium cohnii*）大规模培养生产 DHA，生物量高，且不形成 EPA，从中提取的 DHA 含量达 40% 以上。现在，微藻 DHA 产品更涉及奶酪、饮品和动物饲料中，在美国年产值超过 2 亿美元。海洋微藻中的隐甲藻、绿藻、硅藻、金藻、红藻等的一些种类有较高的 DHA 含量。例如球等鞭金藻 DHA 含量可达干重的 22%，绿色巴夫藻也有干重的 12.6%。

微藻生产 DHA 的规模化培养方式有光合自养型和异养型两种。20 世纪末，美国、以色列和日本等国家开始尝试利用设计合理的光生物反应器在户外培养微藻生产 DHA 等多不饱和脂肪酸，尽管也对微藻细胞代谢、多不饱和脂肪酸合成机理与调控和影响微藻细胞生长的环境及生物条件进行了一定的研究，但是不稳定因子太多，产量始终不尽人意。相较于光合自养培养方式，异养的培养方式则具有更好的操作性，生长速率快，产量高。例如生物柴油工业废水中含有大量甘油，是异养培养微藻生产 DHA 很好的营养源，Chi 等的研究显示 DHA 产量可达 4.91g/L。不过，异养培养的方式能耗高，碳源成本高，排放大量 CO_2 违背节能减排的原则。

微藻 DHA 的分离提取方法有溶剂提取法、超临界 CO_2 萃取法、低温分级法、尿素包合法、脂肪酶水解法、膜分离法、硝酸银层析法、高效液相色谱法等。目前常用的方法中超临界 CO_2 萃取法和尿素包合法获得的 DHA 纯度较高。

① 超临界流体萃取（supercritical fluid extraction，SFE）是近代发展起来的一种新型化工分离技术。它的原理主要是将 DHA 溶于超临界状态的 CO_2 中，通过改变温度和压力，达到分离 DHA 的目的。它能够分离出较纯的 DHA，但是对含有相同的碳数而双键不同的脂肪酸却效果较差。宋启煌等利用超临界 CO_2 萃取法从扁藻中萃取 DHA，得到 DHA 最高萃取率为 87.4%，比溶剂法具有更大的优越性。张穗等利用该方法对海洋微藻中的 DHA 进行提取，选用乙酸乙酯为改性剂，对日本小球藻（*Chlorella hiralaii*）、钝顶螺旋藻（*Spirulina platensis*）和亚心形扁藻（*Platymonas subcordiformis*）进行提取试验，并与直接酯化法、Bligh-Dyer 法、索氏抽提法和乙醇-乙烷法等溶剂法作对比。以提取效率最高的直接酯化法为基础，超临界萃取法对小球藻中 DHA 的提取率为 89.4%，对钝顶螺旋藻和亚心形扁藻的提取率也可达到 90% 左右，高于其他溶剂法，产物中 DHA 的纯度亦优于溶剂法。

② 尿素包合法的原理是脂肪酸与尿素的结合能力取决于其不饱和程度，脂肪酸的不饱和程度越高，其与尿素结合的能力越弱，因而可将饱和脂肪酸、低度不饱和脂肪酸、高度不饱和脂肪酸分离开来，然后利用适当的溶剂萃取，真空干燥后可得到 DHA 含量较高的不饱和脂肪酸。

6.2.4　微藻多不饱和脂肪酸的应用与展望

随着国民生活水平的提高和对健康的日益重视，特别是社会各界对儿童健康发育的关注，多不饱和脂肪酸的开发与应用前景广阔。微藻多不饱和脂肪酸的开发以微藻 DHA，尤其是以不含 EPA 的 DHA 微藻油为原料的产品，其市场最大。在孕妇、哺乳期妇女、婴儿和儿童食品和保健品中，可以开发应用的产品很多。目前添加有 DHA 的产品有婴儿奶粉、鱼类罐头、乳酸饮料、乳饮料及清凉饮料，日本市场上还推出含有 DHA 的鱼肉香肠、火腿肠、汉堡包、即食酱菜、调料、豆腐、蛋黄酱、面包、糖果、香口胶等 DHA 强化食品。1994 年，日本销售的 EPA 和 DHA 营养保健食品就有 30 多种。1995 年 DHA 的用量达 700t，健康食品销售值高达 130 亿日元。而 EPA 的价格更高，每千克原料（约含 27% DHA）高达 3 万～5 万日元，1993 年主要以保健药品销售的 EPA 营业值达到

230 亿日元。目前，DHA 和 EPA 的唯一商业来源是深海鱼类，据报道，全世界每年的鱼油产量为 100 万吨，其中包含 10 万～25 万吨的 DHA 和 EPA。

当 DHA 和 EPA 作为预防疾病的药物被广泛应用，而且成为神经系统和血液系统方面的功能食品时，鱼油的年产量很难满足市场需求，所以从自然界中寻找、培养能产生高含量的 DHA 和 EPA 的微生物以及利用生物技术生产 DHA 和 EPA 亦是今后研究的主要内容之一。美国、日本以及我国一些单位已成功进行了微藻培养生产的研究，通过这些前期的研究工作，有望近期内在我国实现工业化生产。

富含多不饱和脂肪酸的微藻在动物饲料及活体饵料方面的应用很多。在蛋鸡饲养的日料中添加微藻 DHA，发现随添加量的增加，蛋黄中的抗氧化特性增强，蛋黄中 DHA 的含量显著提高；Herber 等在鸡饲料中添加 4.8% 的海藻（相当于每日提供 400mg 的 DHA），结果显示蛋黄中 ω-3 脂肪酸的含量显著增加，但同样伴随 ω-6 脂肪酸含量的下降，同时还指出，在生产富含 ω-3 脂肪酸的家禽产品时，直接利用海藻作为提供 ω-3 脂肪酸的原料，来替代现有的别的原料是可行的；张跃群等利用微藻对卤虫幼体进行营养强化来促进幼体生长和提高 EPA 含量，结果发现亚心形扁藻（*Platymonas subcordiformis*）的提高效果较为显著；长链多不饱和脂肪酸是多种水生生物（如对虾、贝类）的必需脂肪酸，除了利用微藻喂养其他活体饵料进行营养强化外，还可以直接投喂微藻饵料，提高水产养殖动物鱼虾蟹等幼体的存活率以及保证正常发育。对裂殖壶菌脂肪酸含量进行测定发现其 DHA 含量最高，而 EPA 含量很低；Jon Meadus 等在猪的日料里加入裂殖壶菌，观察猪的生理指标是否有明显的变化，结果发现其血液中甘油三酯含量显著下降，并且其皮下脂肪积累 DHA 的含量比对照组高很多；以牙鲆（*Paralichthys olivaceus*）稚鱼为研究对象，尝试用微藻粉（含裂壶藻粉、微绿球藻粉）替代鱼油在该稚鱼生长发育中的作用，结果表明微藻能作为脂肪源替代鱼油，且还能提高牙鲆稚鱼的 DHA/EPA 比率和存活率。

微藻除了作为饲料来提供多不饱和脂肪酸以外，还可以应用于化妆品行业。亚油酸和亚麻酸是人体的必需脂肪酸，对人体皮肤有保湿滋润的作用，而且研究发现，金藻纲中含量丰富的不饱和脂肪酸适合作为化妆品的原料[49-54]。

6.3　微藻色素

微藻含有多种天然色素，包括叶绿素、类胡萝卜素等。类胡萝卜素由于在抗氧化，预防心血管疾病、增强免疫力和保护视力等方面的卓越生理功能备受关注，在已知的 400 多种类胡萝卜素中仅有少数几种已经成功商业化。微藻中常见且被小规模生产的色素主要有 β-胡萝卜素、虾青素、叶黄素、玉米黄素、角黄素、藻胆蛋白等。多采用盐生杜氏藻（*Dunaliella salina*）生产 β-胡萝卜素，盐生杜氏藻是绿藻门的一种单细胞、可游动、耐高盐微藻，通常生活在沿海地区。盐生杜氏藻积累类胡萝卜素受光照强度、盐度和培养物的影响，在培养条件良好时，每立方米的培养物中可以获得 400mg 左右的 β-胡萝卜素，且有顺式和反式两种异构体。此外，盐生杜氏藻还可以用于生产蛋白质和多不饱和脂肪酸，是一类很好的微藻活性物质生产材料。绿藻中的栅藻和小球藻含有较多的叶黄素，叶黄素是一种重要的抗氧化剂，与玉米黄素共同存在于叶绿体中，叶黄素是人眼视网膜黄斑区的重要色素，但是人体自身无法合成，因此需要从自然界中大量补充以保护视力。藻胆蛋白是一类具有荧光的水溶性色素，包括藻蓝蛋白、藻红蛋白和异藻蓝蛋白，它可与抗体、蛋白质、维生素等结合，作为医疗检验试剂中的荧光标记物，也可用于零食、饮料、化妆品和纺织品的着色剂；螺旋藻中含有大量的藻蓝蛋白，紫球藻细胞积累藻红蛋白。尽管藻胆蛋白有许多特殊用途，但是生产成本过高，因此成功产业化的例子很少。目前，虾青素是国内外研究最多的微藻色素之一，且最具有商业价值和产业化潜力，下面详细介绍微藻的虾青素[55-60]。

6.3.1　虾青素的来源

虾青素是一种红色的类胡萝卜素，它是迄今为止已发现最强的自然存在的抗氧化剂，它的抗氧化性是维生素 C 的 6000 倍、维生素 E 的 1000 倍、辅酶 Q10 的 800 倍。虾青素具有抗氧化、抗衰老、抗肿瘤、预防心脑血管疾病等作用。常见的含有虾青素的微藻有雨生红球藻、衣藻、裸藻等，其中最受关注的是雨生红球藻，它是一种独特的淡水单细胞具鞭毛绿藻，是目前已知的自然界中合成和积累虾青素含量最高的生物。美国夏威夷 Cyanotech Corp. 公司、Mera Pharmaceutical 公司、日本在夏威夷的 BioReal 公司和以色列的 Algatechnologies 公司已可实现雨生红球藻规模化的生产；我国中国科学院青岛能源所对雨生红球藻产虾青素的深入研究也有了很大的进展。雨生红球藻合成的虾青素与水生动物体内所含的虾青素相同，极易被生物吸收，因此是人体保健营养品和水产养殖用饲料添加剂的优良来源。雨生红球藻因株系不同虾青素含量差别巨大，目前含量最高的株系在逆境培养时，细胞积累虾青素含量可达到其干重的 8%，占类胡萝卜素含量超过 90%。

6.3.1.1　雨生红球藻概述

雨生红球藻（*Haematococcus pluvialis*）是绿藻门的一种淡水单细胞藻类。在自养和异养条件下均能生长，其生长过程可分为两个阶段，即游动阶段和不动阶段。雨生红球藻游动细胞绿色，呈卵形或椭圆形，前端常呈乳头状突起，具有两条顶生等长的鞭毛，叶绿体杯状、网状或颗粒状，具蛋白核和数个至数十个不规则分散伸缩泡，有一个位于细胞近中部的一侧的眼点。不动的厚壁孢子呈圆形，无鞭毛，细胞较大，逐渐变红，细胞壁增厚，由纤维素层和果胶层组成，且含有花粉素样成分，原生质中积累了大量含虾青素的脂质小体。

雨生红球藻细胞周期中虾青素的含量因其生长特点而有差别。雨生红球藻不动的厚壁孢子中虾青素的含量比绿色游动细胞的高很多，这并不是因为不同阶段细胞合成积累虾青素的速率不一，而是因为游动细胞分裂比较旺盛，加上虾青素的合成受光强、营养盐和细胞分裂抑制物的影响，培养后期营养盐减少，细胞分裂抑制物的产生诱导虾青素大量合成。

值得关注的一点是虾青素的合成与脂肪酸的合成有一定相关，一定量的脂肪酸是虾青素合成的前体物质。虾青素的合成与脂肪酸的关系尚不明确，还有很长的研究之路，但是可以预见的是，作为一种高附加值的生物活性物质，微藻虾青素的生产与微藻新能源燃料的产业相结合，可以大大降低成本，促进微藻能源商业化的快速发展[61,62]。

6.3.1.2 雨生红球藻的培养

雨生红球藻的最佳生长温度在 $20 \sim 28\,^{\circ}\mathrm{C}$ 范围内，pH 值在 $6.8 \sim 7.4$ 之间，且高光强会限制它的生长，因此很容易被其他淡水微生物污染。利用雨生红球藻生产虾青素的研究主要集中在研发有效的封闭型培养系统、选育高产株系、培养条件的探索和优化以及破壁提取工艺的完善。目前在中国、日本和美国都有成功的商业生产，并研发出用带有人工光照的封闭生物反应器与户外池塘联用的生产技术。

在培养雨生红球藻合成虾青素的过程中，主要的影响因子包括光照、营养盐、温度和盐度等。

（1）光照

光照对雨生红球藻细胞积累虾青素的影响是十分明显的，高光强有利于虾青素的合成。有研究显示相对较高的光强条件培养雨生红球藻，虾青素的含量可达 $65\mathrm{pg/cell}$，而在相对较低的光强下虾青素含量仅有 $8\mathrm{pg/cell}$。高光照强度诱导雨生红球藻细胞大量合成积累虾青素的原因很可能是光合作用引起的氧胁迫。不过在异养无光培养条件下雨生红球藻也能积累虾青素，但效率较低。

（2）营养盐

雨生红球藻培养物中的营养盐对虾青素合成积累影响作用最大的是氮、磷、Fe^{3+}，此外还有培养基中非必需的醋酸盐。氮限制易引起雨生红球藻积累虾青素。Borowitzka 等研究观察发现，雨生红球藻的细胞在 $0.01\mathrm{g/L}$ 的 KNO_3 培养基中培养 10d 全部转变成红色的厚壁孢子，但是在 $0.1\mathrm{g/L}$ 的 KNO_3 培养基中培养到第 38 天时细胞才逐渐开始变红。由于雨生红球藻细胞需要合成蛋白质，因此完全的氮缺乏也是不适合生产需要的。该研究还发现提高磷元素的浓度，虾青素的含量也会提高，在一定的浓度范围内过低的磷浓度长时间培养亦有可能完全无红色细胞出现，而高磷浓度不但红色细胞占主要部分，而且虾青素积累的时间也会提前。还有多项实验显示高磷浓度培养对虾青素积累的促进作用与细胞分裂速度无关，原理尚不明确，结果也有待考证。Fe^{2+} 与醋酸盐同时加入培养液中，可催化 Fenton 反应产生羟基自由基，辅助虾青素合成酶系活化，促进虾青素的合成。合成类胡萝卜素的前体化合物（如甲羟戊酸盐、丙酮酸盐）对虾青素的合成起促进作用。醋酸盐通过虾青素合成酶的基因转录水平上的调控，诱导游动孢子向厚壁孢子转变，加速积累虾青素，这一调控过程与 DNA 转录及蛋白翻译抑制剂放线菌素 D（actinomycin D）、放线菌酮（cycloheximide）相关。

（3）温度

在雨生红球藻细胞能够耐受的范围内升高温度对虾青素的合成积累有促进作用，这可能是因为高温导致活性氧的产生，并且抑制了细胞的分裂活动。据报道，雨生红球藻在 30℃ 条件培养时虾青素的合成积累是 20℃ 时的 3.5 倍。

（4）盐度

盐胁迫使雨生红球藻虾青素含量增高，提高培养液盐浓度发现，雨生红球藻的光合作用下降，生长减慢，虾青素大量积累。Boussiba 在 BG-11 培养基中将盐度提高时，细胞开始积累虾青素；Sarada 等研究得出：浓度为 0.5%～1.0% 的 NaCl 导致细胞分裂停止，同时促进虾青素的合成。

（5）其他因子

影响雨生红球藻细胞积累虾青素的还有活性氧、细胞分裂抑制剂等化学因子和外部作用的物理因子。有实验证明当用去除剂消除活性氧时，雨生红球藻细胞合成虾青素的能力减弱，原因尚不清楚。研究表明细胞水平下细胞分裂抑制剂对虾青素积累的影响在 2mg/L 和 5mg/L 的浓度处理中最为明显，细胞分裂完全被抑制，细胞中虾青素含量上升。外部对细胞施加的一些物理因素对产虾青素的影响主要是间接的，即通过机械力、温度等的改变诱导细胞内化学物质的改变发生[63-67]。

6.3.2　虾青素的功能

虾青素具有很强的色素沉积能力，它可以让某些动物的皮肤、肌肉呈现出鲜艳的颜色，也可令生物的毛发、羽毛富有光泽以及蛋黄量增加，使产品更具营养及商业价值。添加了虾青素的鱼肉类胡萝卜素含量明显升高，同时更易被生物体吸收，虾青素作为一种天然类胡萝卜素在水产养殖中得到广泛应用。

类胡萝卜素是很好的生物抗氧化剂，其中虾青素的抗氧化作用比一般的类胡萝卜素强。多项利用生物膜的相关研究都显示了虾青素的强抗氧化活性，它亦可以作为光保护剂，接触光诱导的胁迫，防止生物表皮的老化。虾青素清除自由基的能力和淬灭单线态氧的活性均比维生素 E、玉米黄质、番茄红素、叶黄素、角黄质、β-胡萝卜素高许多倍。

生物氧化是糖、脂类和蛋白质等有机物在体内经过一系列氧化分解，最终生成二氧化碳和水并释放出能量的过程。正常情况下氧化反应受机体的调节和控制，但当有自由基产生时，就会发生过氧化反应。自由基的化学性质非常活泼，极易参加氧化还原反应，能触发链式反应而导致生物膜上的脂质发生过氧化，从而破坏膜的结构和功能；它能引起蛋白质变性和交联，使酶和激素失活，使机体的免疫能力降低，破坏核酸的结构并导致代谢异常等。虾青素分子有很长的共轭双键，有羟基和位于共轭双键链末端的不饱和酮基，其中羟基和酮基又构成α-羟基酮，这些结构都具有活泼的电子效应，能向自由基提供电子或吸引自由基的未配对电子，易与自由基反应而清除自由基，起到抗氧化作用。

虾青素对细胞膜的稳定性和促进间隙连接蛋白-43的表达有增强的效果，从而维持细胞的内稳态，它可以增强动物机体的体液免疫和细胞免疫功能，促进淋巴结抗体的产生。研究发现，虾青素对大鼠口腔癌、结肠癌、肝癌和乳腺癌以及小鼠膀胱癌具有明显的抑制或预防作用，并能有效防止黄曲霉毒素、氯仿和病毒等引起的癌变。虾青素的抗癌作用与其捕获或淬灭氧自由基的功能有关，因为氧自由基是癌症发生和癌细胞增殖的诱因之一。

6.3.3 微藻虾青素的应用与展望

自然界中不同微藻细胞，其虾青素的含量差别较大。目前用于生产虾青素的微藻主要有衣藻（*Chlamydomonas nivalis*）、小球藻（*Chlorella zofingiensis*）和雨生红球藻（*Haematococcus pluvialis*）。生长在极地和高海拔地区的一种雪地衣藻，可以在营养缺乏、酸性、冰冻、高强度紫外辐射等环境胁迫下很好生长，这或许是可以利用的藻种，但目前对其积累虾青素的研究较少。小球藻（*C. zofingiensis*）有很强的环境适应性，可以在短期内达到比较高的细胞浓度，易于异养培养或混合培养。天然积累生产虾青素最高、研究最为深入、品质优良且已实现了虾青素的商业化生产的还是雨生红球藻，其产品通过了美国FDA认证，达到GMP标准，用于膳食保健品中。以下以雨生红球藻为例介绍开发和利用微藻生产虾青素的进展。

虾青素是养殖饲料中优质的添加剂，特别是水产养殖用饲料，可用作鲑鱼、鲍鱼、鲟鱼、鳟鱼、鲷鱼、甲壳类动物及观赏鱼类和各种禽类、生猪的饲料添加剂。作为增加营养及商品价值的天然色素。添加到饲料中的虾青素在鱼类及甲壳类体内积累，使成体呈现色泽鲜艳的红色且营养丰富，市场价格也相对提高很多。虾青素可被当成鱼和甲壳动物必需的维生素，或至少是一种繁殖激素和生长促进物；人工养殖的红海鲷添加其他种类的类胡萝卜素，如β-胡萝卜素、叶黄素、角黄质以及玉米黄素，均不如添加虾青素对其改善色泽的效果显著；肉禽饲喂添加了虾青素的饲料后，蛋黄量增加，蛋黄的色度提高，相关报道发现，饲喂添加6mg/kg虾青素的日粮15d后，蛋黄色度可达到10.75个罗氏比色单位，另外蛋鸡日粮中添加来源于雨生红球藻的天然虾青素（0.5～3.0mg/kg），能显著增加蛋黄的色度，最高可达到 11.8 个罗氏比色单位，此外家禽的皮肤、脚、喙呈现出金黄色，这些都大大提高了禽蛋、肉的营养及商品价值，食用这些产品对人体的健康有利。作为提高繁殖能力的天然激素，虾青素可促进鱼卵受精，减少胚胎的死亡率，促进个体生长，提高成熟速度和生殖力，是非常好的天然激素。鲑鱼苗饲料中虾青素含量至少应达到 5.3mg/kg 才能维持其正常的生长，如果虾青素含量达到 13.7mg/kg，还可以提高鲑鱼脂肪含量，增加某些身体组织中维生素 A、维生素 C 和维生素 E 的含量。作为改善健康状态的免疫增强剂，虾青素有很强的抗氧化、消除自由基的能力，它可以促进抗体的产生、增强动物的免疫功能。添加虾青素还可提高产蛋率和孵化率，延长鸡蛋的货架期，改善母鸡的健康状况，增强鸡对沙门氏菌感染的抵抗力。有研究称雨生红球藻粉可以增加肉仔鸡肝脏、脂肪组织和胸肌中类胡萝卜素的含量，促进其生长，增加胸肌重量，提高饲料利用率，降低卵黄囊炎症引起的死亡率。作为改善动物皮毛颜色的天然成分，虾青素（30～100mg/kg）或雨生红球藻粉（1.0%）可以增强多种观赏鱼类（脂鲤、吻口鱼、金鱼和绿锦鱼等）亮丽的色彩。在红剑尾鱼、珍珠玛丽鱼及花玛丽鱼等观赏鱼饲料中添加 50mg/kg 的虾青素能有效地改善鱼的体色；多年的研究指出，在红色及棕红色的犬类饲养中添加 15mg/kg 的虾青素，可改善其毛发颜色和光泽，提高其观赏价值。

虾青素为脂溶性、具强抗氧化性能的红色物质，对于食品尤其含脂类较多的食品，既有着色效果又可起到保鲜作用，常常被用作食品添加剂给食品着色、保鲜及添加营养。在日本，含虾青素的红色油剂用于蔬菜、海产品和水果的腌渍已申请专利，虾青素用于饮料、面条、调料的着色也均有专利报道。在化妆品中添加虾青素，可以起到抗衰老、防晒的效果；还可以用在唇膏中，使其长时间保持着色功能的同时又有利于皮肤健康。日本已有利用虾青素的抗光敏作用生产化妆品的专利。

随着虾青素生物功能研究的深入和药理药效试验的逐步完善，虾青素极有潜力应用于药品和高级营养保健食品产业中。制药工业利用虾青素的抗氧化及免疫促进作用，做成药物预防氧化组织损伤及配制保健食品。研究表明，虾青素能通过血脑屏障，有效防止视网膜的氧化和感光器细胞的损伤，在预防和治疗"年龄相关性黄斑变性"、改善视网膜功能方面具有良好效果。虾青素具有保护神经系统的能力，尤其是大脑和脊柱，能有效治疗缺血性的重复灌注损伤、脊髓损伤、帕金森病、阿尔茨海默病等中枢神经系统损伤。研究表明，给小鼠饲喂富含虾青素的红球藻藻粉，能显著降低幽门螺杆菌对胃的附着和感染。

水生动物、细菌、真菌和藻类都是天然虾青素的主要来源。以往获取虾青素的主要方法是对水产加工业所产生的废弃物进行提取，但是这一工艺需要的成本较高，且获得的虾青素含量很低，例如文献报道美国利用鳌虾的壳生产虾青素，产率仅为 153mg/kg，海洋渔业发达的挪威将虾青素的纯度提高，回收率却不过较美国提高了 10%，我国沿海地区相关产业收效更低。可见，如果运用该方法大规模生产虾青素，经济效益并不理想。研究发现，利用微生物生产虾青素是较为理想的途径，在全球多个地区也形成了较为完善的产业链，许多公司也研发出合适的生产工艺。乳酸分枝杆菌可促使合成虾青素，产量并不高；利用真菌发酵生产虾青素较为普遍，特别是红发夫酵母（*Phaffia rhodozyma*），由于酵母繁殖速度快，生长周期短，且自身营养价值高，经改良后的某些突变株虾青素含量较高，生产需要的成本合理，所以被认为是较理想的材料，但也有不足，红发夫酵母的生长速率常与其虾青素积累成反比[68,69]。

6.4 微藻其他高附加值产品

(1) 微藻毒素

某些种类的微藻会产生毒害其他生物的活性物质，即藻毒素。藻毒素具有水溶性和耐热性，化学性质稳定，不易去除。最为人们所知的藻毒素是微囊藻毒素，常见产生于淡水蓝绿藻中，如微囊藻、颤藻、束丝藻和鱼腥藻等。微囊藻毒素对肝脏有很强的毒性，严重的可导致肝癌。但是，近来也有研究者提出微藻所产生的毒素大多是以对生物神经系统或心血管系统的高特异性作用为基础的，因此，这些毒素及作用机制是开发神经系统或心血管系统药物的重要导向化合物和线索。

(2) 微藻藻胆蛋白

藻胆蛋白是一种水溶性蛋白，性质稳定、荧光量子产率高、背景干扰小、易于同生物素抗体和糖蛋白等大分子交联，分为藻红蛋白（PE）、藻蓝蛋白（PC）和别藻蓝蛋白（A-PC）三大类。研究发现，螺旋藻藻蓝蛋白对一些癌细胞也有抑制作用；Morcos等和蔡心涵等的研究证明藻蓝蛋白有光敏作用和良好的抑癌作用；张成武提出藻蓝蛋白对骨髓造血具有刺激作用，可用于临床辅助治疗各种血液疾病。藻胆蛋白在荧光探针诊断、免疫学、细胞生物学、分子生物学等方面可代替同位素和酶作标记物。

(3) 微藻抗生素

根据报道，发现少数微藻能产生抗生素，它们大都属于脂肪酸、多糖、单宁、类酯和其他碳水化合物及酚类。例如，日本星杆藻（*Asterionella japonica*）所产的二十碳五烯酸光氧化产物有很强的抗菌活性，褐胞藻（*Chattonella marina*）合成的丙烯酸是抗菌化合物，小球藻中的一类脂肪酸也具有抗菌性和毒性等。

6.5　残渣综合利用

　　微藻的主要成分为脂肪 7%～23%、碳水化合物 5%～23% 和蛋白质 6%～52%[70]，在微藻提取生物柴油的过程中只有 1/4～1/3 的油脂可被转化成生物柴油，同时会产生大量的残渣，约占微藻生物量的 65%，包括碳水化合物（如淀粉和纤维素）、蛋白质、脂肪和其他各种有机化合物。

　　天然气是一种优质、高效、清洁的低碳能源，其燃烧后产生的温室气体只有煤炭的 1/2、石油的 2/3，可显著减少细颗粒等污染物的排放，对实现节能减排、改善环境、应对气候变化具有重要的战略意义。2014 年我国天然气的表观消费量为 1816 亿立方米，绝对消费量达到 1761 亿立方米，全年天然气进口量达到 595 亿立方米，对外依存度达 31.7%，进口气仍然是满足国内需求的重要途径。经厌氧发酵技术制备的生物燃气是天然气的一种补充品，我国作为传统的农业大国，是世界上秸秆类等农林废弃物产生量最多的国家。据统计，全世界每年可产生超过 20 亿吨农业废弃物，其中我国约 7 亿吨，主要以水稻、玉米、小麦等的秸秆为主，其中用于农村居民生活用能约为 3.4 亿吨、饲料和肥料约 2 亿吨，其他秸秆大部分被露天焚烧浪费掉，不但产生细颗粒物 $PM_{2.5}$、颗粒物 PM_{10}，而且产生一氧化碳、二氧化碳、氮氧化物、多环芳烃、二噁英等污染物。而这些农林废弃物可用于生物燃气生产的生物质资源约折合 2.5 亿吨标准煤，能转化当量沼气约 2000 亿立方米，折合天然气近 1200 亿立方米，可形成约 4500 亿元的产值，相当于我国 2014 年天然气进口量的 2 倍。

　　微藻残渣由于含有丰富的蛋白质，导致其碳氮比较低（约为 5∶1），高蛋白极易使发酵过程中产生大量的氨，从而破坏厌氧发酵系统的稳定性。秸秆类农林废弃物由于富含纤维素等多糖，而蛋白质含量较少，导致其碳氮比[(80～150)∶1]远高于适宜厌氧发酵稳定运行的碳氮比[(20～30)∶1]，使得发酵过程中产生大量的挥发性脂肪酸，同样会抑制系统的发酵产气。而将两者混合厌氧共发酵不仅可以避免氨和酸抑制，而且微藻中含有发酵微藻生长所需的必要元素和刺激微藻活性的微量元素，能有效提高发酵系统产气量。另外，微藻残渣和废弃物厌氧发酵产生的生物燃气中含有 30%～50%（体积分数）的二氧化碳，可以作为培养微藻的碳源，从而实现微藻产业的闭路循环，因此适当地再利用微藻残渣，可以显著提高微藻作为生物燃料的竞争力[71]。

　　目前，微藻作为生物能源的研究主要集中在制备生物柴油技术上，而在制备生物燃气的研究上较少，但近年来随着厌氧发酵技术逐步完善和商业化程度不断提高，微藻作为一种重要的发酵原料越来越得到科研工作者的关注。1957 年，Golueke 等首次使用微藻进行厌氧发酵，由于微藻细胞壁较难被厌氧微藻降解并且其较低的碳氮比，导致其产气量并不理想，Chen 和 Oswald 对微藻在 100℃下加热 8h，发现其产气量增加 33%，另外超声波法、酸碱热处理和机械破壁法也能提高甲烷产气量，但是这些方法耗能较大，对其发酵产甲烷并不经济，因此控制合适的碳氮比对于提高发酵的产气性能非常关键。

Sialve 等将这些残渣进行厌氧发酵，其理论产甲烷潜力〔按每克挥发性固体 (volatile solid，VS) 计〕可达 0.47~0.80L/g，但微藻残渣在厌氧发酵过程中蛋白质降解会释放大量的氨，导致发酵液中的氨累积，而 pH 值对发酵液中铵离子 (NH_4^+) 和游离氨 (NH_3) 浓度影响较大。如果发酵过程中底物浓度过高，这将导致高氨浓度和碱度，从而使发酵过程中产生游离氨的抑制作用，疏水的游离氨会通过被动运输跨过细胞膜进入细胞内，表现出它的毒性。Samson 等对蛋白质含量高达 60% 的蓝藻厌氧发酵，其氨浓度达到 7000mg/L，对其活性影响较大的可能为营乙酸产甲烷菌，其对游离氨浓度的变化较为敏感，氨抑制浓度范围为 1700~14000mg/L，另外发现提高发酵液的温度和高浓度的 Na^+、Ca^{2+} 和 Mg^{2+} 虽然能有效降低氨抑制，但在一定程度上也抑制了产甲烷菌的活性，并且这些方法在实际工程中并不实用。

高氮微藻和高碳的原料混合共发酵能显著提高厌氧发酵的产气性能，多原料混合发酵不仅能使发酵系统中的元素更均衡，而且能稀释单原料中的抑制物浓度。Yen 和 Brune 等通过共发酵废弃纸张和微藻，使其混合原料的碳氮比处于比较适合厌氧发酵的范围(约 30∶1)，其产甲烷速率增加 1/2，约为 0.57mL/(L·d)，并且对纤维素酶的活性有较大的提升；同样 Juan 等通过共发酵提取油脂后的微藻残渣和高碳的甘油，其产甲烷量由 (140.3±29.4) L/g 提高到 (212.3±5.6) L/g，微藻残渣由于在提取过程中细胞壁被破坏，从而有机物容易溶解在发酵液中被厌氧微藻降解。在微藻共发酵过程中加入富含碳源的大豆油和甘油也能有效提高产气量，此外将螺旋球藻和高含碳的污泥混合厌氧共发酵，其实际产甲烷率也能提高 1 倍。相反，采用高氮的猪粪和微藻进行共同发酵，其产气性能并没有明显的提升，因此选择合适的共发酵原料至关重要。

秸秆类农林废弃物由于具有高碳氮比，非常适合和微藻残渣混合共发酵，能将氨抑制降低到最低程度，并且微藻残渣中含有较多微藻必需的生长繁殖元素，因为经过废水培养的微藻会吸附水体中的重金属元素，Chojnacka 等发现螺旋球藻能有效吸收污水中的 Fe、Cd 和 Ni 等重金属元素，而 Co、Cd 和 Ni 等微量元素能有效促进厌氧微藻菌群的活性，但同时由于微藻生长的培养基中添加了各种无机盐成分，因此微藻残渣中也含有一定浓度的无机盐，其中主要包括 Na^+、Mg^{2+}、Ca^{2+}、Fe^{3+} 和 K^+ 等一些离子，是微藻生长繁殖所必需的营养源，如 Na^+ 对维持微藻细胞内的渗透压有着非常重要的作用，Ca^{2+} 和 Mg^{2+} 是合成生物大分子的重要组成部分，而 Mg^{2+} 可作为生物酶的激活剂。这些离子在不同浓度下，对微藻的活性起着不同的作用，如当 Na^+、Mg^{2+} 和 Ca^{2+} 的质量浓度在 100~200mg/L、75~150mg/L 和 100~200mg/L 能刺激发酵过程；当浓度增加到 Na^+ 为 3500~5500mg/L、Mg^{2+} 为 1000~1500mg/L、Ca^{2+} 为 2500~4500mg/L 时，对发酵过程产生中等强度的抑制；当浓度更大时，Na^+ 为 8000mg/L、Mg^{2+} 为 3000mg/L、Ca^{2+} 为 8000mg/L 时，对发酵过程产生重度抑制作用。

综上所述，针对微藻残渣与秸秆类农林废弃物的厌氧发酵研究还主要停留在单原料发酵阶段上，而两者共发酵的研究较少，因此，在微藻残渣与秸秆类农林废弃物混合共发酵上，开展不同营养元素和主要金属元素对共发酵的产气性能及对发酵微藻代谢机制的影响研究十分必要。另外，微量元素对混合共发酵过程中微藻菌群的代谢机制也需进一步的研究[72-76]。

6.6　总结与展望

微藻数量庞大，是自然界生态平衡和物质、能量循环中必不可少的重要组成。随着人类对微藻逐渐认识并掌握其生物特性后，开发利用微藻、生物资源有了很大的进展。目前，微藻在解决人类面临的粮食、能源、健康和环境保护等问题中正显露出越来越重要且不可替代的作用。

藻类分为蓝藻门、绿藻门、红藻门、褐藻门、硅藻门、甲藻门等 9 个门类，包括大型藻类和微藻，其中已知的微藻大约有 60000 多种。藻类含有的化学物质包括多糖、脂类、甾体、萜类、色素、多肽和含氮化合物等。除了多糖外，藻类细胞的次生代谢产物以萜类化合物最为丰富，特别是倍半萜和二萜，其种类之多、数量之大为其他水生生物不能比拟。由于藻类具有潜在的活性成分价值，国内外的化学家、药理学家和生物学家对藻类进行了大量的化学和药理活性研究，发现藻类具有抗肿瘤、抗菌、抗病毒、防治心血管疾病、驱虫、降血压、降低胆固醇、防治气管炎、抗凝血、抗放射性病等多样的生物活性。

相较于高等植物，微藻资源的研究与开发起步较晚，但关注度高。微藻资源的开发利用涉及医药食品、兽药农药、轻纺化工、冶金能源、航天航空、饲料肥料、电子信息、海洋地质等，在经济发展和社会进步中正起着重要的作用。微藻资源的开发利用所形成的产业也已经成为当今生物产业的重要组成部分：微藻藻体的直接利用，例如藻体细胞直接压制成片剂、粉剂类食品和饲料等，以及直接用于喂养海产品的活体饵料等；微藻代谢产物的利用，例如免疫调节剂、抗氧化剂、氨基酸、有机酸、维生素、醇酮类、核酸、多糖、酶制剂等；微藻自身固有的特性的利用，例如环境监测中作为标志物、环境净化等；微藻细胞自身特殊基因的利用，例如微藻细胞感光基因转导到小鼠体内，研究其对光路的感应等。

参考文献

［1］　Goldemberg J, Johanssen T B. World energy Assessment: Overview 2004 Update//United Nations Development Programme［R］. New York: United Nations Department of Economic and Social Affairs, World Energy Council, 2004: 88.

［2］　Anithan B, Rohit S, Yusuf C, et al. Botryococcus braunii: a renewable source of hydrocarbons and other chemicals［J］. Critical Reviews in Biotechnology, 2002, 22（3）: 245-279.

［3］　Hu Q, Sommerfeld M, Jarvis E, et al. Microalgal triacylglycerols as feedstocks forbiofuel production: perspective sand advances［J］. The Plant Journal, 2008, 54: 621-639.

［4］　Chisti Y. Biodiesel from microalgae［J］. Biotechnology Advances, 2007, 25: 294-306.

［5］　陈欢. 粘细菌 NUST06 胞外多糖的化学组成及其应用的研究［D］. 南京: 南京理工大学, 2003.

［6］　田庚元, 冯宇澄. 多糖类免疫调节剂的研究和应用［J］. 化学进展, 1994（2）: 114-124.

［7］　Peters T, Meyer B, Stuike-Prill R, et al. A Monte Carlo method for conformational analysis of saccharides［J］. Carbohydrate Research, 1993, 238: 49-73.

［8］　Zhang Y Y, Li S, Wang X H, et al. Advances in lentinan: isolation, structure, chain conformation and bioactivities［J］. Food Hydrocolloids, 2011, 25（2）: 196-206.

［9］　Zhang P, Zhang L, Cheng S. Effect of urea and sodium hydroxide on the molecular weight and conformation of β-（1,3）-D -glucan from Letinus edodes in aqueous solution［J］. Carbohydr Res, 2000, 327（2）: 431-438.

［10］　Young S H, Jacobs R R. Sosium hydroxide-induced conformational change in schizophyllan detected by the fluorescence dye, aniline blue［J］. Carbohydr Res, 1998, 310（1）: 91-99.

［11］　王超英, 吕金顺, 邓芹英. 菌类多糖的生物活性与结构关系［J］. 天水师范学院学报, 2001（5）: 18-21.

［12］　王强, 刘红芝, 钟葵. 多糖分子链构象变化与生物活性关系研究进展［J］. 生物技术进展, 2011, 1（5）: 318-326.

［13］　Brodin P, Davis M M. Human immune system variation［J］. Nature Reviews Immunology, 2017, 17（1）: 21-29.

［14］　Liu J, Feng C, Li X, et al. Immunomodulatory and antioxidative activity of Cordyceps militaris polysaccharides in mice［J］. InternationalJournal of Biological Macromolecules, 2016, 86: 594-598.

［15］　Kao C, Jesuthasan A C, Bishop K S, et al. Anti-cancer activities of Ganoderma lucidum: active ingredients and pathways［J］. Functional Foods in

Health and Disease, 2013, 3（2）: 48-65.

[16] 范荣波，张兰威. 微生物多糖生物活性的研究现状［J］. 中国乳品工业，2006
（6）: 43-45.

[17] Nishide E, et al. Sugar constituents of fucose containing polysacchcrides from various Japanese brown algae［J］. Hydrobiologia, 1990（5）: 204-205, 573-576.

[18] Yuan X, Dend Y, Guo X L, et al. Atorvastatin attenuates myocardial re-modeling induced by chronic intermittent hypoxia in rats: partly involvement of TLR-4/MYD88 pathway［J］. Biochemical and Biophysical Research Communications, 2014, 446（1）: 292-297.

[19] 戴艺，徐明生，上官新晨，等. 松针多糖对小鼠腹腔巨噬细胞免疫调节作用的研究［J］. 动物营养学报，2017, 29（2）: 670-677.

[20] Zhang X L, Wang J, Xu Z Z, et al. The impact of rhubarb polysaccharides on toll-like receptor 4-mediated activation of macrophages［J］.International Immunopharmacology, 2013, 17（4）: 1116-1119.

[21] Lin K I, Kao Y Y, Kuo H K, et al. Reishi polysaccharides induce immuno-globulin production through the TL R4/TL R2-mediated induction of tran-scription factor Blimp-1［J］. Journal of Biological Chemistry, 2006, 281（34）: 24111-24123.

[22] Chen Z S, Tan B K H, Chan S H. Activation of T lymphocytes by polysac-charide-protein complex from *Lycium barbarum* L ［J］. International Immu-nopharmacology, 2008, 8（12）: 1663-1671.

[23] Nair P K R, Rodriguez S, Ramachandran R, et al. Immune stimulating properties of a novel polysaccharide from the medicinal plant *Tinospora cor-di f olia*［J］. International Immunopharmacology, 2004, 4（13）: 1645-1659.

[24] Zhou Z, Meng M H, Ni H F. Chemosensitizing effect of astragalus polysac-charides on nasopharyngeal carcinoma cells by inducing apoptosis and modulating expression of Bax/Bcl-2 ratio and caspases［J］. Medical Sci-ence Monitor, 2017, 23: 462-469.

[25] Yin G, Tang D C, Dai J G, et al. Combination efficacy of *Astragalus membranaceus* and *Curcuma wenyujin* at different stages of tumor pro-gression in an imageable orthotopic nude mouse model of metastatic hu-man ovarian cancer expressing red fluorescent protein［J］. Anticancer Re-search, 2015, 35（6）: 3193-3207.

[26] Wang P Y, Zhu X L, Lin Z B. Antitumor and immunomodulatory effects of polysaccharides from broken-spore of *Ganoderma lucidum*［J］. Frontiers in Pharmacology, 2012, 3: 135.

[27] Li J Y, Yu J, Du X S, et al. Safflower polysaccharide induces NSCLC cell apoptosis by inhibition of the Akt pathway［J］. Oncology Reports, 2016, 36（1）: 147-154.

[28] Marina M T, Yelena Y S, Mahmoud M H. Anti-viral activity of red microalgal polysaccharides against retroviruses［J］. Cancer Cell International,

2002, 2: 8.

[29] Mahmoud H, Vladimir I, Jacov T, Arad S M. Activity of *Porphyridium* sp. polysaccharide against herpes simplex viruses in vitro and in vivo [J]. J Biochem Biophys Methods, 2002, 50 (2-3): 189-200.

[30] Geresh S, Dawadi R P, Arad S M. Chemical modification of biopolymers: quaternization of the extracellular polysaccharide of the red microalga *Porphyridium* sp. [J].Carbohydrate Polymers, 2000, 63 (1): 75-80.

[31] Fabregas J, Garcia D, Fernandez A M. Rocha A I, et al. In vitro inhibition of the replication of haemorrhagic septicaemia virus (VHSV) and African swine fever virus (ASFV) by extracts from marine microalga [J]. J. Antiviral Research, 1999, 44 (1): 67-73.

[32] Ren O, Chen J, Ding Y, et al. In vitro antioxidant and immnulating activities of polysaccharides from *Ginkgo biloba* leaves [J]. International Journal of Biological Macromolecules, 2019, 124: 972-980.

[33] Volpi N, Taruai P. Influence of chondroitin sulfate charge density, sulfate group position, and molecular mass on Cu^{2+} -mediated oxidation of human low-densi ty lipoproteins: effect of normal human plasma-derived chondroitin sulfate [J]. The Journal of Biochemistry, 1999, 125 (2): 297-304.

[34] 谢宗塘. 海洋水产品营养与保健 [M]. 青岛: 青岛海洋大学出版社, 1991: 13-36.

[35] 侯小涛, 何耀涛, 杜正彩, 等. 降糖植物多糖来源及其降糖活性研究 [J]. 中华中医药学刊, 2017, 35 (2): 358-360.

[36] Chen J J, Mao D, Yong Y Y, et al. Hepatoprotec tive and hypolipidemic effects of water-soluble polysaccharidic extract of *Pleurotus eryngii* [J]. Food Chemistry, 2012, 130 (3): 687-694.

[37] Rajalakshmi M, Anita R. B-cell regenerative ef ficacy of a polysaccharide isolated from methanolic extract of *Tinospora cordifolia* stem on streptozotocin induced diabetic Wistar rats [J]. Chemico-Biological Interactions, 2016, 243: 45-53.

[38] Trivedi V R, Satia M C, Deschamps A, et al. Single-blind, placebo controlled randomised clinical study of chitosan for body weight reduction [J] . Nutrition Journal, 2016, 15: 3.

[39] 缪锦来, 姜英辉, 王波, 等. UV-B 辐射对南极冰藻中抗辐射物质的诱导作用 [J]. 高技术通讯, 2002, 12 (4): 92-96.

[40] Duerkop B A, Vaishnava S. Hooper L V. Immune responses to the microbiota at the intestinal mucosal surface [J]. Immunity, 2009, 31 (3): 368-376.

[41] Jin M L, Zhu Y M, Shao D Y, et al. Effects of polysaccharide from mycelia of *Ganoderma lucidum* on intestinal barrier functions of rats [J]. International Journal of Biological Macromolecules, 2017, 94: 1-9.

[42] Napier J A. The production of unusual fatty acids in transgenic plants [J]. Annu Rev Plant Biol, 2007, 58: 295-319.

[43] 李荷芳, 周汉秋. 海洋微藻脂肪酸组成的比较研究 [J]. 海洋与湖沼, 1999, 30 (1): 34-40.

[44] Li M, Ou X, Wei D. Cloning of delta8-fatty acid desaturase gene from *Euglena gracilis* and its expression in *Saccharomyces cerevisiae* [J]. Chinese Journal of Biotechnology, 2010, 26 (11): 1493-1499.

[45] Li M, Ou X, Yang X. Isolation of a novel C_{18}-Δ^9 polyunsaturated fatty acid specific elongase gene from DHA-producing *Isochrysis galbana* H29 and its use for the reconstitution of the alternative Δ^8 pathway in *Saccharomyces cerevisiae* [J]. Biotechnol Lett, 2011, 33 (9): 1823-1830.

[46] Meyer A, Cirpus P, Ott C, et al. Biosynthesis of docosahexaenoic acid in *Euglena gracilis*: biochemical and molecular evidence for the involvement of a Δ^4-fatty acyl group desaturase [J]. Biochemistry, 2003, 42 (32): 9779-9788.

[47] Qi B, Beaudoin F, Fraser T. Identification of a cDNA encoding a novel C_{18}-Δ^9 polyunsaturated fatty acid-specific elongating activity from the docosahexaenoic acid (DHA)-producing microalga, *Isochrysis galbana* [J]. FEBS Lett, 2002, 510 (3): 159-165.

[48] Tonon T, Harvey D, Larson T R, et al. Long chain polyunsaturated fatty acid production and partitioning to triacylglycerols in four microalgae [J]. Phytochemistry, 2002, 61 (1): 15-24.

[49] Wallis J G, Browse J. The Delta8-desaturase of *Euglena gracilis*: an alternate pathway for synthesis of 20-carbon polyunsaturated fatty acids [J]. Arch Biochem Biophys, 1999, 365 (2): 307-316.

[50] Crawford M. Placental delivery of arachidonic and docosahexaenoic acids: implications for the lipid nutrition of preterm infants [J]. Am J Clin Nutr, 2000, 71: 275-284.

[51] Cunnane S C. Problems with essential fatty acids: time for a new paradigm? [J]. Prog Lipid Res, 2003, 42: 544-568.

[52] Das U N. Long-chain polyunsaturated fatty acids in the growth and development of the brain and memory [J]. Nutrition, 2003, 19 (1): 62-65.

[53] Funk C D. Prostaglandins and leukotrienes: advances in eicosanoid biology [J]. Science, 2001, 294: 1871-1875.

[54] Lauritzen L, Hansen H S, Jørgensen M H. The essentiality of long chain ω-3 fatty acids in relation to development and function of the brain and retina [J]. Progress in Lipid Research, 2001, 40 (1): 1-94.

[55] Simopoulos A P. Omega-3 fatty acids in inflammation and autoimmune diseases [J]. Am Coll Nutr, 2002, 21: 495-50.

[56] Bone R A, Landrum J T, Dixon Z, et al. Lutein and zeaxanthin in the eyes, serum and diet of human subjects [J]. Exp Eye Res, 2000, 71 (3): 239-245.

[57] Yeum K J, Russel R M. Carotenoids bioavailability and bioconversion [J]. Annual Review of Nutrition, 2002, 22: 483-504.

[58] Mokady S, Abramovici A, Cogan U. The safety evaluation of *Dunaliella*

bardawil as a potential food supplement [J] . Food and Chemical Toxicology, 1989, 27: 221-226.

[59] del Campo J A, Rodriguez H, Moreno J, et al. Lutein production by *Muriellopsis* sp. in an outdoor tubular photobioreactor [J] . Journal of Biotechnology, 2001, 85: 289-295.

[60] Ip P F, Wong K H, Chen F. Enhanced production of astaxanthin by the green microalga *Chlorella zofingiensis* in mixotrophic culture [J] . Process Biochemistry, 2004, 39: 1761-1766.

[61] Dominguez-Bocanegra A R, Legarreta I G, Jeronimo F M, et al. Influence of environmental and nutritional factors in the production of astaxanthin from *Haematococcus pluvialis* [J] . Journal of Biotechnology, 2004, 92: 209-214.

[62] Boussiba S, Vonshak A. Astaxanth in accumulation in the green alga *Haematococcus pluvialis* [J] . Plant Cell Physiol, 1991, 32 (7): 1077-1082.

[63] Boussiba S. Carotenogenesis in the green alga *Haematococcus pluvialis*: cellular physiology and stress response [J] . Physiologia Plantarum, 2000, 108 (2): 111-117.

[64] Sarada R, Usha T, Ravishankar G A. Influence of stress on astaxanthin production in *Haematococcus pluvialis* grown under different culture conditions [J] .Process Biochemistry, 2002, 37: 623-627.

[65] Faime Fábregas, Ana Otero, Ana Maseda, et al. Two-stage cultures for the production of astaxanthin from *Haematococcus pluvialis* [J] . Journal of Biotechnology, 2001, 89: 65-71.

[66] Domínguez-Bocanegra A R, Guerrero Legarreta I, Martinez Jeronimo F, et al.Influence of environmental and nutritional factors in the production of astaxanthin from *Haematococcus pluvialis* [J] . Bioresource Technology, 2004, 92 (2): 209 -214.

[67] Harker M, Tsavlos A J, Young A J. Autotrophic growth and carotenoid production of *Haematococcus pluvialis* in a 30 liter air-lift photobioreactor [J] .Journal of Fermentation and Bioengineering, 1996, 82 (2): 113-118.

[68] Reza Ranjbar, Ryota Inoue, Hironori Shiraishi, et al. High efficiency production of astaxanthin by autotrophic cultivation of *Haematococcus pluvialis* in a bubble column photobioreactor [J] . Biochemical Engineering, 2008, 39: 575-580.

[69] Lorenz R Todd, Cysewski Gerald R. Commercial potential for *Haematococcus micmalgae* as a natural sourse of astaxanthin [J] . Trends in Biotechnology, 2000, 18: 160-167.

[70] Kamath B S, Srikanta B M, Dharmesh S M, et al. Ulcer preventive and antioxidative properties of astaxanthin from *Haematococcus pluvialis* [J] . European Journal of Pharmacology, 2008, 590 (1-3): 387-395.

[71] Brown M R, Jeffrey S W, Volkman J K, et al. Nutritional properties of microalgae for mariculture [J] . Aquaculture, 1997, 151 (1-4): 315-331.

［72］　Subhadra B G，Edwards M. Coproduct market analysis and water footprint of simulated commercial algal biorefineries［J］. Applied Energy，2011，88（10）：3515-3523.

［73］　Sialve B，Bernet N，Bernard O. Anaerobic digestion of microalgae as a necessary step to make microalgal biodiesel sustainable［J］.Biotechnology Advances，2009，27（4）：409-416.

［74］　Chen Y，Cheng J J，Creamer K S. Inhibition of anaerobic digestion process：a review［J］. Bioresource Technology，2008，99（10）：4044-4064.

［75］　Yen H W，Brune D E. Anaerobic co-digestion of algal sludge and waste paper to produce methane［J］. Bioresource Technology，2007，98（1）：130-134.

［76］　Ramos-Suarez J L，Carreras N. Use of microalgae residues for biogas production［J］. Chemical Engineering Journal，2014，242：86-95.

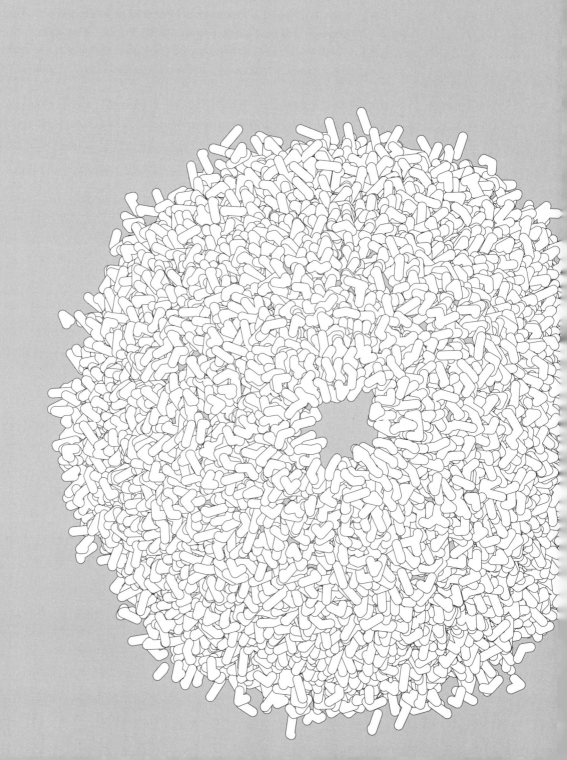

第
7
章

微藻生物能源发展
现状与趋势

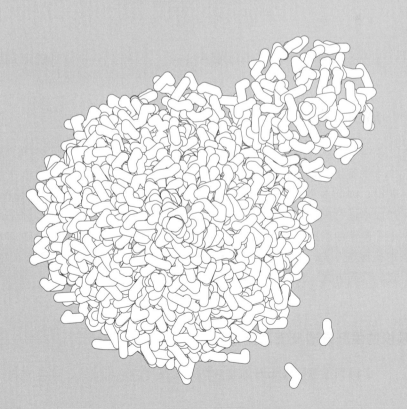

人类步入工业化进程已近 200 年，在此期间能源消费从使用传统的可再生能源转型为化石能源（煤炭、石油、天然气）。大量应用煤炭、石油，对发展经济、改善生活发挥了重要作用，但也形成了为发展经济、改善生活就需要不断提高化石能源消费，也相应产生了大气升温和污染环境的恶果。研究表明，自人类开始工业化以来，由于煤炭、石油消费量持续增加，近百年来尤其严重，使得大气中二氧化碳浓度快速升高，大气温度比工业化之前升高了约 0.8℃。化石能源为实现工业化做出了贡献，也相应产生了环境和气候变化问题，需要构建新型能源系统解决能源消费的不可持续性。开发和利用可再生能源（太阳能、风能、生物质能等）是解决因化石能源消费而产生的环境和气候问题的有效途径。表面上看，生物燃料似乎是零排放，但植物在生长过程中需要灌溉、施肥，还需要收获、运输、收集，加工燃料过程也需要水、电、气等，这些都需要消耗能量，相应地也会排放温室气体（GHG）。生物燃料全生命周期主要排放的大气污染物包括 CO_2、NO_x、TPM（总颗粒物）、SO_x 以及总烃类化合物（THC）、HCl 和 HF 等，HCl 和 HF 主要是电厂燃煤过程中的排放，NH_3-N、N_2O 主要是农作物种植阶段的排放。将不同成分的气体按照温室气体效应折算成"二氧化碳当量"，即为总的温室气体（GHG）排放量，简称碳排放。生物质种类不同，转化为运输燃料的途径也是多种多样，生命周期排放的温室气体和能耗也不相同。总结对比主要生物质转化途径的全生命周期分析（LCA）结果，有助于明确需要进一步改进的技术难题和方向。

7.1 成本核算

微藻生物能源转化是微藻生物质所含油脂、多糖、高附加值产品等通过转化获得，因此本节从微藻油脂成本和副产物加工成本两个方面对微藻生物能源的生产成本进行阐述。微藻生物质的生产成本及微藻生物质各种组分比例含量直接决定了微藻油脂的成本。因此，微藻生物质生产效率依据不同的微藻藻种、培养方式、营养方式、生产方式等差异而表现出一定的差异性。另外，不同的培养方式、营养方式、生产方式等也会影响微藻能源化的成本。

7.1.1 预设的生产方法及工艺流程

考虑到能源微藻培养的复杂性，对藻种、培养方式、营养方式、生产方式及采收方式的不同组合进行经济性评估就显得头绪繁多，难以说清问题，因此本节拟针对一种特定的微藻生物质生产环节进行经济成本分析，对其中的环节采用替换的方式和不同的能源微藻生产技术组合进行对比评估。

在本章预设的生产工艺中，微藻培养采用半连续的生产方式进行，确保培养过程的连续性。具体生产工艺流程如图 7-1 所示。

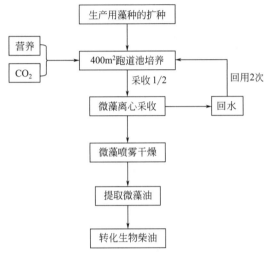

图 7-1　生产工艺流程

7.1.1.1　生产用藻种的扩种

采用逐级放大的方式对生产用小球藻（*Chlorella* sp.）进行扩种，放大系数约为 10。实验室 2L 摇瓶培养（培养体积 1L），放大到 8L 的柱式光生物反应器中，再到 100L 的平板式光生物反应器或柱式反应器中，3 个平板式光生物反应器扩种到 $3m^3$ 的小型跑道池中，小型跑道池再分接至两个合计 $6m^3$ 培养体积的小型跑道池中，再到 $60m^3$ 的中型跑道池中，采用半连续不间断的方式输出藻种供后续 $120m^3$ 的生产用池。微藻培养示范基地及各级培养所用反应器如图 7-2～图 7-5 所示。

图 7-2　平板反应器

图 7-3　柱式反应器

图 7-4 小型跑道池

图 7-5 大型跑道池

7.1.1.2 跑道池培养

（1）培养基成分

特定培养条件的培养基成分见表 7-1。

表 7-1 特定培养条件的培养基成分

编号	药品名	培养基浓度/(g/L)
1	K_2HPO_4	0.25
2	K_2SO_4	0.5
3	$MgSO_4 \cdot 7H_2O$	0.1
	$FeSO_4 \cdot 7H_2O$	0.005
4	EDTA-Na_2	0.04
	$CaCl_2$	0.02
5	NaCl	0.5
6	$NaNO_3$	1.25

（2）营养方式

采用自养的营养方式，浓度 5% CO_2 气体经高压微喷补碳系统（见图 7-6）通入开放式跑道池中，作为微藻生长的碳源，在微藻进行光合作用的白天通入，夜晚停止通入。

（3）生产方式

每个户外跑道池中配有叶桨，在微藻进行光合作用的白天开动叶桨，让微藻接受阳光的照射，提高光合作用效率，夜晚叶桨关闭。考虑到户外跑道池培养周期过长，会增加培养成本，降低跑道池等固定投入的利用效率，容易染菌，故培养时间设定为 6d，以获得最大化的微藻生物量。

7.1.1.3 微藻离心采收

由于培养模式为半连续式，因此每次对达到采收指标的微藻培养液采收 1/2

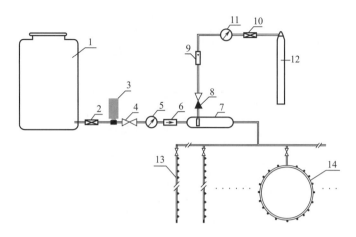

图 7-6　高压微喷补碳系统

1—液体储罐；2—液体过滤装置；3—液体增压泵；4—阀门；5—液体压力表；

6—液体流量计；7—高压微喷装置；8—单向节流阀；9—气体流量计；10—气体过滤装置；

11—气体减压阀；12—气体储罐；13—线型微喷组；14—圆形微喷组

体积。藻液经过有高度差的管道自流到离心机的高位储罐中，经离心机离心后的上清液回到原池重复利用（外加 1/2 原池培养基组分），通过调节排渣时间达到喷雾干燥机进样要求的浓缩藻液经洗涤后进喷雾干燥机。半连续采收回水两次，整池全部采收后，注入新鲜水体添加全营养后继续培养。

　　所用的碟式离心机如图 7-7 所示。

图 7-7　碟式离心机

7.1.1.4　微藻喷雾干燥

　　喷雾干燥采用无锡禾明干燥设备有限公司生产的 SD30 喷雾干燥装置进行（见图 7-8），进风温度 200～220℃，出风温度≤85℃，浆液含固量 10%～15%，干粉产量 20～25kg/h。配备燃油间接热风炉作为热源。

送风机　引风机　进料系统　控制系统　干燥塔　燃油热风炉

图 7-8　SD30 喷雾干燥装置

7.1.2　微藻生物质生产成本核算

基于上述设定，平均培养 6d 的藻浓度为 0.5g/L，即 0.5kg/m^3。单池收集 1/2 体积（60m^3）的藻生物质产量为 30kg，采用 18 个 120m^3 的跑道池，连续培养起来，每天可确保 3 个池的采收，即可获得 90kg 微藻生物量。依据预设的培养条件，微藻生物质的含油量大概是 20%，平均按 20% 计。

要获得 1t 藻油需要 5t 藻生物质，要生产 5t 生物质所需培养天数、肥料、水等需求见表 7-2。设定每 120m^3 的跑道池营养为 A，水量为 B，则每天收集 3 池且连续收集。

表 7-2　采收节点及运行过程中各项所需汇总

培养天数	1d 2d 3d 4d 5d 6d	7～12d	13～18d	19～24d	25～30d	31～36d	37～42d	43～48d	49d 50d 51d 52d 53d 54d
过程控制	3A	9A	18A	9A	9A	9A	18A	9A	全采
	3B 3A	9B	9B	18B	9B	9B	18B	9B	全采
	3B 3A	半采＋半加	全采＋全加	半采＋半加	全采＋全加	半采＋半加			全采
	3B 3A	1.5A×6=9A							全采
	3B 3A	1.5B×6=9B							全采
	3B 3A								全采
	3B								

注：本预算没有考虑蒸发量。

由表 7-2 可知，各项所需共计：99*A*，99*B*。

① 共添加/采收水量：$99×120m^3＝11880m^3$。

② 清水泵共运行：11880/20h＝594h。

③ 叶桨共运行：756h＋1296h＋756h＝2808h。

④ CO_2 微喷运行：756h＋1296h＋756h＝2808h。

⑤ 离心机共运行：11880/20h＝594h。

⑥ 喷雾干燥机共运行：5000/25h＝200h。

依据表 7-2 的各项支出量，计算按预设条件生产 5t 微藻生物质干粉所需的成本预算见表 7-3。

表 7-3 微藻生物质干粉生产过程中各项成本支出明细汇总

支出项	支出量	单价	合计
1. 营养源			
CO_2	10t	850 元/t	8500 元
$NaNO_3$	14.85t	3300 元/t	49000 元
NaCl	5.94t	700 元/t	4158 元
K_2HPO_4	2.97t	8500 元/t	25245 元
K_2SO_4	5.94t	3400 元/t	20196 元
$MgSO_4 \cdot 7H_2O$	1.188t	1100 元/t	1306 元
$FeSO_4 \cdot 7H_2O$	0.06t	1500 元/t	90 元
$CaCl_2$	0.2376t	1500 元/t	356 元
小计			10.9 万元
2. 能源动力			
清水泵(电力消耗)	594h×3kW·h	谷电价格 0.458 元/(kW·h)	816 元
CO_2 微喷装置(电力消耗)	2808h×0.25kW·h	峰电价格 0.989 元/(kW·h)	694 元
叶桨运转(电力消耗)	2808h×0.5kW·h	峰电价格 0.989 元/(kW·h)	1388 元
离心收集(电力消耗)	594h×20kW·h	谷电价格 0.458 元/(kW·h)	5441 元
喷雾干燥(电力消耗)	200h×30kW·h	谷电价格 0.458 元/(kW·h)	2748 元
喷雾干燥(燃油消耗)	200h×25L/h	8000 元/t	4000 元
小计			1.5 万元
3. 培养人力成本支出	4 人×2 月	2500 元/(人·月)	2 万元
4. 土地租用及设备保养及折旧			5000 元
合计			14.9 万元

7.1.3 微藻培养工艺优化

（1）富油藻种的选育

美国能源部 1978 年就立项利用藻类制备生物柴油的研发工作，从海洋和湖泊中分离了 3000 多种藻类，从中筛选出 300 多种生长快、含油高的硅藻、绿藻和蓝藻等藻种。经过驯化，其中一些藻类的光合生产率已经达到 50g/(m² · d)，含油率达到 80%。利用基因工程改造微藻脂肪酸调控途径，可大大提高微藻脂肪酸的合成能力，从而实现高油微藻制备生物柴油的目的。常见的调控酶有与脂类合成有关的乙酰辅酶 A 羧化酶、与脂类代谢有关的磷酸烯醇式丙酮酸羧化酶等。

我国在藻种筛选、生理生态学等上游工作方面已有较多积累，如中国科学院水生生物研究所、中国海洋大学都建立了相当规模的海水、淡水藻种资源库，拥有一批具有自主知识产权的产油藻株，但对工业化藻株的筛选改造和评价还不够深入。

我国自"十一五"开始布局以生物能源生产为目标的微藻能源研究。以中国科学院海洋研究所、过程工程研究所、青岛生物能源与过程研究所以及清华大学、华东理工大学等为代表的众多科研单位相继开展了高产油藻种的选育与改造、高效微藻光反应器、高密度培养、高效加工等技术研究工作。笔者所在课题组在环境微藻筛选工作的基础上，根据预测的脂质累积途径的潜在关键节点开展了基因功能及表达调控机制的研究。发现了一些新的关键酶在不同的节点对脂质累积发挥着调节作用。针对这些新节点的表达调控，转化藻株的含油量获得突破性的增加。例如，发现三角褐指藻的新型苹果酸脱氢酶，三角褐指藻藻株的生长速率与野生型藻一样快速，藻细胞显著增大，脂质含量提高达 2.5 倍，从干重的 23.3% 提高到 57%（图 7-9）。在保持了高生物质含量的同时取得了高脂质含量，

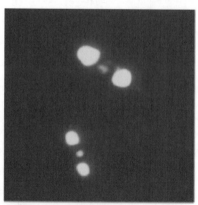
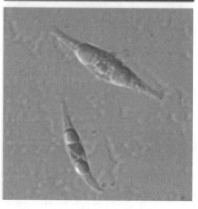

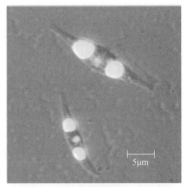

(a) 工程藻细胞

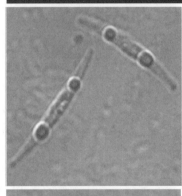

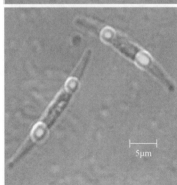

(b) 野生藻细胞

图 7-9　三角褐指藻代谢工程藻株中性脂荧光染色

综合性状显著优于已报道的产油微藻，并且部分工程藻株获得了副产高附加值生物活性物质的优良性状。相关系列研究成果已经申请发明专利，论文发表于 *Biotechnology for Biofuels*[1]、*Microbial Cell Factories*[2] 以及代谢工程顶级期刊 *Metabolic Engineering*。

适用于户外的富油优良藻种的应用是降低微藻生物柴油成本的最直接、最关键的一步。

（2）营养源的替代

依据上述预算，营养源的支出占据微藻生物质成本的 2/3，因此降低此部分支出对经济可行的微藻生物能源至关重要。其中作为微藻生长碳源的 CO_2 可采用化石燃料燃烧产生的烟道气（CO_2 浓度 15%～20%）替代，在固定 CO_2、减少碳排放的同时产生微藻生物质，但是利用烟道气也有许多待解决的问题。烟道气的温度都比较高，其作为微藻生长的碳源，首先要进行降温。另外，化石燃料燃烧产生的烟道气中的硫氧化物、氮氧化物及粉尘的含量较高，虽然按排放要求生产企业在排放前需进行除尘、脱氮、脱硫等工艺，但是最终烟道气中含有的少量硫氧化物、氮氧化物成分累积在微藻生长的培养系统中会严重影响微藻的生长。以硫含量仅为煤炭约 1/30 的生物质为燃料的生物质燃料锅炉产生的锅炉烟气，由于硫氧化物的含量较低，更适合作为微藻生长的碳源。因此，烟道气经降温、除尘、脱硫等前处理过程排除对微藻生长不利的因素后，直接或通过特定装置（如本研究使用的高压微喷装置）使其溶解在培养基中供微藻利用，可降低微藻的碳源成本支出，且具有良好的社会效益。

微藻作为一种自然环境的净化者，很早就被应用于废水中的无机氮、磷以及金属元素等污染物的去除。同时微藻在生长过程中利用了废水中的氮、磷等营养成分，减少了配制培养液时化肥的用量，降低了微藻生物质的生产成本。利用废水来培养产油微藻，既可以利用微藻对这些大量的富氮、磷废水实现高效无害化处理，还可为能源微藻生产油脂提供丰富廉价的营养与水资源，一举两得。国内外的研究者开展了广泛的废水微藻培养研究，使用废水的种类多集中在农业养殖废水、城市生活废水以及部分工业废水。吕素娟等研究了利用城市生活污水培养产油微藻，添加部分营养组分后，在优化的培养条件下，废水中的微藻细胞浓度远高于 BG11 培养基中的微藻浓度[3]；Tsukahara 等用二次处理的生活污水作为培养基在 3L 的 STS 中进行葡萄藻的批式培养，发现藻的生长量与在改性的 Chu13 培养基中相当[4]；许多工业排放的废水中也含有大量的有机质，如食品行业的糖蜜、乳清、废糖液等，这些富含有机质的废水也能作为微藻生长的良好的异养培养基。另外，农业废水（主要指养殖场的排放废水）由于富含氮、磷，可作为很好的微藻培养替代培养基。本研究长期进行奶牛场养殖废水、养猪场废水的微藻养殖研究，在培养条件控制的前提下，废水本身即可满足微藻的生长，无需添加任何的额外营养源，且微藻的生物量产量优于前面预设的培养基条件，能极大地降低微藻培养的成本。

虽然利用废水进行微藻培养是解决微藻生产成本过高问题的有效途径，可全部或部分抵消微藻培养过程中的肥料投入成本，但是利用废水进行微藻培养仍然存在诸多亟待解决的问题。

① 废水预处理。适合于养殖微藻的废水中基本上含有大量的有机物成分，而有机物的存在适合细菌的生长，许多种类的细菌对微藻的生长具有拮抗、抑制作用。另外废水中还常含有固体颗粒、有色物质等，影响透光效率，进而影响微藻的光合作用。因此，在利用废水进行微藻培养前需进行废水的预处理，包括固定颗粒的去除、有色物质的去除、杀菌处理以及适当的营养调配等。其中固体颗粒的去除可通过过滤、沉降等常规操作完成，有色物质的去除依据废水种类的不同其处理方式及处理成本表现出一定的复杂性，另外找到适用于户外大规模生产用的、有效的杀菌、除菌方法也是亟待解决的重要问题。

② 培养过程的控制。即使找到了合适的预处理方法来确保培养前的废水适宜微藻的生长，但是废水中含有有机物成分，极易滋生细菌等微藻生长的竞争者和捕食者。虽然藻-菌共生系统在一定程度上能强化废水的污染物去除效率以及提升藻类的产量，但是该系统在面对培养环境骤变等极端情况下极不稳定，很难得到预想的大量的微藻生物量，因此，开发有效的废水微藻培养的过程控制系统显得尤为必要。

③ 废水的排放。虽然废水微藻培养系统能有效地去除废水中的污染物成分，但是众多的研究结果包括笔者的研究证明微藻对奶牛场养殖废水中 COD 的去除具有一定的局限性，很难达到废水排放的标准。微藻对经二级处理的废水进行深度净化方面具有一定的优势，也有研究者将养殖废水先进行厌氧发酵，发酵液再进行微藻的培养，可有效地去除污染物，但是利用包括经二级处理、厌氧发酵处理后的废水进行微藻的养殖，其废水中的物质转化为藻生物量的部分大为减少，偏离废水替代肥料养殖微藻以降低微藻生产成本的路线，因此，需开发合适的废水处理技术组合，在尽量确保达标排放的基础上获得尽可能多的微藻生物量。

（3）培养方式的替代

本章预设的培养方式是利用户外跑道池进行半连续培养，在前期资本投入上具有一定优势，相对于利用密闭的光生物反应器进行的微藻培养而言比较容易实现小投入、大规模，但是该方式的微藻生物量浓度低、培养时间长，一定程度上增加了微藻生产环节的成本并降低了固定资产的使用效率。开发低成本、易维护、高效的常年运转的混合培养系统是有效的手段，如可采用密闭光生物反应器进行微藻的高密度培养，在培养到一定阶段后在户外的跑道池进行后期油脂的积累，由于密闭生物反应器的条件可控性，可最大限度地避免纯户外培养过程中由于天气等外界原因造成的培养系统崩溃，进而导致绝收、停产等重大事故。

7.1.4　微藻采收工艺优化

微藻的采收方法众多，前期研究人员根据各采收方法的特点结合微藻采收过程中耗能以及后续的生物燃料加工工艺探索出两步采收法采收微藻，具体步骤及过程中的生物质含量如图 7-10 所示[5]。各级采收过程涉及多种采收方法，各种采收方法的采收体积能耗及采收效率见表 7-4。

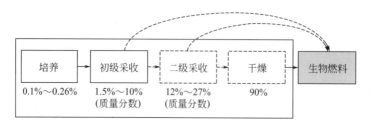

图 7-10　微藻生物质生产过程及各过程生物质含量

表 7-4　微藻采收过程各采收方法的体积能耗及采收效率对比 [6]

采收过程	采收方法	体积能量消耗/(kW·h/m³)	采收效率/%
初级采收	絮凝沉降	0.1	99.0
	自然沉降	0.1	75.5
	微孔滤网	0.2	89
	电絮凝	0.3	96
	振动筛过滤	0.4	89
	溶气浮选法	1.5	99.9
	切向流过滤	0.2	89.0
二级采收	离心	8.0	95
	自洁式板分离器	1.0	95
	带式压滤	0.5	89
	箱式压滤	0.88	89

进料、出料浓度，采收效率，微藻的种类及大小、浓度、表面电荷，pH 值、温度等都会影响生物量采收的能源需求。因此，应针对不同的培养条件选择合适的采收方法或采收方法组合以降低采收成本。

本章预设的采收方法是一步离心法，从表 7-4 可看出离心采收是所有采收方法中最为耗能的方法（8kW·h/m³），若替换成其他的采收方法或组合，可极大降低微藻的采收能耗。经济有效的微藻采收技术的探索也是微藻能源研究的热点，除上述采收方法外，中国科学院过程工程研究所刘春朝研究员的研究团队在传统的阳离子型聚丙烯酰胺（CPAM）絮凝剂的基础上，利用磁性 Fe_3O_4 纳米颗粒，合成了一种新型的磁性絮凝剂，应用于微藻的采收过程中。实验结果表明，该磁性絮凝剂对于不同的微藻在较宽的 pH 值范围内（pH＝4～10）均有较好的采收效果，对于布朗葡萄藻和小球藻，用量分别在 25mg/L 和 120mg/L 时，在任一 pH 值下的采收率均在 95％以上。分析表明絮凝剂与微藻细胞之间的静电吸附作用和 CPAM 的桥接作用是主要的分离机制。与传统的 CPAM 絮凝剂相比，该磁性絮凝剂具有用量少、分离过程快等优点，同时克服了传统絮凝剂易残留的缺点，有效避免了水体的二次污染。该方法为微藻高效经济的采收过程奠定了基础。笔者及团队也针对微藻采收开发了两种磁性絮凝纳米颗粒，可实现对微藻大批量低成本采收。合成了壳聚糖磁性纳米颗粒和聚合氯化铝磁性纳米颗粒，这种颗粒均可实现对藻液高效快速采收。当藻液密度处于中/低生物量（藻密度低于 10^7 cells/mL）时，每升藻液中只需加入磁性絮凝纳米微粒 0.246g，即可取得对两种微藻较好的采收效果，回收率高达 96.49％，沉降速率达 2.0cm/min，紧密度为 0.043；当藻液密度为高生物量（大于 10^7 cells/mL）时，每升藻液中加入磁性絮凝纳米微粒 0.738g，即可达到对两种微藻最佳的采收效果，回收率达 95.21％，沉降速率达 2.12cm/min，紧密度为 0.074。利用聚合氯化铝磁性颗粒采收微藻的研究表明，当藻液为中/低生物量时，每升藻液中加入上述微粒 0.250g，可对两种微藻取得良好的采收效果，回收率高达 95.32％，沉降速率达 1.61cm/min，紧密度为 0.044；在藻液为高生物量时，每升藻液加入上述微粒 0.600g，采收效率最好，回收率达 91.35％，沉降速率达 1.74cm/min，紧密度升高到 0.10。此方法采收微藻所需微粒剂量较少，但沉降速率相对较慢，两者回收率相近。

7.1.5　微藻破壁工艺优化

微藻细胞壁的存在是提取微藻生物质生产过程中高耗能的关键。表 7-5 显示不同优势提取方法的花费及能源效率对比。提取过程中温度、压力条件、分离油脂和有机溶剂的蒸馏条件都会影响微藻破壁提取成本，微藻油脂提取成本高的原因是微藻细胞的破壁。细胞破碎方法主要有机械破碎、化学破碎和生物法破碎。

表 7-5　不同油脂提取方法花费及能源效率对比

方法	效率评价	花费	能源需求	备注
有机溶剂	中	高	密集	有健康、环境危害
加压有机溶剂	高	高	密集	有健康、环境危害
等渗提取	中-高	高	密集	低危害
超临界 CO_2	高	高	密集	环境安全
机械压榨	低-中	高	密集	产热可能破坏成分
珠磨	中	划算	密集	难以大规模
微波	非常高	高	密集	易于放大
超声	高	高	密集	产品质量差
渗透休克	中-高	低	低	
电穿孔	非常高	投资维护高成本;操作成本低	低	

利用干燥的微藻藻粉破壁，微藻的干燥也是微藻生物质生产的高耗能环节，发展不需要干燥的湿法藻油提取技术显得尤为必要，现阶段微藻提油的主要方法如图7-11所示。虽然湿法破壁不需要高耗能的干燥过程，但是由于湿藻中水分含量大，不能和非极性的有机溶剂互溶，造成后期生物质分离率低。

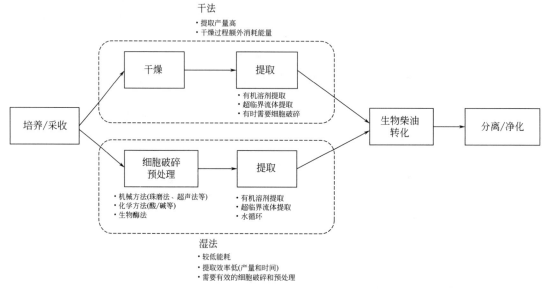

图 7-11　微藻干湿工艺油脂提取技术对比 [7]

Lardon等通过生命周期评价（life cycle assessment，LCA）的方法对正己烷干法萃取和湿法萃取藻细胞油脂的效率及经济性进行了分析。由于湿法萃取不需要对藻细胞进行干燥，因此可减少大量能耗。正己烷湿法萃取与低氮培养模式相结合，生产1MJ能量的生物柴油所需总能耗为1.66MJ，而获得的总能量为2.23MJ，是4种生产模式中（普通培养＋干法萃取、普通培养＋湿法萃取、低氮培养＋干法萃取以及低氮培养＋湿法萃取）唯一总能量收益为正的生产模式。同时，该研究分析结果还表明，油脂提取的能耗在生物柴油生产总能耗中占有很大比例（干法萃取和湿法萃取的能耗分别占总能耗的90%和70%），因此油脂提取技术的改进对耦合系统的经济性和可持续性具有直接影响[8]。另外，微藻油脂提取技术的集成化例如原位酯化和原位萃取等方法，避开脱水干燥等高耗能步骤，也是降低微藻生物柴油生产成本的方向。

7.1.6　微藻生物柴油成本分析

微藻破壁提油是指采用超声破碎微藻，结合传统的有机溶剂浸出法进行微藻油脂提取。采用六号抽提溶剂油浸泡使微藻油脂溶解在溶剂油中形成混合油，然后对混合油加热，使溶剂油挥发后得到粗藻油，同时回收溶剂油。

　　提取出的微藻生物柴油采用酸碱结合工艺进行微藻生物柴油转化。工艺流程包括预处理、酯交换、后处理三部分。在预处理阶段进行酸催化酯化反应，将原料的游离脂肪酸含量降到合适的值，蒸发去除甲醇与水分，为酯交换做准备。酯交换阶段，经预处理的油脂含有甲醇，加入少量 NaOH 作为催化剂，在一定温度和常压下进行酯交换反应，即生成甲酯，采用两步反应，通过分离器连续去除反应器中生成的甘油，使酯交换反应能持续进行。后处理阶段包括重力沉降、中和、水洗和干燥。重力沉降使甘油与甲酯分离，中和多余的碱性催化剂，水洗洗去残余的甲醇与甘油，干燥去掉水分得到精制的生物柴油。

　　所涉及的生物柴油连续生产装置如图 7-12 所示。

图 7-12　微藻生物柴油连续生产装置

　　微藻油脂提取是高花费环节，直接决定了藻基生物柴油经济与否。现广泛采用组合方法进行油脂提取，以克服单一提取方法的缺点，例如：机械压榨法需要经高耗能的干燥过程对藻生物量进行干燥，化学溶剂法存在安全和健康问题，超临界萃取需要高压设备且运行能耗高。微藻油脂的提取过程中的溶剂萃取部分的成本可参考食用油加工的成本核算。由于微藻细胞自身的特殊性，油脂萃取前的高耗能的破壁过程大大提升了微藻油脂提取的成本，现阶段鲜有利用干燥进行大规模微藻油脂提取成本核算的报道，还仅限于实验室研究阶段。

　　微藻油脂与传统的油料植物油脂相比，微藻油脂的游离脂肪酸含量高，其酸价较高，依据藻种不同、提取工艺的不同而发生变化。微藻油脂中还含有较高浓度的糖脂及磷脂成分，这些都不利于微藻生物柴油的转化。一般采用预酯化的方法先降低微藻油脂的酸价，再进行油脂的转酯化操作。以植物油脂加工生物柴油为例，对加工生产 1t 生物柴油成本进行核算：甲醇是生物柴油工艺中的主要成本因素，因为其挥发性强、损耗大，理论上甲醇的消耗量是油脂原料的 10%，本分析按 15% 计，即每吨油脂原料消耗甲醇 150kg；催化剂是生物柴油项目中变化无常的因素，和具体的技术具有相关性，本分析按每吨油脂消耗 60 元的催化剂计；煤的使用量与实际工艺相关，对于碱催化工艺，由于不需要蒸馏，所以所需煤的量低，一般在 150kg/t 油脂原料，而对于蒸馏工艺则需要 $200\sim250$kg/t 油脂原料；电费根据 5m^3 的设备核算，搅拌电机 5kW×2 台，加上各种料泵、真空泵等，功率至少为 50kW，合计成本 60kW·h/t 油脂原料；水在生物柴油生产工艺中大部分作为冷却循环水，消耗成本按 20 元/t 油脂原料；人工成本按 2 人/天计（表 7-6）。

表 7-6　1t 生物柴油加工成本核算

支出	支出量	单价	合计	备注
甲醇	150kg	2500 元/t	375 元	
催化剂	60 元		60 元	
煤	150kg	500 元/t	75 元	本设定采用碱催化工艺
电	60kW·h	谷电价格 0.458 元/(kW·h)	27.48 元	
水	20 元		20 元	
人力	2 人/天	80 元/(天·人)	160 元	
合计			717.48 元	

综上，依据预设工艺，微藻生物柴油的生产成本集中在微藻的培养、采收、微藻油脂的提取及生物柴油转化，其中仅微藻生物质的生产环节的支出就远超等量的化石燃料的价格，加上高耗能的微藻破壁提油过程及生物柴油转化过程，生产微藻生物柴油明显不具备经济可行性。因此进行预设环节的低成本工艺的探索及替代，降低微藻的生产成本，对微藻生物柴油产业来说势在必行。

生物柴油的制备方法有多种，比较典型的生物柴油制备有三种工艺：化学法连续反应制备生物柴油、超临界法连续反应制备生物柴油（采用反应、蒸馏工艺）以及超临界法连续反应制备生物柴油（采用反应、闪蒸、蒸馏新工艺）。不同的生产工艺具有不同的经济性。在规模效益凸显的情况下，化学法效益较好，但生产工艺污染环境；超临界反应制备生物柴油采用闪蒸等新工艺，经济效益提高，且生产工艺绿色化，产品精细化，但是投入大。

针对微藻生物柴油炼制成本高的问题，美国密歇根州立大学的研究人员于 2010 年 9 月 4 日宣布开发并验证了二步法水解-溶剂分解法工艺，可用于从微藻生物质直接生产生物柴油。这一工艺过程无需生物质干燥、有机溶剂抽提和催化剂，并可为营养物（如氮、磷和甘油）循环提供机制。这一工艺过程已在美国化学学会杂志《能源与燃料》（*Energy&Fuels*）上发布。

7.1.7　微藻燃料醇及附加值产品的工艺优化

乙醇、丁醇等燃料醇作为优良的生物质液体燃料，其比热容、辛烷值（抗爆性）、汽化潜热等均优于汽油，且不含硫和灰分等杂质，是优质无污染的液体燃料，对它们的开发和利用也正日益引起人们的广泛重视。当前生产燃料醇的原料主要为淀粉质、糖质、纤维质和微藻等。淀粉质、糖质原料生产燃料醇，技术上已很成熟，但受近年粮食、糖价格推高影响，以小麦、玉米以及甘蔗、甜菜等为原料生产燃料醇难以获得长足发展。而以木质纤维素为原料，在预处理、酶水解和戊糖发酵等技术工艺环节还存在诸多的技术瓶颈，生产成本仍然高企不下。在这种情况下，拓展燃料醇生产的原料来源，开发有效的生产技术工艺，对于发展替代能源具有积极意义。

微藻作为高效光合固碳的微生物，在自然界能量转化和碳元素循环中起着重要的作用。利用微藻作为燃料醇生产的原料来源具有如下优势：微藻细胞结构简单，易培养，培养环境较为粗放，不需要占用大量耕地；光合效率高，生长周期短，大部分微藻的倍增时间不到 1d，处于生长对数期时甚至低至 3.5h，而且其生长不受季节影响，可实现全年不间断的培养收获；可利用废气中的 CO_2，实现 CO_2 等废气的净化处理和减排相结合，据计算 $1km^2$ 的藻农场可年处理 50000t CO_2，环境效益非常显著；微藻细胞中富含淀粉、多糖、纤维素等物质，可以按照传统的工艺技术将其转化为燃料醇，例如微藻中的绿藻是唯一的淀粉基藻类，其淀粉含量一般为 $20\%\sim30\%$，甚至高达 $40\%\sim60\%$，是优良的燃料醇生产原料；微藻油脂提取后的残渣主要含纤维素等物质，也可以按照纤维素乙醇生产的工艺技术将其转化为燃料醇，生产工艺相对较为简单。

从 1990 年到 2000 年，日本国际贸易和工业部资助了一项名为"地球研究更新技术计划"的项目，耗资近 3 亿美元，分离出 10000 多种微藻，建立了光生物反应器的技术平台以及微藻乙醇开发的技术方案，为微藻生物能源技术的发展奠定了很好的基础。但由于当时石油价格低廉，这些开创性的研发工作没有继续下去。Ryohei 等通过大量培养淀粉含量高的微藻，浓缩后诱导微藻自体发酵，乙醇产率可达 7500mg/L，提供了微藻制备生物乙醇的新思路。后来，科研人员利用细长聚球蓝细菌（*Synechococcus elongatus*）PCC7942 为宿主菌，克隆表达了来自运动发酵单胞菌中的丙酮酸脱羧酶基因（*pdc*）和乙醇脱氢酶基因（*kdh*），首次使蓝细菌具备了利用 CO_2 和水合成乙醇的能力。Shota 等也利用细长聚球蓝细菌（*Synechococcus elongatus*）PCC7942 为宿主菌，通过克隆表达来自乳酸链球菌中的酮酸脱羧酶基因 *kivd*、芽孢杆菌中的乙酰乳酸合成酶基因 *alsS* 以及来自大肠杆菌中乙酰乳酸变位酶基因 *ilvC* 和二羟酸脱水酶基因 *ilvD* 等，使该菌能够直接利用 CO_2 合成异丁醛和异丁醇。工程菌能够连续 8d 保持高产异丁醛的活力，最高产率可达 6230μg/(L·h)。该研究通过在宿主菌中过量表达核酮糖-1,5-二磷酸羧化酶基因，有效提高了细长聚球蓝细菌（*Synechococcus elongatus*）PCC7942 利用 CO_2 合成异丁醛和异丁醇的能力。

利用微藻中尤其是绿藻中富含的多糖物质（如淀粉）发酵生成燃料醇具有广阔的发展空间。研究表明，通过控制微藻培养基中的各种常量元素可以达到促进微藻中淀粉累积的目的。由于氮缺失，微藻停止细胞生长，将光合作用碳分配转向淀粉合成。在氮限制的培养基中，莱茵衣藻（*Chlamydomonas reinhardtii*）的淀粉累积可从细胞干重的35％提升至58％。同样氮缺失条件下，小球藻（*Chlorella vulgaris*）的淀粉含量提高了10％。此外，培养液中硫化物的缺乏可使微藻细胞膨胀，控制了蛋白质的降解，使淀粉含量增加了10倍。小球藻在硫限量培养条件下，淀粉含量有了很大提高，在实验室水平上达到最高含量60％，户外中试实验淀粉含量也达到了50％。通过营养元素缺失选择虽然可以提高微藻淀粉的生成量，但是同时也造成了微藻的光合作用活性的降低，从而抑制细胞的生长。因此具有合适营养元素浓度的培养液既要保证微藻淀粉生产量的最大化，又要保证微藻维持一个良好的细胞生长速率。对此，两步培养法被提出：第一培养阶段为细胞生长期，该阶段添加氮元素和盐离子以促进细胞生长；第二培养阶段为淀粉累积期，这一阶段培养基中不含有硫、氮元素，盐离子浓度也很低。

微藻中含有多种生物活性物质，主要包括多不饱和脂肪酸、多糖及色素类。多不饱和脂肪酸特别是二十碳五烯酸（EPA）和二十二碳六烯酸（DHA）基于其在营养和医学领域的重要作用已引起人们的广泛关注，具有良好的开发前景。多糖是一种广谱的非特异性免疫促进剂，能增强人体及动物细胞的免疫及提高免疫活性，微藻可以产生多种不同于植物多糖的多糖物质，如硫酸多糖具有独特的化学结构和药用价值。微藻色素方面研究主要集中在胡萝卜素、虾青素以及叶黄素等方面。微藻中这些生物活性物质由于具有独特的功效，价格高，采取适当的工艺使这些成分和粗油脂或提油后藻渣得以分离，可以一定程度上降低微藻生物柴油的总体成本。

藻细胞提取油脂后，油渣的处置和利用也是一个关键问题。油渣中含有蛋白质和碳水化合物等有机物形式，存储着大量能量，甚至可超过利用油脂生产的生物柴油能量。因此，充分回收油渣中的能量，对于保证耦合系统的整体能量净收益具有极大作用。厌氧发酵是油渣的处理方式之一。通过对油渣中的蛋白质和碳水化合物进行厌氧发酵，可以获得甲烷、氢气和乙醇等能量，对耦合系统的整体能量收益有很大贡献。同时，厌氧发酵可将油渣中的有机氮、磷矿化为铵和磷酸盐，可再次用于藻细胞培养，或作为肥料返回农田，也是降低微藻柴油总成本的方式[9]。

7.2　国内外的能源微藻企业

全球能源需求不断增长，化石燃料日益短缺，开发新的替代能源成为当务之急。生物柴油作为化石燃料的替代燃料，具有良好的可再生性及环保方面的优势，成为世界各国争相发展的产业项目。

相对于传统的油料作物，微藻是一种很有发展前景的生物柴油生产原料。初步估算，每公顷水域可产 50t 微藻油脂。微藻是目前唯一能满足全球运输燃料需求的可再生油料来源。其主要优点包括：

① 相对于陆生油料作物，微藻有更高的光合利用率，生长迅速，油脂含量高；

② 可以在盐碱地、荒地等不适合耕种的地方养殖，不会对粮食作物的生产构成威胁，受季节影响小，基本可实现全年不间断的生产收获；

③ 能利用海水和污水进行培养，减少了淡水的使用；

④ 在生产燃料的同时捕获 CO_2，可以充分利用电厂排放的烟气，使微藻的养殖更经济；

⑤ 基于微藻的生物燃料不含有毒物质，使用安全。

虽然微藻生物燃料的研究已经开展多年，但到目前为止还没有出现大规模的商业化生产，微藻制备生物柴油的高成本是制约该技术发展的主要限制因素。微藻培养成本则占到微藻生物柴油生产总成本的 70% 以上，需要筛选出藻油含量高并能高效固定 CO_2 和适合当地环境培养的藻种；采用密闭式或开放式光生物反应器高效利用光源富集微藻油脂。尤为重要的是为了获得较高的藻细胞生物量，微藻培养过程中需投加氮、磷等大量无机营养盐，无机营养盐大量消耗而导致的高培养成本是目前微藻培养领域的世界性难题。另外，水体中氮、磷浓度升高导致的富营养化已经成为近年来地表水所面临的最大问题之一。农作物栽培、牲畜饲养、农产品加工等过程排出的废水水量大，影响面广。农业生产过程氮、磷等的排入，引起水体富营养化，使得不少重要的水源地水体中的藻类大量繁殖，对农村和城市用水构成极大威胁。利用农业富营养水体培养高产油微藻，可以实现富营养水体的脱氮、磷，完成农业污水的深度净化；同时，降低微藻油脂的生产成本，使微藻生物柴油成为我国广大农村地区经济可持续发展的新动力。

7.2.1　国际上微藻能源企业

（1）以色列 Seambiotic Ltd.

Seambiotic 公司创立于 2003 年，总部位于南部港口城市阿什克伦（Ashkelon），早期主要从事源自海生微藻的 Ω-3 号脂肪酸产品的生产与销售，后来扩大领域，引入生物燃料产品的生产。Seambiotic 公司在以色列电气公司的阿什克伦燃煤电厂从事了五年试点研究，用管道将排放的二氧化碳直接引至 Seambiotic 公司的露天池塘。该公司现与中国一家主要的电力生产商组成合资企业，正在中国烟台建设大规模设施，用于藻类商业化养殖。该公司与雷霍沃特（Rehovot）地区的 Rosetta Green 公司合作，正在开发带有改进的基因特征的藻类品种，用于生产生物燃料。Seambiotic 的美国附属公司与 NASA 格伦研究中心合作，正致力于微藻生长过程的优化，以便用作航空生物燃料的来源。同时，烟台海融电力技术有限公司、蓬莱蔚源科贸有限公司与以色列 Seambiotic 公司三方合作，成立山东烟台海融生物技术有限公司，利用以色列 CO_2 产业化养殖微藻的配套技术，开发蓬莱国电微藻养殖项目。该项目可把传统资源燃烧产生的二氧化碳转化为可供微藻生长需要的能量，期望可以解决二氧化碳排放的难题，实现传统工厂与生态链条的有效对接。

(2) Solazyme 公司的海藻基生物柴油

以美国旧金山为基地、从事生物技术业务的 Solazyme 开发工业公司于 2008 年 7 月 9 日生产出第一批海藻基可再生生物柴油，并已通过 ASTM 规格确认。Solazyme 公司生产的 Soladiesel RDTM 产品为微藻衍生的可再生生物柴油，已通过美国材料试验协会（ASTM）D-975 规格的认证。Soladiesel RDTM 生物柴油完全可以与现有的运输燃料基础设施相匹配。它与标准的石油基柴油相比具有较少的颗粒排放，并符合新的 ASTM 超低硫柴油（ULSD）标准。该公司与沙索烯烃和表面活性剂（Sasol U&S）公司于 2013 年 7 月 8 日宣布，他们已经完成富含芥酸（C22:1）微藻油供应的商业条款，Solazyme 公司正在开发生产下游衍生物，如二十二烷醇。Sasol U&S 公司生产和销售 C_{22} 衍生物，如山嵛醇，服务于市场的许多应用，包括造纸、水处理、个人护理用品、润滑油、石油和天然气，以及油墨、涂料和黏合剂等产品。

(3) 美孚石油公司

自 2009 年以来，埃克森美孚公司的目标是使在其炼油厂处理的藻类生物油能补充原油，作为生产汽油、柴油、航空燃料和船用燃料的原材料。除了这些燃料外，该公司还正在研究潜在的应用，用于生产其他产品，如化学品和润滑油。

密歇根州立大学与埃克森美孚公司于 2015 年 10 月 1 日宣布，投资 100 万美元旨在推进藻类基燃料所需的基础科学研究。合作的总体目标是提高微藻生产生物燃料和生物产品中光合作用的效率。该项目利用这些自然变化的优势以及一套由 Kramer 实验室开发的新技术，在模拟的增长条件下使许多藻类生产线的光合作用实现快速、高通量。另外一个由 Kramer 实验室开发的技术在美国能源部（基本能源科学项目）光合系统和物理生物科学项目支持下，称为 Multispe Q，正被世界各地的许多研究人员用于研究光合作用。结合这些技术将能够确定藻类在一定范围的条件下最为高效。

(4) 杜邦公司

杜邦公司于 2010 年 3 月宣布，已取得美国能源部 880 万美元的资助。杜邦公司和从事合成生物学研究生物体系结构实验室（SAL）公司将继续合作开发改进的驯养微藻水产养殖，使微藻转化成生物适用糖类，并使这些糖类转化成异丁醇技术，以及使生产过程实现经济和环境优化。

杜邦公司和 BP 公司于 2009 年 7 月组建的合资企业 Butamax 先进燃料公司将其所开发的技术推向商业化。该合资企业初期从谷物、小麦和甘蔗等原料中生产异丁醇，随后基于纤维素原料和先进原料（如微藻）生产异丁醇。异丁醇的能量含量高于许多第一代生物燃料，并且它与乙醇不同，可通过现有的石油和汽油分配基础设施输送。异丁醇也可以较多数量应用于汽油发动机汽车中，它不同于第一代生物燃料，使用时无需改造发动机。

（5）Algenol 生物燃料公司

美国从事微藻制乙醇的 Algenol 生物燃料公司与瓦莱罗（Valero）能源公司旗下的瓦莱罗服务公司于 2010 年 5 月 6 日宣布签署联合开发协议，合作开发微藻制乙醇技术，双方将组合 Algenol 公司的直接制乙醇生产技术与瓦莱罗公司在运输燃料和化学品生产与分销方面的技术及生产基础设施经验。Algenol 公司也与林德集团合作开发 CO_2 捕获和管理技术，以提高从微藻生产生物燃料的产率。Algenol 公司利用混合微藻，在密闭、透明塑料光生物反应器中，通过其直接制乙醇技术，从 CO_2 和海水直接生产低成本的乙醇。Algenol 公司直接制乙醇工艺采用在单一的微藻细胞内自然产生的酶将糖类生产与光合作用结合在一起。该公司增强了可产生乙醇的微藻的新陈代谢，使微藻可耐高温、高盐（过程中使用盐水）和高的乙醇浓度，耐高的乙醇浓度是以前加速实现商业化规模生产的障碍。

（6）加拿大自然资源公司

据 ENS 环境新闻服务网报道，为了减少亚伯达省油砂石油生产过程中产生的温室气体，加拿大政府投资了一项微藻生物质精炼示范项目，旨在将油砂生产过程中的工业二氧化碳气体转化为生物燃料。这项名为微藻碳转化的示范项目通过光合反应将排放源的二氧化碳进行循环并储存在微藻生物质内，后通过进一步的加工处理，将微藻生物质转化为生物燃料、饲料和肥料等产品。该项目由加拿大国家研究委员会、加拿大自然资源有限公司和藻生物燃料公司合作发起，周期为三年，耗资 1900 万美元，并将在加拿大自然资源公司位于亚伯达省中东部邦尼韦尔附近的一个油砂矿区内开工建设。研究人员将重点分离适用性强的微藻菌株，用于工业生产，降低光生物反应器成本，减少微藻生物质处理过程的能源成本，进而生产更高价值、可持续的微藻生物质产品。如若成功，示范项目可以作为在加拿大乃至世界范围内油砂工业二氧化碳转化的模型。项目开发者指出，在密闭的光生物反应器内培养微藻既不会占用耕地，也不会改变农业活动或敏感生态系统。藻生物燃料公司称，1t 微藻能生产 100L 生物柴油，而剩余的生物质可以作为可再生的煤替代品加以利用。

（7）IGV 有限公司

德国和法国于 2011 年 10 月 24 日启动倡议，拟最终在印度洋上法国留尼汪（La Reunion）岛投用光生物反应器设施。该设施使用微藻生产生物燃料，设施于 2011 年由 IGV 有限公司提供，并与业务合作伙伴 Bioalgostral 公司（BAO）一起在岛内投入运作。位于马达加斯加附近的留尼汪岛上光生物反应器的投用不仅是该地区的第一个，也是两家合作伙伴 IGV 和 BAO 合同签署合作的见证，于 2012 年交付和建设工业化装置，可以从微藻生产总量为 82000L 的生物燃料。德国 IGV 有限公司是一家独立的中等规模的私人研究机构，该公司在生物技术领域已有 30 年的经验，并进行了微藻的培养、光生物反应器的设计和建造以及从微藻生物质中提取产品的开发。Bioalgostral 公司（BAO）总部设在留尼汪（La

Reunion）岛圣克洛蒂尔德，是一家年轻的初创公司（成立于 2008 年），致力于从微藻中工业生产生物燃料业务。IGV 和 BAO 自 2010 年签署框架合作协议，第一批研究用反应器（LWSOS，PBR 500，PBR 2000）已交付，并在 2011 年投入运行，并进行人员培训。采用 MUTL 技术，IGV 有限公司已成功地予以开发，与玻璃光生物反应器相比，它使用薄层过程，使生物质的增长速率增加 1 倍。

7.2.2 国内微藻能源公司

（1）河北新奥科技发展有限公司

2010 年，河北新奥科技发展有限公司朱振旗入选河北省 2010 年度引进海外高层次人才"百人计划"。朱振旗主导的微藻生物能源技术无论是在技术成熟度还是在技术价值方面都处于世界领先水平，依托这些自主知识产权技术曾先后申请了国内外专利 64 项，并在科技部和发改委的大力支持和帮助下建设了我国首个微藻生物能源产业化示范工程和我国首个工业油藻藻种库，其研发的藻种特性已达到国际先进水平；构建了诱变育种、基因工程改造和高通量筛选平台，为创造和获得耐高低温藻种奠定了基础；形成了直接利用电厂、煤化工废气、废水的室外规模化、高密度微藻养殖工艺；研发出了高效微藻收集和湿藻提油工艺，极大地降低了微藻后处理过程能耗；建造了世界首台"微藻生物能源移动测试平台"，可针对不同地域的水质、二氧化碳、温度、光照等条件快速优化生产工艺。朱振旗教授还担任主持了国家"863""973"重大课题的研究工作，并取得显著成果。微藻生物能源是我国战略性新兴产业的重要组成部分，微藻生物能源技术的发展有利于缓解全球能源紧张问题，并将有效控制全球二氧化碳减排需求。从长远角度看，它将有助于改变地球变暖的趋势，改善环境，实现沙荒地的综合利用，成为 21 世纪的最具环保性的绿色能源替代产品，从而促进人与自然的和谐。

朱振旗在微藻生物固碳与能源产业化领域钻研多年，在微藻生物能源产业化方面享有较高的国际声望。回国前，朱振旗是美国史蒂文斯理工学院终身教授、博士生导师、美国"国家微藻能源路线图"的制定者之一，曾获康涅狄格州立大学 Wallace W. Bowley 年度创新奖、SME 美国制造工程师学会最佳论文奖，担任美国制造工程师学会 SME 制造委员会专业常务理事、《美国纳米制造》学术编委等学术职务，担负着光和生物反应器及产业化技术的研发任务。后受新奥集团邀请，回国组建微藻固碳和生物能源研发团队，为微藻生物能源技术引入中国做出了巨大贡献，并带领国际化的研发团队开展科研攻关，实现了相关技术突破，推进了技术产业化。

（2）嘉必优生物工程（武汉）有限公司

嘉必优生物工程（武汉）有限公司（简称嘉必优）是武汉烯王生物工程有限公司与美国嘉吉公司合资成立的一家高新技术企业。嘉必优自 1999 年开始从事发酵法生产多不饱和脂肪酸，是我国生物油脂领域的领军品牌，拥有花生四烯酸（ARA）和 DHA 藻油两个品类产品，并提供其他高端食品配料；其花生四烯酸（ARA）油脂是中国率先获得欧盟 NOVEL FOOD 和美国 FDA GRAS 审核的产品；提供微藻来源二十二碳六烯酸（藻油 DHA）及其他高端食品配料；领衔起草了 ARA 和 DHA 的国家食品安全标准；目前拥有两家先进的 ARA 和 DHA 单体工厂。

（3）嘉兴泽元生物制品有限责任公司

嘉兴泽元生物制品有限责任公司（以下简称嘉兴泽元公司）是由嘉兴科技城管理委员会、华东理工大学等单位共同投资组建的高新科技企业，公司注册资金 3000 万元，拥有工业厂房约 3000m^2，实验室及办公室约 4000m^2 以及户外微藻养殖用土地约 25 亩。公司致力于微藻能源与"异养-稀释-光诱导串联培养"技术及系列生物产品的开发与产业化。嘉兴泽元公司的技术团队由我国微藻能源方向"973"项目首席科学家李元广教授领衔。依托"异养-稀释-光诱导串联培养"技术及系列生物产品的开发与产业化项目，于 2010 年入选"创新嘉兴精英引领计划"——嘉兴市引进领军人才计划。嘉兴泽元公司的技术团队在微藻培养和光生物反应器领域具有长达 16 年的研发经验，并在国内外首创了微藻培养领域的一项崭新的平台技术——异养-稀释-光诱导串联培养技术，有望解决制约微藻生物产业发展的瓶颈问题。利用该技术培养小球藻，具有规模大、成本低、生产过程质量可控等特点，可替代国内外现有小球藻大规模光自养培养技术，使小球藻生产技术更新换代。

同时，通过培养基和培养工艺的优化，使得该藻种可以高产叶黄素和油脂，用来生产高附加值产品——叶黄素以及生物柴油。微藻异养-稀释-光诱导串联平台技术具有普适性，不仅可应用于小球藻，也可以应用于其他可异养的藻类。同时，嘉兴泽元公司为我国微藻能源方向的首个国家重点基础研究发展计划（"973"计划）项目"微藻能源规模化制备的科学基础"提供研究基地，在此基地上，"973"项目组利用研发的相关技术开展微藻规模化培养、藻体采收、油脂提取、生物能源产品加工及性能评价等各环节的研究，将建立年产 10t 级生物柴油的微藻能源规模化制备的集成系统，各课题的研究成果都将在该基地上进行验证和工业化放大实验，以不断优化各单元和整个系统，打通微藻能源产品生产的技术路线。

嘉兴泽元公司和该"973"项目组将在光生物反应器、微藻培养、采收、油脂提取和能源产品加工及性能评价等领域合作开发，项目的研究成果将为公司在微藻生物技术和微藻能源产业化技术开发方面提供技术支撑。嘉兴泽元公司在藻种选育、藻种改造、培养技术、光生物反应器及微藻采收及后处理等方面均有扎实的技术基础及独特的技术优势，且在继续自主研发的同时与国内外相关技术优势单位合作。嘉兴泽元公司现建有包括小球藻、雨生红球藻、螺旋藻、三角褐指藻、微绿球藻、葡萄藻及栅藻等近百株的小型微藻种质资源库，并且不断在引进、扩充、纯化、筛选和驯化优质藻株。

（4）新大泽实业集团有限公司

1994年，新大泽实业集团有限公司（以下简称新大泽）由当时年仅28岁的郑行创办。2002年被国家科学技术部授予"国家级星火计划项目"；2005年获国家批准成立全国唯一的企业螺旋藻科研机构——新大泽藻类研究所。2006年公司螺旋藻产品荣获美国和欧盟有关机构的"有机食品"认证证书，成为目前国内螺旋藻产品中唯一获得国际有机食品认证的产品。2007年11月，有机螺旋藻在第三届国际螺旋藻高层论坛获得"优质螺旋藻"称号，这是我国螺旋藻行业首次颁发的最高荣誉。新大泽已研制开发出螺旋藻、小球藻、木立芦荟、深海鱼油等20多款畅销营养保健食品，在小球藻、盐水藻、血球藻等高营养食用藻的养殖、科研及深加工方面均居同行业前列。其对藻种的"聚光、分离、驯化"技术及特定营养成分的定向培植技术世界领先，产品开发方面正朝着精细化、多元化、生活化方向发展。

（5）青岛荣盛微藻生物科技有限公司

青岛荣盛微藻生物科技有限公司是华盛绿能农业科技有限公司旗下生物技术企业，是以微藻养殖开发为核心，产业链包括雨生红球藻养殖（光生物反应器密闭养殖）—原料提取（雨生红球藻粉与虾青素油等）—终端产品（化妆品、保健品、固体饮料、食品等）成套技术路线及产品方案。云南时光印迹生物技术有限公司是青岛荣盛微藻生物科技有限公司的全资子公司，生产基地位于云南省昆明市，海拔1900m，温度适宜，水源洁净，空气清新，日照充足，为雨生红球藻提供了优越的自然养殖条件。

公司采用全密闭式大型管道设备培养雨生红球藻，生产技术成熟，产量稳定，虾青素平均含量高于4%，可根据客户需求培养虾青素含量为2%～7%的雨生红球藻藻粉。公司保证高品质产品领先于同行业，产品远销欧美日韩等国家和地区。公司拥有多项专利，注重与其他企业及科研机构合作，与大连医诺生物有限公司、多伦多大学等建立多项技术合作，通过了北美地区FDA认证、欧洲地区EMEA认证、KOSHER认证、HALAL认证、生产全过程有机认证，建立从终端产品到原料养殖各环节质量可追溯体系；公司实现藻粉培养、原料供应、成品开发一体化，共有雨生红球藻粉、虾青素油、水溶微囊粉三大类原料。

7.3 微藻生物能源研究展望

微藻作为地球上最古老的初级生产者之一，其可利用光合作用固定二氧化碳，释放氧气，且生长速率快，光合利用率高，其生物质产量可达陆地植物的

300 倍，是替代全球化石能源的理想生物质原料。基于微藻的种种特性，20 世纪美国能源部就启动了"水生物种计划"，支持富油微藻的相关研究。2007 年和 2009 年先后投资 670 万美元和 3500 万美元，开发利用微藻生产 JP-8 代用航空燃油。美国农业部（USDA）、美国宇航局（NASA）和美国环保署（EPA）同样也投入了大量的资金进行能源微藻的研究与开发。我国政府也积极开展利用微藻制备生物燃料等能源发展计划，并已把其列入国家计划日程。我国的《可再生能源法》《可再生能源产业发展指导目录》《可再生能源中长期发展规划》《可再生能源与新能源国际科技合作计划》《中国的能源状况与政策》《关于发展生物质能源和生物化工财税扶持政策的实施意见》《国家能源科技"十二五"规划（2011—2015）》《"十二五"国家战略性新兴产业发展规划》《农业生物质能产业发展规划》《"十二五"生物技术发展规划》《生物质能源科技发展"十二五"重点专项规划》等政策法规明确了能源微藻研发的阶段性科技计划任务：研究能源微藻育种、规模化培养、油脂提取、转酯化、生物反应器研制和应用等产业化共性关键技术及工艺，开发利用废水和燃煤烟气资源生产能源微藻和炼制生物柴油等技术。

7.3.1　微藻生物柴油

虽然微藻生物燃油技术得到各国政府及研究人员的足够重视，但是其生产成本远远高于现阶段广泛使用的化石燃料，严重阻碍了生物燃油产业的发展。微藻生物柴油的生产成本主要集中在培养、采收、微藻破壁提油及生物柴油转化，依据上述预设条件的微藻生物柴油生产成本预算，微藻干生物质的生产成本约为 3 万元/t，作为能源生产的原料，这样的价格是远不能接受的。虽然通过利用有机废水、工业废气等可以冲抵全部或部分微藻营养源支出，通过絮凝、沉降等低耗能的采收方法能降低采收成本，通过湿法提油能节省微藻的干燥支出，通过规模放大能减少培养过程中的人力成本，通过优化培养方式可以使土地及设备的使用效率最大化以减少培养成本，但是各个环节的技术替代都存在许多技术难题需要克服。另外在微藻的破壁提油环节，由于微藻细胞小，存在细胞壁结构，传统的压榨手段不适合用于微藻的破壁，依据微藻提油干湿工艺的不同，其他的机械、化学及生物破壁方法同样存在成本高的问题。微藻油的生物柴油转化方面，可借鉴传统生物柴油加工方法，稍加调整即可，技术和成本控制上都比较成熟，不是微藻生物柴油产业发展的主要障碍。在微藻生物柴油生产过程中引入高附加值产品的开发，结合藻渣的综合利用，理论上能部分冲抵微藻生物柴油生产成本，在实际生产过程中要结合高附加值产品的类型及含量制订合理的生产提取工艺，确保产品的逐级提取；提油后的藻渣可作为饲料、肥料或厌氧发酵生产甲烷，可结合具体的前期工艺及价值评估，采用合适的方法合理利用藻渣。

综上所述，虽然微藻作为生物柴油原料具有诸多的优势，微藻生物柴油技术在技术上的可行性已得到验证,但是由于其生产成本远远高于传统化石燃料的价格,因此微藻生物柴油产业仍需要政策制定者以长远的视角制订长远的规划,需要研究者们针对能降低微藻生物柴油成本的关键问题开展更为深入的研究,争取早日实现微藻的真正产业化,为人类的能源事业贡献力量。

7.3.2 微藻燃料乙醇

陆生植物的光合效率一般低于0.5%,而微藻的光合效率最高可达10%,具有营养吸收快、光合效率高、生长迅速等特点[10]。高效的光合效率使得微藻细胞的生长周期缩短,其生物质倍增时间平均为2~5d,某些藻类仅为6h[11],能够在短时间内产生大量微藻生物质。通过人工控制条件,微藻养殖可以全年进行,大大提高了其开发利用的可行性。而且微藻的生长能以大气中CO_2为主要碳源,每生产1kg微藻生物质可以固定1.83kg的CO_2[12],在减少温室气体排放方面非常具有开发价值。

微藻细胞中通常含有大量的碳水化合物,如淀粉、纤维素、半纤维素等,这些物质是制备燃料乙醇的理想原料。许多藻类如小球藻、衣藻、栅藻、螺旋藻等含有大量的纤维素和淀粉,有些微藻淀粉含量可与玉米、小麦等其他乙醇原料相媲美[13]。另外,微藻细胞内木质素和半纤维素含量较低,而且与植物中的Ⅰβ型纤维素不同,微藻细胞内为Ⅰα型纤维素,其氢键较弱,更易被降解为单糖。

表7-7对比了几种燃料作物的乙醇产量及产率,也表明微藻在作为燃料乙醇原料方面具有很大优势[14]。

表7-7　几种燃料作物乙醇产量、产率对比[15]

原料	乙醇产量		乙醇产率/ (g乙醇/g生物质)
	gal/acre	L/hm²	
玉米秸秆	112~150	1050~1400	0.26
小麦	277	2590	0.308
木薯	354	3310	0.118
甜高粱	326~435	3050~4070	0.063
玉米	370~430	3460~4020	0.324
甜菜	536~714	5010~6680	0.079
甘蔗	662~802	6190~7500	0.055
微藻	5000~15000	46760~140290	0.235~0.292

注:1gal/acre≈0.935mL/m²。

当然利用微藻制备乙醇也存在一些不足,例如微藻养殖需要大量水体、藻体密度低、微藻生物质收获困难、藻液容易染菌或其他杂藻等。所以,如何扩大微藻在乙醇生产方面的优势，并有效限制其不足所带来的影响，是微藻产醇利用研究的关键。

自然界中并非所有藻类都适合作为燃料乙醇的生产菌株，不同藻种的生理生化特性差别很大，微藻生物质中淀粉及多糖含量越高则对生产乙醇越有利。表7-8列出了几种不同藻种的碳水化合物及淀粉含量，从中可以看出不同藻种的淀粉和总碳水化合物含量差别很大。目前报道中淀粉含量最高的微藻为莱茵衣藻（*Chlamydomonas reinhardtii* UTEX90），可达细胞干重的 35%～45%[14,16]。Hirayama 等在 1998 年就利用衣藻、小球藻、颤藻、蓝藻等制备乙醇，其中小球藻淀粉含量最高，可达细胞干重的 37%[17]。Doucha 等研究表明，在适宜的生长条件下每 300d 每公顷可生产 80～100t 小球藻生物质，而在抑制小球藻内蛋白表达的条件下淀粉含量可达细胞干重的 70%[18]。

表 7-8　不同藻种淀粉及总碳水化合物含量比较

藻种	淀粉含量（质量比）	总碳水化合物（质量比）
莱茵衣藻（*Chlamydomonas reinhardtii* UTEX90）[16]	43.6%	59.7%
绿球藻（*Chlorococcum* sp.）[19-21]	11.32%	43.84%
斜生栅藻（*Scenedesmus obliquus*）[22]	23.7%	40%
小球藻（*Chlorella vulgaris* FSP-E）[23]	31.25%	51%
小球藻（*Chlorella* sp. TIB-A01）[24]	20.52%	73.58%
小球藻（*Chlorella zofingiensis*）[25]	9.7%	46.26%
裂殖壶菌（*Schizochytrium* sp.）[7]	10.8%	17.3%

除了碳水化合物含量以外，藻种的选择还需要考虑多种因素，包括生长速率、温度适应性、耐污染能力、转化难易度等[26]。单纯地筛选自然界中的藻种，很难找到具有多种产醇优势的藻种。要获得能高产乙醇的藻种还需要长期的筛选培育研究，例如以具有某些优势特征的藻种为基础，采用诱变、改良或者驯化等方法，培育出适合大规模生产乙醇的优良藻种[27-29]。

对于微藻制备燃料乙醇而言，提高微藻细胞中的碳水化合物含量具有重要意义。Zachleder 在 1988 年就发现栅藻在饥饿条件下能合成淀粉[30]。而目前研究较多的是利用营养限制策略，迫使微藻合成相应的产物。氮元素被认为是影响微藻合成淀粉的关键元素。培养基中氮元素匮乏时，微藻细胞中的蛋白质和光合色素含量降低，碳水化合物和油脂等储能物质含量会明显提高，细胞壁成分也会发生变化[31,32]。Dragone 等通过氮胁迫法培养小球藻（*Chlorella vulgaris*）P12，其淀粉含量可达细胞干重的 41%，为对照组的 8 倍[33]。Ho 等研究表明，斜生栅藻（*Scenedesmus obliquus*）CNW-N 在氮胁迫条件下的 CO_2 固定能力和藻细胞中的总糖含量均有提高。和氮元素类似，硫、铁等元素含量的限制也会影响藻体中多糖含量[34-36]。Hardie 等将微藻细胞转移到铁元素缺乏的培养基中，微藻细胞内的藻蓝素和叶绿素含量降低，葡萄糖的含量升高，当重新转移到富含铁元素的培养基后，色素含量则上升，葡萄糖含量降低[37]。这些研究表明，氮、硫、铁等元素会影响微藻细胞内色素、蛋白质与多糖的代谢平衡。采用胁迫法培养微藻时，由于营养限制，藻体生物质总量会降低。因此，如何在保证生物质总量前提下提高淀粉及多糖含量，需要从代谢机理上进行进一步探索。

预处理是为了破坏微藻细胞壁，使微藻生物质中的可发酵糖释放出来，同时将大分子碳水化合物降解为较小分子，提高发酵效率。不同的微藻生物质成分含量不同，预处理方法也不同，目前研究较多的是稀酸预处理和酶法预处理。

稀酸预处理方法是最常用的方法，用 0.1%~3% 硫酸，在 120~130℃ 条件下处理 15~120min[38,39]。研究者针对不同的藻种，改变酸的种类、酸浓度、处理温度、处理时间，以达到更好的预处理效果。碱预处理方法报道较少，但是也有研究者做过该研究[21]。酶法是目前应用普遍的一种方法，通常使用 α-淀粉酶、葡糖淀粉酶、纤维素酶[16]等，由于酶的价格较高，尚无法达到工业化生产规模。为了获得更高的糖回收率，研究者们尝试了各种改进方法。Yoon 等利用伽马射线处理裙带菜生物质后，酸水解产物中的还原糖浓度明显增加[40]。另外有报道发现，提取油脂之后的绿球藻（Chlorococcum sp.）生物质，其产醇量比完整的干细胞提高 60%[41]。

经过预处理后的微藻生物质通过酵母等微生物发酵就可得到乙醇。理论上每 1kg 葡萄糖产生 0.51kg 乙醇和 0.49kg CO_2。虽然微藻生物质的成分不同，用到的发酵菌种也可能不同，但最常用的菌株为酿酒酵母。另外运动发酵单胞菌作为发酵菌株，在过去几十年中也得到了大量研究[42]。很多研究者还将酿酒酵母中的乙醇代谢基因转入大肠杆菌中，得到能够发酵微藻生物质的大肠杆菌工程菌。因为在微藻生物质的水解产物中有很多糖类酿酒酵母无法代谢（如木糖等五碳糖），而大肠杆菌工程菌则可利用这些物质，提高乙醇的发酵产率。Kim 等[43]就用重组的大肠杆菌（Escherichia coli）KO11 发酵凹顶藻（L. japonica）生物质，由于水解产物中含有高浓度的甘露醇，重组的大肠杆菌（Escherichia coli）KO11 能够将这些甘露醇转化为乙醇，每克水解产物可发酵得到 0.4g 乙醇，这是目前报道中产醇率最高的研究结果[14,38]。

发酵方式通常包括连续发酵（SSF）和分步发酵（SHF）。前者是将预处理和发酵合并到一起，减少工艺步骤，降低成本；后者则是将预处理和发酵分开，获得更高的产率。Ho 等以小球藻（Chlorella vulgaris FSP-E）为底物，研究了这两种发酵方法的差异，发现连续发酵方法更适合用酶预处理法，而分开发酵采用酸预处理所得的乙醇产率更高[23]。所以针对不同的微藻生物质、不同的预处理方法，需要采用不同的发酵方式。另外，还有人研究了微藻在黑暗厌氧条件下直接产乙醇[17,44,45]，该方法最大的优势就是发酵时间短，但是乙醇产率比酵母发酵低很多[46]。针对特定的藻种，选出经济、高效的预处理和发酵方法，并能够适用于工业化，还需要长期的探索。

虽然利用微藻制备燃料具有很大的优势，国内外在相关研究方面也进行了大量的探索，但许多关键瓶颈因素还尚未解决，还需要研究者们做进一步探索。但作为燃料乙醇制备研究最具潜力的研发方向，今后利用微藻制备燃料乙醇研究应集中在如下方面：筛选富含碳水化合物的优良藻株；探索高效的培养方式，提高微藻生物质积累量；开发藻体细胞行之有效的收集技术；探索高效、低成本的微藻产醇利用工艺。随着微藻产醇各项关键瓶颈技术的逐步攻克，预期利用微藻生物质的"第三代生物乙醇"将会逐步取代粮食乙醇和木质纤维素乙醇，实现燃料乙醇的高效、低成本制备。

7.3.3   微藻废水培养

水资源危机和能源危机给人类社会的可持续发展带来前所未有的挑战。传统的污水处理方法主要有物理处理法和化学处理法。其中物理处理法指根据水的物理特性，通过物理的方法除去水中悬浮物质或有害物质；而化学处理法指通过向污水中投加化学试剂，使其与污水中污染物质发生化学反应，去除污染物。由于物理法和化学法的处理成本较高且存在不同程度的副作用，所以难以得到大规模的应用和推广。在这样的背景下，利用微藻处理污水逐渐引起了人们的关注。微藻污水处理法指在利用微藻自身新陈代谢生理功能基础上，采取一系列人工配合措施，创造有利于微藻生长繁殖的良好环境，加速微藻的增殖及其新陈代谢生理功能，以降解和去除污水中的氮、磷等物质，净化水体的一种新型污水处理方法。微藻具有特殊的生理生态功能和突出的优点，是开展污水净化和生物质能源生产的不二选择。利用微藻处理污水可以克服传统污水处理方法易引起的二次污染、潜在营养物质丢失、资源不能完全利用等弊端，同时能够有效且低成本地去除水体中的氮、磷等营养物质，被认为是经济高效、简便可行、副作用小的污水处理方法，是今后污水处理技术的研究热点和发展方向。特别是处理含氮、磷营养盐的污水时，微藻具有传统物化法无法媲美的明显优势，例如在去除氮、磷的同时可固定二氧化碳，无需投加外部碳源，可把水体的氮、磷作为生长营养物质利用，清水含有丰富的溶解氧，无二次污染，微藻细胞可回收利用。

微藻与其他能源植物相比，具有以下几方面的优势：微藻的光合效率高，藻体油脂含量高，微藻的全部生物量均能作为生物柴油生产的原料，因此其能量转化效率较其他能源植物要高。微藻具有特殊的生理生态功能和突出的优点，是开展污水处理或生物质能源研究的不二选择，微藻培养技术的出现为污水氮、磷去除，水质净化和生物质能源生产提供了可能。"污水-微藻-能源"串联技术体系的关注点不局限于单独的污水氮、磷营养去除或单独的微藻生物能源化技术，而是将两者有机结合起来，突破了以往微藻在水环境治理或能源利用方面的单一思维，可克服微藻污水脱氮除磷或微藻制备生物柴油独立系统的各种局限性。以经前期处理的污水为基质培养藻细胞，不需消耗大量的淡水资源和无机营养盐，可极大节省成本；工艺流程充分考虑了微藻细胞收获后的开发利用，实现微藻生物能源的生产。

参考文献

［1］　Yao Y, Lu Y, Peng K T, et al. Glycerol and neutral lipid production in the o-leaginous marine diatom *Phaeodactylum tricornutum* promoted by overexpression of glycerol-3-phosphate dehydrogenase ［J］. Biotechnology for Biofuels, 2014, 7（1）: 110.

［2］　Ma Y H, Wang X, Niu Y F, et al. Antisense knockdown of pyruvate dehydrogenase kinase promotes the neutral lipid accumulation in the diatom *Phaeodactylum tricornutum* ［J］. Microbial Cell Factories, 2014, 13（1）: 100.

［3］　吕素娟, 张维, 彭小伟, 等. 城市生活废水用于产油微藻培养 ［J］. 生物工程学报, 2011, 27（3）: 445-452.

［4］　Tsukahara K, Sawayama S. Liquid fuel production using microalgae ［J］. Journal of the Japan Petroleum Institute, 2005, 48（5）: 251-259.

［5］　Razeghifard R. Algal biofuels ［J］. Photosynthesis Research, 2013, 117（1-3）: 207-219.

［6］　Weschler M K, Barr W J, Harper W F, et al. Process energy comparison for the production and harvesting of algal biomass as a biofuel feedstock ［J］.Bioresource Technology, 2014, 153: 108-115.

［7］　Kim J K, Um B H, Kim T H. Bioethanol production from micro-algae, *Schizocytrium* sp., using hydrothermal treatment and biological conversion ［J］.Korean J Chem Eng, 2012, 29（2）: 209-214.

［8］　Lardon L, Helias A, Sialve B, et al. Life-cycle assessment of biodiesel production from microalgae ［J］. Environ Sci Technol, 2009, 43（17）: 6475-6481.

［9］　胡洪营, 李鑫. 利用污水资源生产微藻生物柴油的关键技术及潜力分析 ［J］. 生态环境学报, 2010, 19（3）: 739-744.

［10］　Smith V H, Sturm B S M, Denoyelles F J, et al. The ecology of algal biodiesel production ［J］. Trends Ecol Evol, 2010, 25（5）: 301-309.

［11］　Costa J A, de Morais M G. The role of biochemical engineering in the production of biofuels from microalgae ［J］. Bioresource Technology, 2011, 102（1）: 2-9.

［12］　Chisti Y. Biodiesel from microalgae beats bioethanol ［J］. Trends in Biotechnology, 2008, 26（3）: 126-131.

［13］　Chen W, Zhang C, Song L, et al. A high throughput Nile red method for quantitative measurement of neutral lipids in microalgae ［J］. Journal of Microbiological Methods, 2009, 77（1）: 41-47.

［14］　Daroch M, Geng S, Wang G. Recent advances in liquid biofuel production from algal feedstocks ［J］. Applied Energy, 2013, 102: 1371-1381.

［15］　Mussatto S I, Dragone G, Guimaraes P M, et al. Technological trends, global market, and challenges of bio-ethanol production ［J］.Biotechnology advances, 2010, 28（6）: 817-830.

[16] Choi S P, Nguyen M T, Sim S J. Enzymatic pretreatment of *Chlamydomonas reinhardtii* biomass for ethanol production [J]. Bioresource Technology, 2010, 101（14）: 5330-5336.

[17] Hirayama S, Ueda R, Ogushi Y, et al. Ethanol production from carbon dioxide by fermentative microalgae [C]//Inui T, Mkisya, Yamaguchi T. Studies in Surface Science and Catalysis. Elsevier, 1998: 657-660.

[18] Doucha J, Lívanský K. Outdoor open thin-layer microalgal photobioreactor: potential productivity [J]. J Appl Phycol, 2009, 21（1）: 111-117.

[19] Harun R, Danquah M K. Enzymatic hydrolysis of microalgal biomass for bioethanol production [J]. Chemical Engineering Journal, 2011, 168（3）: 1079-1084.

[20] Harun R, Danquah M K. Influence of acid pre-treatment on microalgal biomass for bioethanol production [J]. Process Biochemistry, 2011, 46（1）: 304-309.

[21] Harun R, Jason W S Y, Cherrington T, et al. Exploring alkaline pre-treatment of microalgal biomass for bioethanol production [J]. Appl Energ, 2011, 88（10）: 3464-3467.

[22] Miranda J R, Passarinho P C, Gouveia L. Pre-treatment optimization of *Scenedesmus obliquus* microalga for bioethanol production [J]. Bioresource Technology, 2012, 104: 342-348.

[23] Ho S H, Huang S W, Chen C Y, et al. Bioethanol production, using carbohydrate-rich microalgae biomass as feedstock [J]. Bioresource Technol, 2013, 135: 191-198.

[24] Zhou N, Zhang Y, Wu X, et al. Hydrolysis of *Chlorella* biomass for fermentable sugars in the presence of HCl and MgCl₂ [J]. Bioresource Technology, 2011, 102（21）: 10158-10161.

[25] 黄伟. 氮胁迫下 *Chlorella zofingiensis* 碳水化合物与脂肪酸合成规律研究 [D].北京: 中国科学院大学, 2013.

[26] Kumar K, Dasgupta C N, Nayak B, et al. Development of suitable photobioreactors for CO₂ sequestration addressing global warming using green algae and cyanobacteria [J]. Bioresource Technology, 2011, 102（8）: 4945-4953.

[27] Bonente G, Formighieri C, Mantelli M, et al. Mutagenesis and phenotypic selection as a strategy toward domestication of *Chlamydomonas reinhardtii* strains for improved performance in photobioreactors [J]. Photosynthesis Research, 2011, 108（2-3）: 107-120.

[28] Aruna M. Mutagenic studies in a filamentous alga, employing a chemical mutagen-ethylmethane sulphonate [J]. Journal of Phytology, 2012, 4（2）: 1-5.

[29] Vuttipongchaikij S. Genetic manipulation of microalgae for improvement of biodiesel production [J]. Thai J Genet, 2012, 5（2）: 130-148.

[30] Šetlík I, Ballin G, Doucha J, et al. Macromolecular syntheses and the course of cell cycle events in the chlorococcal algascenedesmus quadri-

cauda under nutrient starvation: effect of sulphur starvation [J]. Biol Plant, 1988, 30 (3): 161-169.

[31] Da Silva A F, Lourenço S O, Chaloub R M. Effects of nitrogen starvation on the photosynthetic physiology of a tropical marine microalga *Rhodomonas* sp. (Cryptophyceae) [J]. Aquatic Botany, 2009, 91 (4): 291-297.

[32] Arad S. Predation by a dinoflagellate on a red microalga with a cell wall modified by sulfate and nitrate starvation [J]. Mar Ecol Prog Ser, 1993, 104: 293-298.

[33] Dragone G, Fernandes B D, Abreu A P, et al. Nutrient limitation as a strategy for increasing starch accumulation in microalgae [J]. Appl Energ, 2011, 88 (10): 3331-3335.

[34] Ho S H, Chen C Y, Chang J S. Effect of light intensity and nitrogen starvation on CO_2 fixation and lipid/carbohydrate production of an indigenous microalga *Scenedesmus obliquus* CNW-N [J]. Bioresource Technology, 2012, 113: 244-252.

[35] Arad S, Lerental Y, Dubinsky O. Effect of nitrate and sulfate starvation on polysaccharide formation in *Rhodella reticulata* [J]. Bioresource Technology, 1992, 42 (2): 141-148.

[36] Allen A E, Laroche J, Maheswari U, et al. Whole-cell response of the pennate diatom *Phaeodactylum tricornutum* to iron starvation [J]. Proceedings of the National Academy of Sciences, 2008, 105 (30): 10438-10443.

[37] Hardie L P, Balkwill D L, Stevens S E. Effects of iron starvation on the physiology of the cyanobacterium *Agmenellum quadruplicatum* [J]. Applied and Environmental Microbiology, 1983, 45 (3): 999-1006.

[38] Lee S, Oh Y, Kim D, et al. Converting carbohydrates extracted from marine algae into ethanol using various ethanolic *Escherichia coli* strains [J]. Applied Biochemistry and Biotechnology, 2011, 164 (6): 878-888.

[39] Sim S J. Hydrothermal acid pretreatment of chlamydomonas reinhardtii biomass for ethanol production [J]. Journal of Microbiology and Biotechnology, 2009, 19 (2): 161-166.

[40] Yoon M, Choi J I, Lee J W, et al. Improvement of saccharification process for bioethanol production from *undaria* sp. by gamma irradiation [J]. Radiation Physics and Chemistry, 2012, 81 (8): 999-1002.

[41] Dismukes G C, Carrieri D, Bennette N, et al. Aquatic phototrophs: efficient alternatives to land-based crops for biofuels [J]. Current Opinion in Biotechnology, 2008, 19 (3): 235-240.

[42] Bai F W, Anderson W A, Moo-Young M. Ethanol fermentation technologies from sugar and starch feedstocks [J]. Biotechnology Advances, 2008, 26 (1): 89-105.

[43] Kim N J, Li H, Jung K, et al. Ethanol production from marine algal hydrolysates using *Escherichia coli* KO11 [J]. Bioresource Technology, 2011, 102 (16): 7466-7469.

[44] Hirano A, Ueda R, Hirayama S, et al. CO_2 fixation and ethanol production

with microalgal photosynthesis and intracellular anaerobic fermentation ［J］.Energy, 1997, 22（2-3）: 137-142.

［45］ Ueda R, Hirayama S, Sugata K, et al. Process for the production of ethanol from microalgae ［P］. US Patent 5578472. 1996.

［46］ Doan Q C, Moheimani N R, Mastrangelo A J, et al. Microalgal biomass for bioethanol fermentation: implications for hypersaline systems with an industrial focus ［J］.Biomass and Bioenergy, 2012, 46: 79-88.

索　引